通信电子电路实验与仿真

赵同刚　高　英　崔岩松　编著

北京邮电大学出版社
www. buptpress. com

内容简介

本书对通信电子电路实验的基本实验内容进行了重点论述，并设计相应实践环节，目的在于通过这些实验，理论和实践相结合，使学生很好地掌握高频电子电路工作原理、测量原理，同时熟练使用测量仪表。

本书的内容包括以下几个部分：通信电子电路测试的基础知识；通信电子电路测试常用仪器仪表的说明；Protel DXP 制版软件；通信电子电路基本型和设计型单元实验；通信电子电路综合型实验；Multisim 和 ADS 等仿真软件的使用和分析，以及设计的仿真实验。书中内容实验内容涵盖了传统测量中的实验内容，如单、双调谐回路谐振放大器；振荡器相关实验；调幅；调频；锁相环等。

本书重点针对北京邮电大学电子、信息类的本科生和研究生的学科特点设计，有着浓郁的通信特色。

图书在版编目(CIP)数据

通信电子电路实验与仿真 / 赵同刚，高英，崔岩松编著. --北京：北京邮电大学出版社，2016.1
ISBN 978-7-5635-4590-2

Ⅰ.①通… Ⅱ.①赵… ②高… ③崔… Ⅲ.①通信－电子电路－实验 Ⅳ.①TN710-33

中国版本图书馆 CIP 数据核字(2015)第 295453 号

书　　名：通信电子电路实验与仿真
作　　者：赵同刚　高　英　崔岩松　编著
责任编辑：刘　颖
出版发行：北京邮电大学出版社
社　　址：北京市海淀区西土城路 10 号(邮编：100876)
发 行 部：电话：010-62282185　传真：010-62283578
E-mail：publish@bupt.edu.cn
经　　销：各地新华书店
印　　刷：北京鑫丰华彩印有限公司
开　　本：787 mm×1 092 mm　1/16
印　　张：11.5
字　　数：279 千字
版　　次：2016 年 1 月第 1 版　2016 年 1 月第 1 次印刷

ISBN 978-7-5635-4590-2　　定　价：26.00 元

· 如有印装质量问题，请与北京邮电大学出版社发行部联系 ·

前　言

著名科学家门捷列夫曾经说过：没有测量就没有科学。这句话充分概括了测量手段、测试技术在现代科学发展中的重要地位。近几年来，信息业务呈爆炸性增长，传输容量不断扩充，通信技术向着宽带、灵活、高效、智能方向演变。相应地，作为通信技术发展的硬件基础，电子电路的应用也越来越广泛，通信电子电路测量技术也在不断发展和进步。为了配合好学校通信电子电路、信号系统分析、通信原理等重点学科的建设，使通信、电子、信息类的本科生能够更好地掌握高频电子电路及后续专业课的相关知识，我们编写了该教材。

该书编写的指导思想是以培养学生能力为主线、将加强学生工程训练和设计能力的培养作为重点。在这个指导思想下，我们构建了"基本型、设计型、综合型"的实验模式。其中，单元试验是基础，通过这些验证型基本实验，使学生掌握通信电子电路基本测试方法和测量技术，一些重要高频仪器的基本原理及使用方法，工程软件的基本应用。设计性实验是提高过程，其主要是完成单元电路的设计与实现，重点培养学生的逻辑思维能力、理论联系实际的能力和分析解决问题的能力。最后，综合性、创新性实验重点在于培养学生构建系统设计的概念和思想，提高综合分析处理问题的能力，从而提高实验课的学习效率。这门课的教学目标是训练学生把所学到的理论知识用于实际电路的设计，再把设计电路转变为应用，使学生的电路设计、制作和调试能力得到提高，使学生的工程设计能力和动手能力得到提高。

本书的内容包括以下几个部分：通信电子电路测试的基础知识；通信电子电路测试常用仪器仪表的说明；通信电子电路的制版与仿真软件（Protel DXP，ADS，Multisim）；通信电子电路基本型、设计型和综合型实验；实验软件仿真和分析。

本书对通信电子电路实验的基本实验内容进行了重点论述，通过相应实践环节，提高学生动手能力，使其掌握通信电子电路测量原理，熟悉测量仪表，并不断激发他们的创新能力。书中实验内容涵盖了传统测量中的实验内容，如单/双调谐回路谐振放大器、振荡器、调幅、调频、锁相环等相关实验。本书主要根据北京邮电大学电子、信息类的本科生和研究生的学科特点而设计，有着浓郁的通信特色。

本书由赵同刚、高英、崔岩松等共同编写，书中相关实验是教师多年工作教学经验的积累，一部分综合实验紧紧围绕通信技术的发展，具有创新性。另外，孙丹丹、史晓东等为本书做了很大贡献，在此一并表示衷心感谢。

本书不仅可以作为一门专业课教材使用，还可作为研发人员，工程技术人员，通信院校相关专业的本科生、研究生的学习参考书。

最后需要特别指出的是：通信电子电路测量技术目前尚在不断完善和发展中，加之编者水平有限，书中难免还存在一些缺点和错误，殷切希望广大读者批评指正。

编　者

目　　录

第1篇　概　　述

第2篇　常用测量仪表

第 3 篇 通信电子电路的制版与仿真软件

第1篇 概述

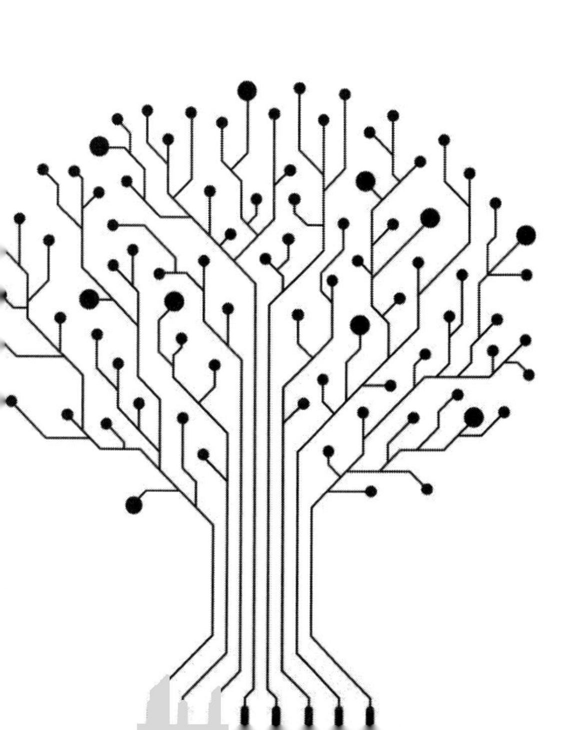

第 1 章

通信电子电路实验简介

"通信电子电路"是电子信息工程类各专业的一门重要的技术基础课,它介绍各种通信电子电路的功能、工作原理、性能特点和分析方法。通信系统里常用的通信电子电路有低噪声放大器、中频放大器、功率放大器、振荡器、锁相环路、调制器以及解调器、检波器、混频器和倍频电路等,采用这些电路可组成发射机、接收机等通信设备,进行话音、数据、图像等信息的传输。一个典型的无线通信系统发射设备和接收设备组成框图如图 1.0.1 所示。

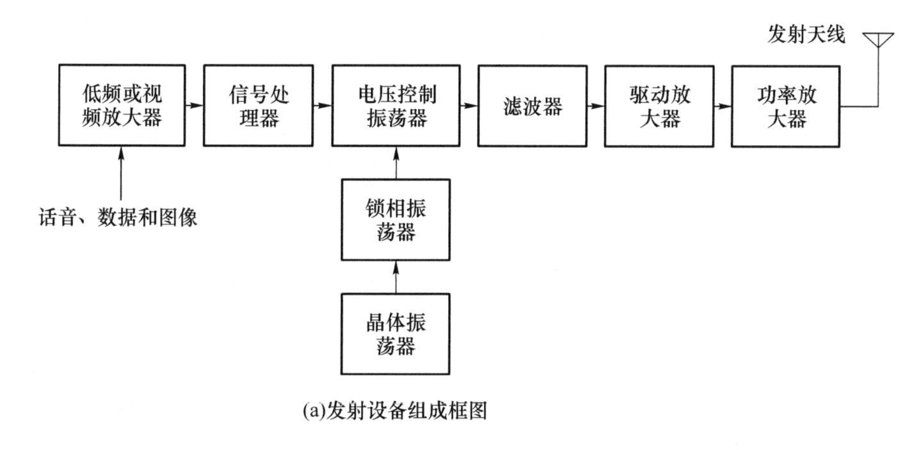

(a)发射设备组成框图

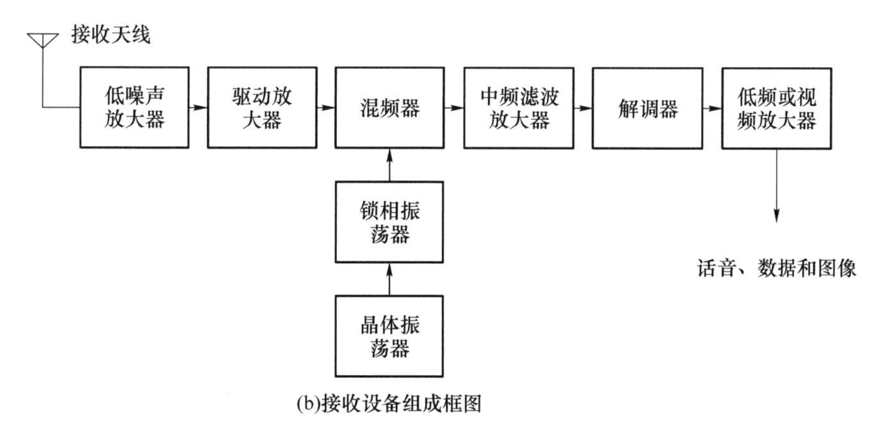

(b)接收设备组成框图

图 1.0.1　无线通信系统的发射设备和接收设备组成框图

根据北京邮电大学通信电子电路的课程要求和授课内容,本书主要讲述相关实验理论、实验操作和仿真软件三部分内容。

1.1 理论要求

(1) 简述无线电信号传输原理;理解无线电通信中信息的传输与处理的核心内容。

(2) 掌握谐振回路的特性、在电路中的作用及完成的功能;理解耦合振荡回路的工作原理及其性能指标的物理意义,石英晶体振荡器的工作特性及物理特性。

(3) 掌握高频小信号放大器典型电路的工作原理、等效电路及高频参数;掌握单调谐回路谐振放大器的电路组成、质量指标;理解高频小信号放大器在通信电子线路中的作用及性能指标对其性能的影响;理解谐振放大器工作不稳定的原因;了解双调谐回路谐振放大器的相关概念及其性能特点。

(4) 理解混频原理及作用,变频器的主要质量指标,晶体管混频器电路原理及分析,二极管平衡混频器电路组成、混频原理、参数及其应用。

(5) 掌握高频功率放大器典型电路、工作原理、性能指标求取;掌握高频功率放大器的动态特性与负载特性及对其工作状态的影响;理解晶体管功率放大器的高频特性,输出匹配网络相关特性。

(6) 掌握典型的 LC 三端式振荡器的电路组成、特点、起振条件、振荡频率、相位平衡条件的判断;掌握振荡器接负载时相关性能指标的计算及对相关性能指标的影响;理解互感耦合反馈振荡器、三端式振荡器、石英晶体振荡器原理。

(7) 掌握振幅调制与解调的基本概念、工作原理及方式,电路实现方法:振幅调制信号的分析、调制方法、二极管调制电路、调幅信号的解调方法,二极管峰值包络检波器、同步检波。

(8) 掌握角度调制的基本概念、基本方法、典型元件组成调制电路的原理及电路分析;了解鉴频器的工作原理;理解频率调制与角度调制、调频信号分析、调频信号产生。

1.2 实验内容

本书的实物实验包括基本型、设计型、综合型三部分实验。

1. 基本型实验

(1) DDS 函数信号发生器的使用和测量;

(2) 基本仪器仪表使用和射频频率测量;

(3) 选频网络的研究。

2. 设计型实验

(1) 小信号选频放大。包括 LC 选频网络、LC 振荡回路的小信号选放、石英晶体滤波器选频放大器。

(2) 高频功率放大器。包括丙类谐振功率放大器、丙类谐振倍频器、宽频带功率放大器。

(3) 电振荡的产生。包括三点式 LC 正弦波振荡电路、反馈型 RC 正弦波振荡器、晶体振荡器、张弛振荡器、负阻振荡器。

(4) 非线性波形变换。包括限幅器、二极管函数电路、幂级数近似法函数电路、触发器波形变换电路。

3. 综合型实验

(1) 幅度调制与解调。包括调幅电路、检波电路、变频。

(2) 角度调制与解调。包括直接调频电路、间接调频振荡器、鉴频电路。

(3) 非线性频率变换电路。

(4) 反馈控制电路。包括自动幅度控制(AGC)电路、自动频率控制(AFC)电路和自动相位控制(APC)电路。

1.3 仿真方法

随着通信技术的发展,通信电子电路的开发研究也离不开 EDA(Electronic Design Automation,电子设计自动化)技术。加拿大 Interactive Image Technologies(简称 IIT 公司)开发的 EDA 工具软件 Multisim 专用于电路级仿真和设计,其中的 RF(射频)模块为无线通信系统的设计提供了强有力的分析工具。

1. 通信电子电路仿真的特点

通信电子电路所涉及的大多是 *RF* 电路,它与一般的低频电路有很大的区别。通信电子电路仿真的特点主要有:

(1) 大量使用谐振网络,谐振网络不仅提供选频所要求的工作频率,同时还使晶体管特性与输入或输出阻抗匹配。因此,谐振网络设计的好坏直接影响到通信电子电路的性能。

(2) 不同频段使用的元器件不同,中波、短波和米波波段大都采用集中参数元件,如通常的电阻、电容和电感线圈,在器件方面主要采用晶体管、集成电路等;而微波波段则采用分布参数元件,如同轴线和波导等,此外,还需特殊的微波器件,如微波二极管、调速管、行波管及磁控管等;通信电子电路的仿真应根据工作频段使用相应的元器件或由 Multisim 中标准的 *RF* 元器件创建高频电路。

(3) 需使用 *RF* 常用仪器,在通信电子电路的仿真分析中,除使用信号发生器、示波器等常规仪器外,还需使用频谱分析仪、波特图仪和网络分析仪等。频谱分析仪主要用于测量信号所包含的频率及频率所对应的幅度,通信系统中对信号频谱的测量和分析是很普遍的。例如,通过频谱分析确定载波信号的谐波成分以及调制到载波上信息的失真等,以此判断通信电路或系统的工作状况并确定需采取的措施。波特图仪是用来测量和显示一个电路、系统或放大器幅频特性和相频特性的一种仪器,类似于实验室的扫频仪或矢量网络分析仪。网络分析仪是高频电路中经常使用的仪器之一,现实中的网络分析仪是一种测试双端口高

频电路的 S 参数仪器，而 Multisim 的网络分析仪除了可用于测量 S 参数外，也可用于测量 H、Y、Z 参量。

2. 通信电子电路仿真的内容

通信电子电路的仿真分析和设计主要有：放大器类（包含射频放大器、中频放大器、选频放大器、功率放大器等）、振荡电路、变频电路、匹配电路等。电路的仿真分析工具可以帮助设计者根据功率增益、电压增益、输入/输出阻抗、噪声性能、信号频谱状况等参数来研究通信电子电路。

3. 通信电子电路仿真实验的基本要求

(1) 了解无线通信收发系统的基本组成；掌握通信系统中各功能模块电路的工作原理。

(2) 了解并比较实际无线收发系统的原理图；掌握各单元电路的基本组成。

(3) 掌握通信电子电路的仿真分析方法，能制定相应的电路仿真分析步骤，并能根据电路功能建立仿真电路。

(4) 掌握通信电子电路技术指标要求，能根据技术指标仿真分析并调试电路元器件参数，使其达到设计要求。

(5) 能对仿真结果归纳、分析和总结，并能撰写完整的电路仿真分析报告。

(6) 能根据要求作简单、流畅的答辩。

4. 通信电子电路仿真的基本流程

(1) 确定仿真实验的相关内容，熟悉并掌握仿真软件的使用方法。

(2) 根据相关电路的仿真实验要求，制定仿真分析步骤，改变电路或信号参数，记录相应仿真分析结果。

(3) 分析整理仿真实验数据，撰写仿真实验分析报告。

通信电子电路的仿真实验，在确定仿真电路时，可以以射频通信收发系统中各单元电路为蓝本进行仿真分析，也可按单元电路中的某功能实现电路进行仿真分析。电路形式可以是实现单一功能的电路仿真分析，也可以是包含多个功能电路的系统级仿真分析。

1.4 射频信号特性

1.4.1 重要参数特性

在射频系统工程中，频率、阻抗和功率（射频电压）三个重要参数是表征射频系统工程及电路的全部特性。这三个参数特性与所有的射频电路类型、原理及特性密切相关。

由于频率、阻抗和功率（射频电压）三个重要参数是表征射频系统工程的三大核心指标特性，故将其称为射频铁三角。它能够形象地反映射频系统工程及其电路的基本内容。频率、阻抗和功率（射频电压）三方面既有独立特性，又相互影响。频率、阻抗和功率（射频电压）之间的关系，如图 1.4.1 所示。

图 1.4.1 表明，三个重要参数中，频率参数在射频系统的电路有振荡器（LC 振荡器、压

控振荡器、晶体振荡器)、DDS合成器、PLL频率合成器、分频器、倍频器、混频器以及各种滤波器等，频率参数是这些电路中很重要的参数。频率特性包含频率准确度和频率稳定度，还有频率的谐波、非谐波等频率特性。可采用通用计数器测量频率；用频率比对器、频率稳定度分析仪测量频率源的频率稳定度；用频谱分析仪测量频率和谐波、非谐波以及噪声等。

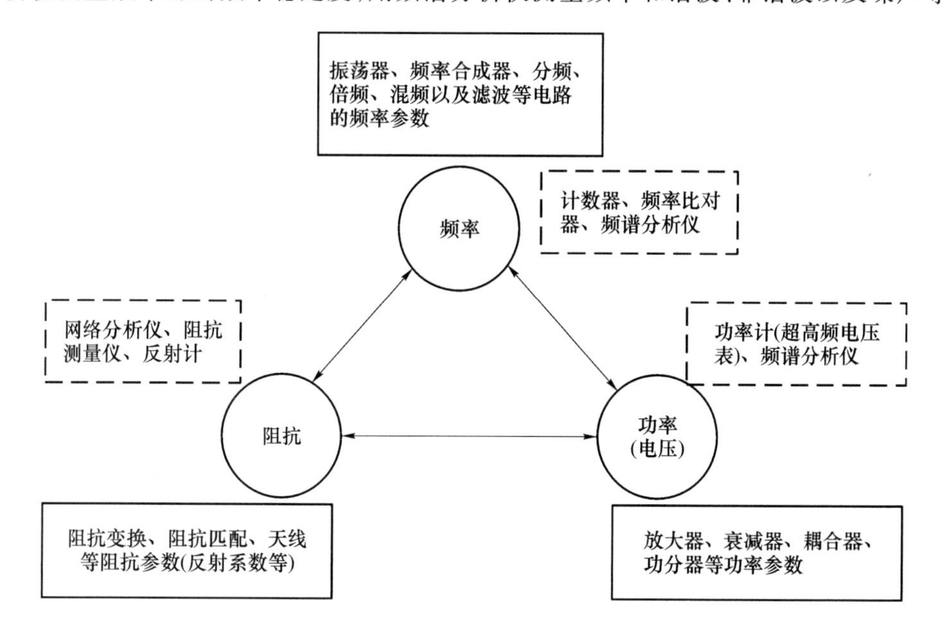

图1.4.1　频率、阻抗和功率参数之间的关系图

功率(射频电压)参数，在射频系统的电路里包括低噪声放大器、中频放大器、功率放大器等有源器件和衰减器、功分器、耦合器等无源器件，这些器件均具有功率参数特性。功率参数的测量是采用功率计、频谱分析仪等。功率参数的单位有W、mW、μW和dBm、dBW。

阻抗参数，在射频系统的电路里包含阻抗变换、阻抗匹配、天线等无源器件，阻抗参数可用驻波系数、反射系数等特性来表征。阻抗参数的测量，最有效的方法是采用网络分析仪，也可以用阻抗测量仪和反射计。

1.4.2　频率、功率和阻抗特性的表征及其关系

1. 频率

(1) 频率的定义

频率是单位时间内重复出现的次数，而时间在自然界里也是一种周期现象，就是经过一段相等时间又重复出现相同状态的现象。显然，时间和频率是描述周期现象的两个不同侧面，在数学上互为倒数，即$T=1/f$(f为频率，单位为Hz；T为周期，单位为s)。

(2) 有关射频信号频率的基本电路

信号频率是射频系统工程中最基本的一个参数，频率相对应于无线电系统所工作的频谱范围，也是研究射频电路的前提。根据电路的工作频率范围，设计出相应的射频电路的结构形式和采用的器件以及材料。在射频电路里，直接与信号频率有关的电路及仪器有信号发生器、频率变换器、频率选择电路等。

① 信号源及信号发生器

用来产生各种电信号的电路及设备，具体来讲，凡能产生符合一定技术特性的测试的信号源，称为信号发生器。

射频信号频率的基本电路，通常有 *LC* 振荡器、晶体振荡器、电压控制振荡器等电路；射频信号发生器，通常有高频和甚高频信号发生器、扫频信号发生器（射频）、频率合成信号发生器（PLL 和 DDS）等。

② 频率变换器

频率变换器电路，通常是将一个或两个频率的信号变为另一个所希望的频率信号，具体的电路有分频器、倍频器、混频器等电路。

③ 频率选择电路

在射频电路和设备里，常采用频率选择电路，这种电路通常是滤波器。滤波器是在复杂的频谱情况下，选择所需要的频率范围，从滤波器的滤波特性来分，通常有低通滤波器、高通滤波器、带阻滤波器和带通滤波器等；从滤波器的类型来分，有 *LC* 滤波器、晶体滤波器、声表面波滤波器、陶瓷滤波器、腔体滤波器等。

在射频系统工程中，有关"频率"参数的电路可以独立工作，也可以相互组合，还可以与其他电路组合使用。

2. 功率

（1）功率的定义

功率用来描述射频信号的能量大小，功率的单位是瓦特，用符号 W 表示，它是由国际单位制 SI 基本单位导出的，由它派生出千瓦（kW）、兆瓦（MW）以及毫瓦（mW）、微瓦（μW）等单位。功率在射频/微波电路或系统设计中是一个重要的参数，电路或系统设计的主要指标是实现射频能量的最佳传输。

（2）有关射频信号功率的基本电路

① 衰减器及其类型

衰减器是指控制射频信号功率的大小的器件，通常从衰减量来分为固定衰减器和可变衰减器两种。衰减器的电路形式可分为电阻型衰减器、PIN 管衰减器。

② 功率分配器/合成器

功率分配器是将一路射频信号分成若干路的器件，可以是等分的，也可以是按比例分配的。例如，二功分器，输出一路为 70%功率，另一路为 30%功率。功分器也可以作为功率合成器，在各个支路口接同频同相等幅信号，在主路叠加输出。

功分器按分配路数分为二功分器、三功分器和四功分器；按结构形式分为集中参数型功分器（频率在 300 MHz 以下）和其他功分器。

③ 耦合器

定向耦合器是一种有方向性的无源射频功率分配器件，射频频段的耦合器通常为集中参数耦合器。通常，根据应用需要选用相应的耦合度。耦合器的耦合度可分为 6 dB、10 dB、15 dB、20 dB、30 dB 等。

④ 放大器

射频放大器是提高射频信号电平（电压、功率）的电路，通常有低噪声放大器、中频放大器和功率放大器。用于高灵敏度接收机的小信号放大的是低噪声放大器,该放大器要求低噪声、高增益和高稳定。用于发射机的末级放大的是功率放大器,此处的功率放大器必须满足所要求的输出功率,且应满足较小的互调失真,所以必须采用线性功率放大器。

3. 阻抗

(1) 阻抗的定义

阻抗是线性电路理论中的一个重要参量,阻抗定义为电路上所加正弦电压和电流之比。根据工作频率的不同,阻抗分为集中参数阻抗和分布参数阻抗,现在常把集中参数阻抗称为高频(射频)阻抗;把分布参数阻抗称为微波阻抗。

(2) 有关射频阻抗的基本电路

① 阻抗变换器

阻抗变换器,通常是增加合适的元件或结构,实现一个阻抗向另一个阻抗的过渡。阻抗变换器的变换方法,可采用$\lambda/4$阻抗变换器或渐变线阻抗变换器,使不匹配的负载或两段特性阻抗不同的传输线实现匹配连接。

② 阻抗匹配器

阻抗匹配器是一种特定的阻抗变换器,实现两个阻抗之间的匹配。

③ 天线

天线是无线通信、广播电视等工程系统中辐射或接收无线电波的部件,它是一种特定的阻抗匹配器,实现射频/微波信号在封闭传输线和空气媒体之间的匹配传输。

1.5 常用仪器仪表

为了使学生通过实验更多地学到有关射频系统(射频电路)的基本组成、工作原理、模拟分析与测试方法,应配备实验用的通用测量仪器,如频率特性测试仪、超高频电压表(或射频功率计)、DDS合成信号发生器、通用计数器、通用示波器等,还应配备配件,如标准负载、衰减器、转接头、电缆线等,使学生能够正确使用射频的测量仪器,并且熟练地掌握射频信号特性的测试方法。

一个通信系统的工作过程,主要包括信息的转换、信号的处理和信号的传输等过程。基于通信系统的工作过程,需配备相应的射频测试仪器,如射频信号合成发生器、频谱分析仪、功率计、频率特性测试仪、通用计数器等,实现对通信系统的收、发信机的技术指标测试,同样可对各种射频电路模块的技术指标测试。

第2篇 常用测量仪表

要保证通信电路和系统的质量，仅有严格的检测手段是不够的，还需要有专用的检测仪器仪表。由于通信电子电路、射频、微波相关技术发展很快，对测试设备的精度、可靠性的要求也越来越高。本篇将对一些常用仪器和仪表的原理和操作进行简要介绍，以便在后续的学习、实验中能够正确合理地使用这些仪表。常用仪表包括电源、频谱分析仪、网络分析仪、示波器、毫伏表、信号发生器等。

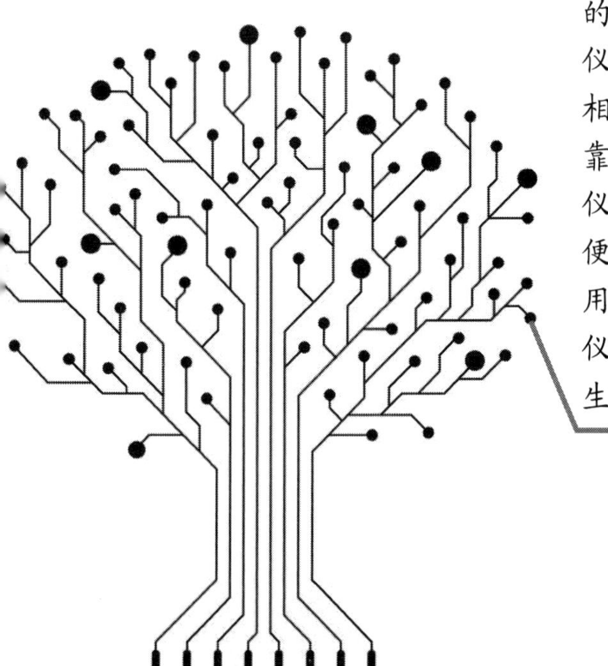

第 2 章

测量仪器概述

电子测量仪器是指利用电子技术实现测量的仪表设备，通称为测量仪器。测量仪器通常都具备物理量转换、信号处理与传输，以及测量结果的显示等功能。

2.1 测量仪器分类

电子测量仪器的分类如下。

1. 时域测量仪器

这类仪器用于测试电信号在时域的各种特性，主要包括：

(1) 观测和测试信号的时域波形，测量脉冲的占空比、上升沿、下降沿、上冲等，如示波器。

(2) 测量电信号的电压、电流及功率，如电压表、电流表、功率计等。

(3) 测量电信号的频率、周期、相位及时间间隔，如通用计数器、频率计、相位计及时间计数器等。

(4) 测量失真度及调制度，如失真度测量仪、调制度仪等。

2. 频域测试仪器

该类测量仪器用于测量信号的频谱、功率谱密度、相位噪声谱密度等特性，典型测量仪器有频谱分析仪、选频电平表、信号分析仪等。

3. 调制域测试仪器

调制域测试仪器用于测量信号的频率、周期、时间间隔及相位随时间变化的变化关系，如调制域分析仪等。

调制域描述了信号的频率、周期、时间间隔及相位随时间变化关系，如调制域分析仪。使用这类仪器可测量压控振荡器(VCO)的暂态过程和频率漂移、调频和调相的线性及失真、数据和时钟信号的相位抖动、脉冲调制信号、扫描范围、周期及线性、旋转机械的启动及运转状况、锁相环路的捕捉及跟踪范围、捷变频信号等。

4. 数据域测试仪器

这类测量仪器所测试的不是电信号的特性，而是各种数据，主要是二进制数据流。它们所关心的不是信号波形、幅度及相位等信息，而是信号在特定时刻的状态“0”和“1”。因此，用数据域测试仪器测试数字系统的数据时，除了输入被测数据流外，还应输入选通信号，以正确选通输入数据流。数据域测试的另一个特点是多通道输入。典型的测量仪器是逻辑分析仪。

5. 测量电子元器件及电路网络参数的仪器

这类仪器主要包括：

(1) 测量电阻、电容、电感、阻抗、导纳和Q值等电子元器件参数的仪器，如 *LCR* 测试仪。

(2) 测量半导体分立器件、模拟集成电路及数字集成电路等电子器件特性的仪器。

(3) 测量各类无源和有源电路网络特性的仪器，包括测量电路的传输系数、频率特性、冲激响应、灵敏度、驻波比及耦合度等特性的仪器，如网络分析仪。

6. 随机域测量仪器

这类仪器主要对各种噪声、干扰信号等随机量进行测量。

2.2 电子测量仪器的主要技术指标

1. 精度

精度是指测量仪器的读数或测量结果与被测量真值相一致的程度，从精度的含义来分析，精度高，表明测量误差小；精度低，则误差大。因此，精度不仅用来评定测量仪器的性能，也用来评定测量结果最主要最基本的指标。

2. 稳定度

稳定度也称为稳定误差，是指在规定的时间区间内，其他外界条件不变的情况下，仪器示值变化的大小。造成这种示值变化的原因主要是仪器内部各元器件的特性不同，参数不稳定和老化等因素。稳定度的表示方法有：

(1) 用示值绝对变化量与时间一起表示，例如，某数字式电压表的稳定度为$(0.008\%+U_m+0.003\%U_x)/8\ \text{h}$，其含义是：在8小时内，测量同一电压，在外界条件维持不变的情况下，电压表的示值可能发生$0.008\%U_m+0.003\%U_x$的上下波动，其中U_m为该量程满度值，U_x为示值。

(2) 用示值的相对变化率与时间一起表示。

3. 影响量(或影响误差)

由于电源电压、频率、环境温度、湿度、气压、震动等外机外界条件变化而造成仪器示值的变化量，称为影响量。一般用示值偏差的影响量一起表示，例如，晶体振荡器在环境温度从10℃变化到35℃时，频率漂移小于或等于1×10^{-9}等。

4. 灵敏度

灵敏度表示测量仪器对被测量变化的敏感程度，一般定义为测量仪器指示值增量Δy与被测量增量Δx之比。

灵敏度的另一种表达方式称为分辨率，定义为测量仪器所能区分的被测量的最小变化量。

5. 线性度

线性度表示仪器的输出量(示值)随输入量(被测量)变化规律。若仪表的输出为 y，输入为 x，两者关系用 $y=f(x)$表示，若 $f(x)$为 XY 平面上过原点的直线，则称为线性特性。

6. 动态特性

电子测量仪器的动态特性表示仪器的输出响应随输入变化的能力。

第3章

常用测量仪表的原理和使用

3.1 示波器的原理与使用

电子示波器是一种能直接观察和真实显示被测信号的综合性电子测量仪器。它不仅能定性观察电路的动态过程，如电压、电流或经过转换的非电量等的变化过程；还可以定量测量各种电参数，如周期、频率、幅度、相位、脉冲宽度、上升及下降时间等。所以它是通信电子电路实验中必不可少的重要测量仪器。

3.1.1 示波器的基本原理

电子示波器的原理结构框图如图3.1.1所示。它由垂直系统（Y轴信号通道）、水平系统（X轴通道）、Z轴电路、示波管及电源等五部分组成，其中示波管是示波器的核心部件。

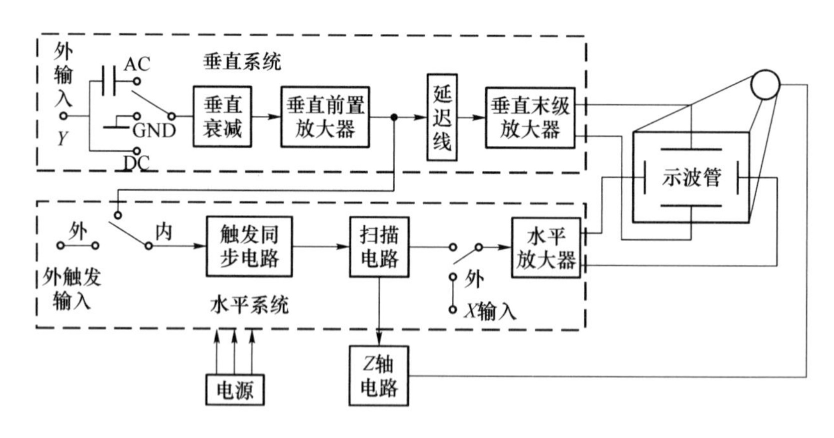

图3.1.1 示波器的组成框图

1. 示波管及波形显示原理

(1) 示波管

示波管是把电信号转变为光信号的转换器，它主要由电子枪、偏转系统和荧光屏三部分组成，基本结构如图3.1.2所示。

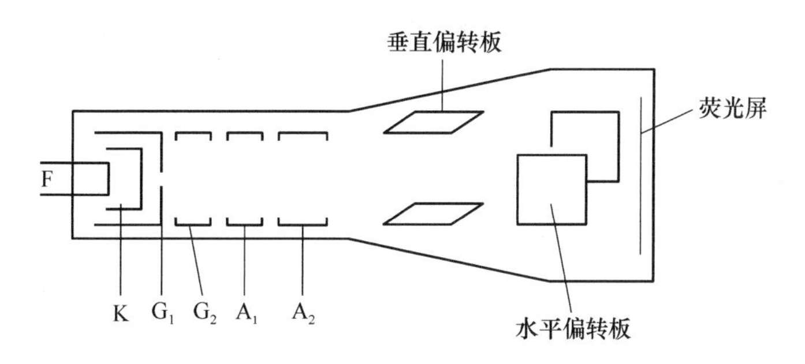

图 3.1.2 示波管结构示意图

① 电子枪

电子枪的作用是用来发射电子并形成聚焦良好的高速电子束，它由灯丝 F、阴极 K、栅极 G_1、前加速极 G_2、第一阳极 A_1 和第二阳极 A_2 组成。

灯丝用于加热阴极，表面涂有氧化物的阴极在灯丝的加热下发射电子。栅极包围着阴极，其电位比阴极低，对阴极发射出来的电子起控制作用，改变 G_1 对 K 的负电位可以控制发射向荧光屏的电子流密度，从而改变荧光屏上光点的亮度。调节 G_1 电位的电位器(在示波器面板上称为"辉度"旋钮)。

第一阳极 A_1 的电位远高于阴极，第二阳极 A_2 的电位高于 A_1，前加速极 G_2 位于 G_1 与 A_1 之间，与 A_2 相连。G_1、G_2、A_1 及 A_2 构成电子束的控制系统，对电子束起加速和聚焦作用。改变第一阳极 A_1 的电位，可使电子束在荧光屏上会聚成细小的亮点，以保证显示波形的清晰度。调节 A_1 电位的电位器在示波器面板上称为"聚焦"旋钮。

② 偏转系统

示波器的偏转系统由两对相互垂直的金属板——水平偏转板(X 偏转板)和垂直偏转板(Y 偏转板)构成。每对偏转板的两板相互平行，其上加有偏转电压，两对板间各自形成电场，电子从电场中穿过，就会受电场的作用而改变运动方向，其中 Y 偏转板控制电子束沿 Y 轴方向上下运动，X 偏转板控制电子束沿 X 轴方向左右移动。当被测信号电压作用在 Y 偏转板上，锯齿波扫描电压作用于 X 偏转板上时，就可以控制从阴极发射过来的电子束在垂直方向和水平方向均发生偏转，形成信号的轨迹。

下面以 Y 偏转板为例，介绍偏转系统的工作原理。

图 3.1.3 为 Y 偏转板对电子束的影响示意图。垂直偏转电压 V_y 与光点在垂直方向的偏转距离 y 的关系为 $y=\frac{LS}{2bV_a}V_y$，其中 L 为偏转板的长度，S 为偏转板中心到荧光屏中心的距离，b 为两偏转板之间的距离，V_a 是第二阳极的电压。当示波管制成后，L、S、b 均为常数，V_a 也基本不变，所以垂直偏转位移 y 与垂直偏转电压 V_y 成正比关系，即 $y=h_y \cdot V_y$，比例系数 h_y 称为示波管的垂直偏转因数。

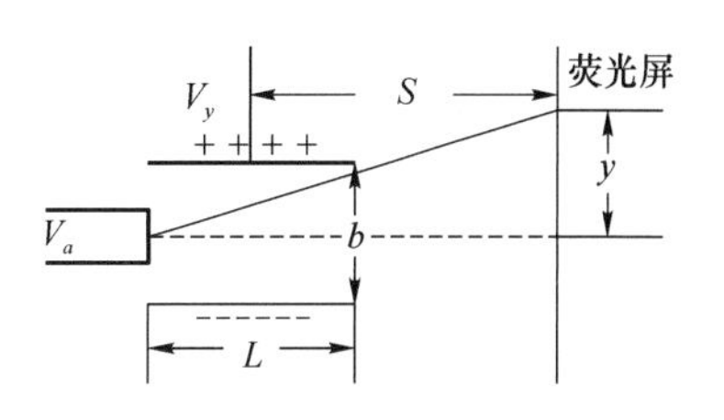

图 3.1.3 电子束的偏转

定义示波管的垂直偏转灵敏度 $S_y=1/h_y$，单位为 V/cm，它表示光点在荧光屏的垂直方向偏转单位距离所需要的垂直偏转电压，即荧光屏垂直方向上每厘米表示的电压数值。X 偏转板的工作原理与 Y 偏转板完全相同，不再重述。

在一定范围内，荧光屏上光点的偏转距离与偏转板上所加电压成正比，这是用示波管观测波形的理论根据。

③ 荧光屏

示波器的荧光屏内壁涂有荧光物质，荧光物质受到电子冲击后能将电子的动能转化为光能，形成光点。当电子束随信号电压偏转时，这个光点的移动轨迹就形成了信号的波形并显示在荧光屏上。

当电子束停止作用后的一段时间内，光点在荧光屏上仍能保留一定时间的发光过程，从电子束移去到光点亮度下降为原始值的 10% 所延续的时间称为余辉时间。余辉时间的长短与使用的荧光物质有关。余辉时间大于 1 s 的称为极长余辉，0.1～1 s 的称为长余辉，1～100 ms 的称为中余辉，0.01～1 ms 的称为短余辉，低于 10 μs 的称为极短余辉。一般的示波器配备中余辉示波管、低频示波器多用长余辉；高频示波器宜用短余辉。

特别值得指出的是，在使用示波器时，不能让光点长时间停留在某一点上，以免烧坏该点的荧光物质，在荧光屏上留下不能发光的暗点。

(2) 波形显示原理

① 电子束在偏转系统作用下的运动

如果只在垂直偏转板上加一随时间变化的被测正弦电压 $V_y = V_m \sin \omega t$，则电子束只在垂直方向随电压变化而往复运动，如图 3.1.4(a)所示。为了能够显示在荧光屏上真实显示被测信号的波形，必须同时在水平偏转板上加一锯齿波电压 $V_x = kt$，假设 $T_x = T_y$，则电子束在的 V_x 和 V_y 共同作用下发生偏转，在荧光屏上形成一个周期的稳定的被测信号波形，如图 3.1.4(b)所示。

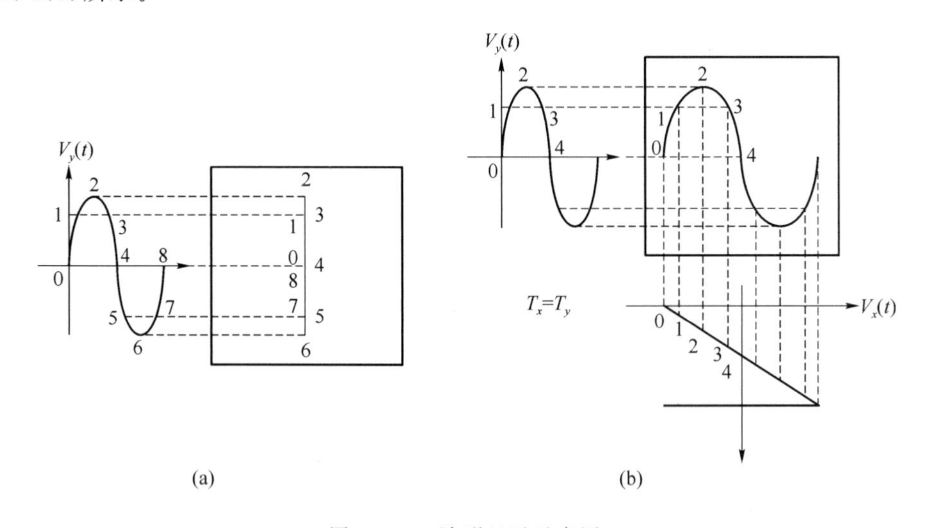

图 3.1.4 波形显示示意图

② 扫描

当仅在 X 偏转板上加锯齿波电压 $V_x = kt$ 时，水平方向偏转距离正比于时间 t，这样 X 轴就成为时间轴，此时荧光屏上的光点沿水平方向匀速移动，在屏幕上形成一条水平亮线，称为时间基线，它是垂直方向电压轴的起始点。

电子束在锯齿波电压的作用下水平偏转，使光点在水平方向上反复移动的过程称为“扫描”,水平偏转板上所加的锯齿波电压 V_x 称为“扫描锯齿波电压”。

③ 同步

如果没有“扫描”,被测信号随时间规律变化规律就显示不出来;如果没有“同步”,就不能稳定显示被测波形。

为了在荧光屏上能够显示稳定的波形,要求锯齿波扫描电压周期应为被测信号周期的整数倍,即 $T_x=nT_y$(n 为正整数),以保证每次扫描起始点都对应到被测信号 V_y 的相同相位点上,这种过程称为同步。

当 $T_x=nT_y$ 时,假设 $n=2$,则荧光屏显示的稳定波形如图 3.1.5 所示。

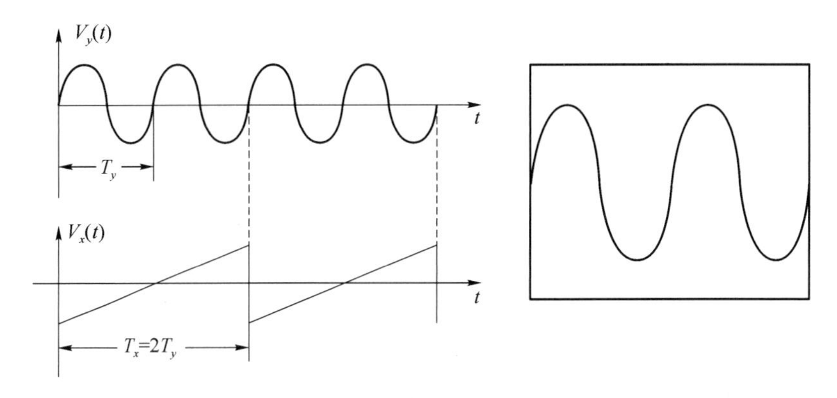

图 3.1.5　$T_x=2T_y$ 时的荧光屏显示

当不满足 $T_x=nT_y$ 关系时,假设 $n=3/4$,由于每次扫描的起始点对应着被测电压 V_y 的不同相位点,荧光屏上显示的波形是不稳定图形,此时波形向右移动,如图 3.1.6 所示。

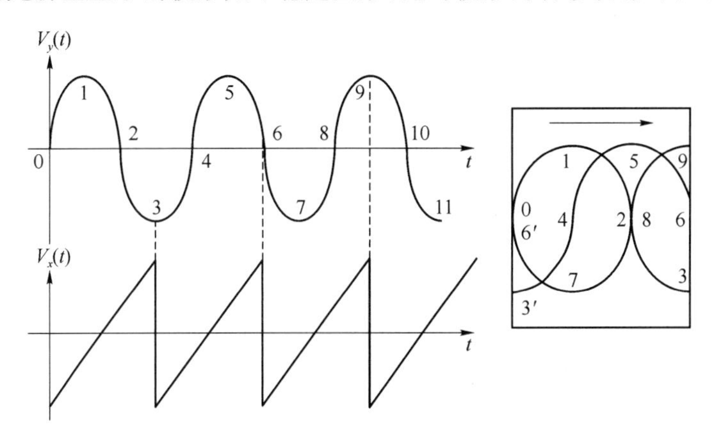

图 3.1.6　$T_x=3/4T_y$ 时的荧光屏显示

2. 水平系统

如图 3.1.7 所示,示波器的水平系统由触发同步电路、扫描电路和水平放大器等组成,主要用来产生扫描电压,保持与 Y 通道输入被测信号间的同步关系,放大扫描电压或外接信号,并能产生增辉和消隐信号,去控制示波器 Z 轴电路。

(1) 触发同步电路

触发同步电路由触发输入放大电路、触发整形电路等组成。触发信号(来自内部被测信号或外接触发输入信号)经过触发放大电路放大,送到触发整形电路,产生前沿陡峭的触发脉冲去驱动扫描电路中的闸门电路。为了产生有效的触发脉冲去启动扫描发生器,在触发电路中设有触发源选择、触发源耦合方式、触发极性和触发电平等开关切换或调节电路。

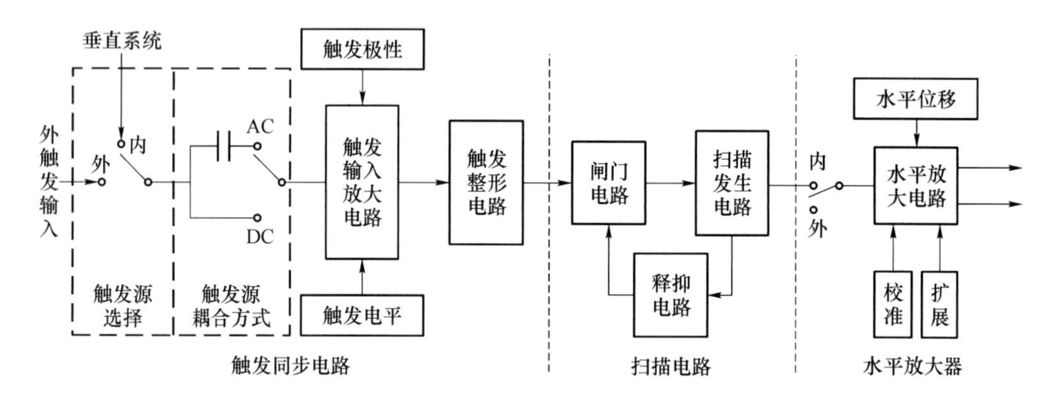

图 3.1.7 水平系统的组成

① 触发源选择

用来选择触发信号的来源,使触发信号与被测信号相关,以保证荧光屏上显示的被测信号的波形稳定。“内触发”信号来自垂直系统的被测信号,“外触发”信号来自外接触发信号,一般在观察信号时,都采用“内触发”。

② 触发源耦合方式选择

用于选择触发源信号通过何种耦合方式送到触发输入放大器。其中,直接耦合(DC)用于接入直流或缓慢变化的信号;交流耦合(AC)用于观测低频到较高频信号。

③ 触发极性选择和触发电平

触发极性控制是指在触发信号的上升沿触发还是下降沿触发,用上升沿触发称为正极性触发,下降沿触发称负极性触发。触发电平是指触发点位于触发信号的什么电平上。

在示波器面板上设有触发电平和触发极性的调节旋钮,用来控制显示波形的起始点,并使荧光屏上显示的波形稳定。

④ 扫描触发方式选择

扫描触发方式又分为常态(NORM)、自动(AUTO)等几种方式。常态触发方式是只有触发信号作用后扫描电路才工作,无触发信号时,荧光屏上无扫描线。自动触发方式是当没有触发信号时,扫描系统按连续扫描方式工作,此时扫描电路处于自激状态,有连续扫描锯齿波电压输出,荧光屏上仍显示出扫描的基线,当加触发信号后,可自动返回到触发扫描工作方式。

(2) 扫描电路

扫描系统的核心部分是由扫描发生器、闸门电路及释抑电路所组成的闭环电路。扫描发生器电路用来产生线性锯齿波。闸门电路的主要作用是在触发脉冲作用下,产生快速上升或下降的闸门信号来控制锯齿波的起始点和终止点。释抑电路的作用是控制锯齿波的幅度,达到等幅扫描,保证扫描的稳定性。

扫描方式有连续扫描和触发扫描两种。连续扫描是扫描的正程接着回程,回程结束又接着正程,使扫描连续地进行。触发扫描的特点是只有在被测信号出现的时刻,受触发信号的作用才启动扫描,每到来一个触发信号只扫描一次,第二次扫描须在下一个触发信号作用下才能发生。若无触发信号时，只呈现一个亮点，处于等待扫描状态。一般情况下，触发信号与被测信号是相关的，这样就可以使扫描电压与被测信号保持严格的同步关系。

（3）水平放大器

水平放大器的基本作用是进行锯齿波信号的放大，或在 *X-Y* 方式下对 *X* 轴信号进行放大，使示波器中的电子束产生水平偏转。

当选择“内”时，*X* 轴信号为内部扫描锯齿波电压时，荧光屏上显示图形是时间的函数，称为“*X-T*”工作方式，有些示波器上称为“A”工作方式。当选择“外”时，*X* 轴信号为外输入信号，荧光屏上显示水平、垂直方向的合成图形，称为“*X-Y*”工作方式。

“水平位移”旋钮用来调节水平放大电路输出的直流电平，可使荧光屏上显示的图形水平移动。

“扫描扩展”开关通过改变水平放大电路的增益，将荧光屏上同样的水平距离所代表的时间缩小为原值的 $1/k$。

3. 垂直系统

示波器的垂直系统主要由输入耦合选择器、衰减器、延迟线和垂直放大器组成，作用是将被测信号输送到示波管的垂直偏转板，然后准确地再现输入信号的波形。

（1）输入耦合选择器

输入信号经过开关选择耦合方式，进入示波器的垂直通道，如图 3.1.8 所示。

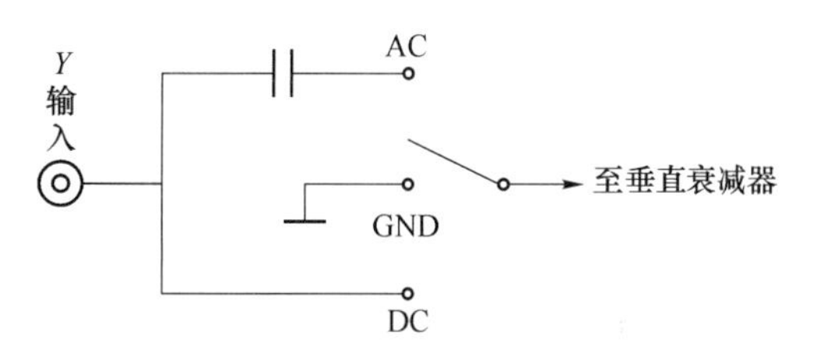

图 3.1.8 输入耦合选择器

输入耦合方式有交流耦合（AC）、接地（GND）和直流耦合（DC）三种选择。当选择 GND 时，输入信号通路被断开，示波器荧光屏上显示的扫描基线为零电平线。选择 AC 耦合时，由于只有输入信号的交流成分通过，所以用于观测交流和不含直流成分的信号。选择 DC 耦合时，由于输入信号的交、直流成分都能通过，适用于观测含有直流成分的信号或频率较低的交流信号以及脉冲信号。

（2）衰减器

示波器的输入信号变化较大，可能是几个毫伏的小信号也可能是上百伏的高电压信号。衰减器用来衰减大幅度的输入信号，以保证垂直放大电路输出不产生失真。由于衰减器输出所接的垂直放大电路的输入阻抗是容性的，因此衰减器通常采用 *RC* 衰减器，其对应示波器的“垂直偏转灵敏度”开关。

（3）垂直放大器

垂直放大器作为波形幅度的微调与衰减器配合使用，可以将显示的波形调至便于观察的适当幅度。垂直放大器分成前置放大和末级放大两部分，前置放大电路的输出信号一方面引至触发电路，作为“内触发”方式的同步触发源信号，另一方面经过延迟线延迟后送至末级放大电路。

垂直放大电路的频带是示波器的一个重要技术指标，它决定了被测信号的最高频率。通常所说的示波器的带宽即是指垂直放大电路的频带宽度。

（4）延迟线

当输入信号经衰减、放大后作用于垂直偏转板时，从垂直放大器取出的信号也作用于触发电路，使触发电路产生触发信号，以便使扫描电路开始扫描。但因触发电路和扫描发生器工作都需要一定时间，这就使扫描信号出现时刻晚于作用于垂直偏转板上的被测信号，因而荧光屏上显示的波形就会缺少被测信号在开始部分的图形，所以在垂直偏转系统加入延迟电路，以使作用于垂直偏转板上的被测信号延迟到扫描电压出现后到达，这样就可以保证输入信号无失真地显示在荧光屏上。

4. 示波器的多踪显示

在实际应用中，常常需要同时观测几个信号，并对其进行电参量的测试和比较。为了实现这个目的，目前普遍使用的是多踪示波器。以双踪示波器为例，它的工作原理如图 3.1.9 所示。

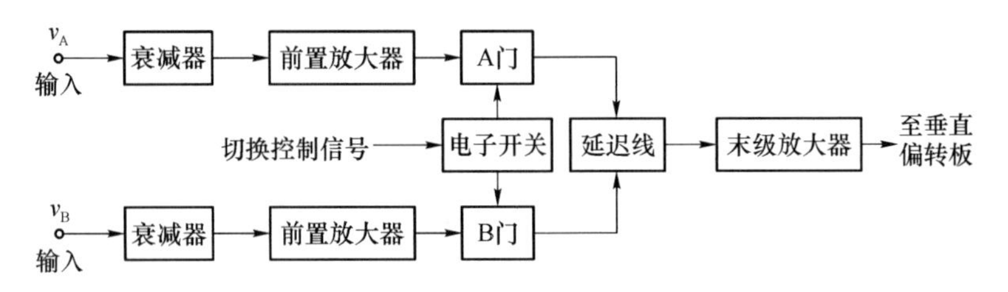

图 3.1.9 双踪显示原理

双踪示波器是在单踪示波器的基础上，利用一个专用电子开关交替选通 A、B 两通道的输入信号，从而在荧光屏上实现两路波形的同时显示。电子开关的切换有“交替”和“断续”两种工作方式，对应示波器面板上的“ALT”和“CHOP”开关。

(1) 交替方式

如图 3.1.10 所示，在第一个锯齿波扫描周期，切换控制信号使电子开关接通 A 通道的输入信号，荧光屏显示 A 通道的信号波形；第二个扫描周期，切换控制信号使电子开关接通 B 通道的输入信号，荧光屏上显示 B 通道的信号波形，如此重复。当被测信号频率较高时，由于荧光屏的余辉与人眼的视觉暂留效应，就会看到荧光屏上同时显示两个波形。

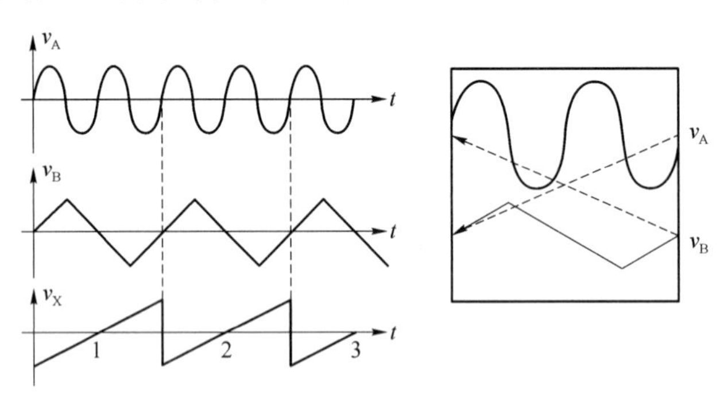

图 3.1.10 交替显示波形

“交替”工作方式适用于观察测量频率较高的信号波形。当被测信号频率较低时，由于交替显示的速率很慢，图形将出现闪烁，不宜采用“交替”方式。

(2) 断续方式

如图 3.1.11 所示，电子开关以大约 100 kHz 的重复频率依次使 A 通道和 B 通道轮流接通，对两路被测信号波形轮流进行实时采样并显示，这样就在荧光屏上得到两条由若干个取样光点构成的“断续”的波形。由于电子开关的转换速率很高，实际上在荧光屏上已经看不到波形的“断续”现象，看到的信号波形已经是连续的了。“断续”工作方式一般适用于观测频率较低的信号波形。

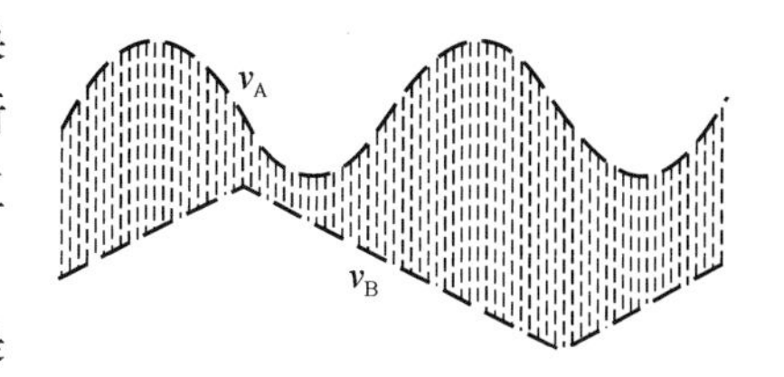

图 3.1.11 断续显示波形

为了确保波形稳定显示，无论是“交替”方式还是“断续”方式，两个被测信号的频率与扫描信号的频率应该满足“同步”关系。实际应用时，扫描信号是由两通道中周期长的一个信号通道来提取的。

3.1.2 示波器的正确使用与调整

1. 示波器的正确使用

(1) 示波器的选择

在实际工作中，需要根据测量任务来正确选择示波器。垂直通道的频带宽度和水平轴的扫描速度是选择示波器时要考虑的两个基本技术指标，其决定了示波器可以观测的最高信号频率或脉冲的最小宽度，并决定示波器能否“真实”地再现被测脉冲信号的跳变边沿。

(2) 正确使用示波器探头

由于示波器的输入阻抗不够高，当它接入被测电路测试时，会影响到被测电路的测试结果，而应用探头可提高示波器的输入阻抗，减小示波器的接入对电路的影响。

使用探头进行测量时，其衰减器是选择“×10”挡，还是选择“×1”挡，要根据被测电路与被测信号的具体情况而定。如果被测点是高阻节点，或被测信号频率较高，则应选择“×10”挡进行测量，可提高示波器的输入阻抗，减小测量误差。如果被测点为低阻节点，信号频率较低，应选择“×1”挡进行测量。当然，信号幅度过小时亦应选择“×1”挡。

2. 示波器的正确调整

示波器的正确调整对于延长仪器的使用寿命和提高测量精度是十分重要的。

(1) 聚焦与辉度的调整

使用示波器进行测量时，首先要调整示波器的“聚焦”与“辉度”旋钮，使显示的扫描线尽可能细些，这样才能提高测量的精确度。由于示波器的亮度会影响其聚焦特性，因此应将扫描线亮度适当调低，以改善聚焦性能，同时可延长示波管的使用寿命。此外，为了能够观测时间基线即零电平线，扫描触发方式应选择“自动”扫描方式。

(2) 波形位置和几何尺寸调整

观测信号时，波形应尽量处于示波器中心的位置，以获得较好的测量线性。正确调整 Y 通道的“垂直偏转灵敏度”旋钮，尽可能使波形幅度占的一半以上，以提高电压测量的精度。正确调整“扫描时间”旋钮，以便能够在荧光屏上看到一个或几个完整的波形周期，波形不要过密，以保证时间测量的精度。

(3) 正确调整触发状态

合理选择触发源和触发耦合方式，仔细调整触发电平，使示波器处于正常触发状态，以得到稳定的波形。

在选择触发源时，如果观测信号是单通道的信号，就选择该通道信号作触发源；如果是同时观察两个时间相关的波形，就应选择信号周期长的那个通道作为触发源。

根据被观察信号的特性来选择合适的输入耦合方式。一般情况下，若被观察的信号为脉冲信号，应选择 DC 耦合方式；如果被观察的信号为交流正弦信号时，可选择 AC 耦合方式。

3.1.3 示波器的测量方法

1. 测量电压和电流

(1) 被测信号频率较高：用探头要比用屏蔽线或普通电缆失真小，精度高。但测试距离将受探头电缆长度的限制，其灵敏度将随探头的衰减而有所下降。一般测量高频时可采用同轴电缆。

(2) 测交流电压，一般是测量交流电压波形的峰值电压或某两点的电位差值。其测量结果经过计算得出被测两点间的电位差。即用屏面上被测两点之间的垂直偏转距离乘以 Y 轴偏转灵敏度，即被测两点间的电位差。

(3) 测直流电压，所用示波器频响必须是从直流开始。首先调节垂直位移按钮，使扫描线处于某一水平刻度线上作为零电平线，输入被测电压信号，测出扫描线从零电平偏移的垂直距离，即被测直流电压＝垂直偏转距离×Y 轴偏转灵敏度×探头衰减系数。

(4) 示波器测量电流，测量时需要一个精度高、阻值很小而且是已知的无感电阻器，测得电压后根据欧姆定律换算成实测电流值。

2. 测量波形时间、频率和相位

(1) 示波器水平扫描开关微调在校准位置时，扫描开关各挡的刻度值，表示屏幕上水平刻度所代表的时间值。因此示波器可以直接测得整个波形(或波形的任何部分)。

(2) 可利用时间测量法确定频率。

(3) 用于双踪示波器，在示波器屏幕上同时显示两条光迹，按坐标刻度测量这两条光迹有关点间的距离，将测得的距离换算成相位差。

3.2 频谱分析仪的原理与使用

频谱分析仪是一种研究电信号的频谱特性的通用测量仪器，主要用于测量信号的频域特性，包括信号频谱、信号纯度、杂散、谐波、交调、相位噪声、幅频特性、调制度、频率稳定度、信号带宽等，即可以用来测量衰减器、滤波器、放大器、混频器等射频电路的参数。频谱分析仪是进行无线信号测量的必备工具，是从事电子和通信产品的研发、生产、检验以及进行工程测量的常用工具，应用十分广泛，被称为通信工程师的射频万用表。

3.2.1 概述

现代频谱分析仪基本上都是基于快速傅里叶变换(FFT)的数字频谱分析仪，首先通过傅里叶变换将被测信号分解成为独立的频率分量，然后采用数字方法直接由模拟/数字转换器(ADC)对输入信号进行取样,最后经过 FFT 处理后获得频谱分布图。频谱分析仪的主要功能是在频域里显示输入信号的频谱特性。频谱分析仪依信号处理方式的不同,一般有两种类型。

1. 即时频谱分析仪

即时频谱分析仪(Real-Time Spectrum Analyzer)的功能为在同一瞬间显示频域的信号振幅。其工作原理是针对不同的频率信号而有相对应的滤波器与检知器(Detector),再经由同步的多工扫描器将信号传送到 CRT 屏幕上。其优点是能显示周期性杂散波(Periodic Random Wave)的瞬间反应;其缺点是价昂且性能受限于频宽范围、滤波器的数目和最大的多工交换时间(Switching Time)。

2. 扫描调谐频谱分析仪

常用的频谱分析仪是扫描调谐频谱分析仪(Sweep-Tuned Spectrum Analyzer),其基本结构类似于超外差接收器,基本工作原理是将输入信号经过衰减器后直接外加到混频器,可调变的本地振荡器产生与显示屏同步的随时间作线性变化的本振信号,输入信号与本振信号混频(降频)后输出中频信号,中频信号经过滤波、放大和检波后送到显示屏的垂直方向板,在显示屏上显示出信号幅度与频率的对应关系。

影响信号响应的一个重要参数是滤波器的带宽,影响的主要功能就是进行频谱测量时常用的分辨率带宽(RBW)。RBW 表征两个不同频率的信号能够被清楚地分辨出来的最低频率差异,两个不同频率的信号的频率之差如果低于频谱分析仪的 RBW,这两个信号在显示屏上将会重叠在一起,难以分辨。较低的 RBW 有助于不同频率的信号的分辨与测量,但是过低的 RBW 也可能会滤除有用的信号成分,导致信号显示时产生失真,失真度与设定的 RBW 密切相关。较高的 RBW 有助于进行宽带信号的测量,但是将会抬高底噪,降低测量灵敏度,对于检测低电平的信号产生阻碍。设置适当的 RBW 是正确使用频谱分析仪的重要环节。

3.2.2 技术指标

频谱分析仪的主要技术指标包括频率范围、分析带宽、分辨率带宽、扫描时间、灵敏度、显示方式和假响应等。

(1) 频率范围:频谱分析仪进行正常测量的频率范围。

(2) 扫描带宽(SPAN):指频谱分析仪在一次测量中能够显示的频率范围,可以小于或等于仪器的频率范围,测量过程中需要根据实际的信号参数进行调整。

(3) 分辨率带宽(RBW):分辨率带宽是频谱分析仪最重要的技术指标之一,它决定了频谱分析仪在显示器上能够区分出最邻近频率的两条谱线的能力。频谱分析仪的分辨率带宽与滤波器特性、波形因数、扫描带宽、本振稳定度、剩余调频和边带噪声等诸多因素有关,还与扫描时间直接有关。可以设置的 RBW 越窄越好,现代频谱仪的 RBW 可以达到 10～100 Hz。

(4) 扫描时间:频谱分析仪完成一次频谱分析所需要的时间,它与扫描带宽和分辨率带宽有密切关系。分辨率带宽相对于分析带宽越窄(RBW/SPAN 越小),扫描时间越长,这也是在实际测量当中并不能将 RBW 设置得过低的原因。

（5）灵敏度：表示频谱分析仪显示微弱信号的能力，通常会受到频谱分析仪内部噪声的限制。灵敏度越高越好，现代频谱分析仪的灵敏度可以达到－80 dBm 以下。

（6）显示方式：频谱分析仪显示幅度的方式，通常有线性显示和对数显示两种方式，常用的幅度显示方式为对数功率（dBm）。

这里以 TD 5010 为例来说明频谱分析仪的具体指标。

（1）输入频率范围：0.15～1 050 MHz

（2）中心频率显示误差：±100 kHz

（3）频率标记误差：±（扫频宽度×0.1%±100 kHz）

（4）频率显示分辨率：100 kHz（4.5 位数码管）

（5）扫频宽度：0～100 MHz/DIV，按 1、2、5 步进，误差为±10%

（6）中频带宽（－3 dB）：20 kHz 和 400 kHz

（7）CRT 屏幕显示范围：80 dB（10 dB/DIV）

（8）参考电平：－27～＋13 dBm（10dB 每挡），参考电平精度为±2 dB

（9）平均噪声电平：－97 dBm（20 kHz 中频带宽）

（10）失真：2 次 3 次谐波＜－75 dBc

（11）3 阶交调：－70 dBc（两个信号相隔＞3 MHz）

（12）灵敏度：－90 dBm

（13）输入阻抗：50 Ω

（14）输入接头：BNC

（15）输入衰减器：0～40 dB（4×10 dB 步进），误差为±1.5 dB/10 dB

3.2.3 TD 5010 / 5011 工作原理

频谱仪显示的是信号的频谱信息，直观地表示出了被测信号中的频谱分量。TD 5010/5011 频谱分析仪（以下简称频谱仪）可以检测的信号频率范围为 0.15～1 050 MHz。

TD 5010/5011 频谱仪采用超外差结构，原理图如图 3.2.1 所示。信号由输入端口进入第一混频器，与第一本振信号（1 350～2 350 MHz）混频，取差频（第一本振频率减输入频率）为第一中频，该信号通过调谐在 1 350 MHz 上的带通滤波器，然后进入第二混频器；第二本振是 1 379.875 MHz，与第一中频 1 350 MHz 混频，取差频（第二本振频率减第一中频）为第二中频（29.875 MHz）。

第二中频经带通滤波器进入第三混频，产生 2.75 MHz 的中频信号，该信号通过中频滤波器（20 kHz 或 400 kHz），经视频滤波对数变换后输出，送到 Y 轴放大器。经过 Y 轴放大器放大后的对数信号连接到 CRT 的 Y 偏转板。

晶振产生 8 MHz 时基信号，该信号经过多次分频后，去控制积分电路产生的 43 Hz 锯齿波电压，经 X 轴放大器放大后驱动 X 偏转板。43 Hz 锯齿波电压经扫频宽度控制电路后与一直流电压合成，该合成电压经指数放大器放大后去控制第一本振（压控振荡器）。频谱仪扫频的频率范围取决于锯齿波的幅度。扫频由扫频宽度选择开关来控制（参阅图3.2.2）。频谱仪工作在 0 扫频宽度状态时，只有直流电压去控制第一本振。43 Hz 锯齿波电压经标记控制电路产生一窄脉冲送至 Y 轴放大器。第一本振产生的扫频信号频率经 256 次分频后送至 LED 控制电路。

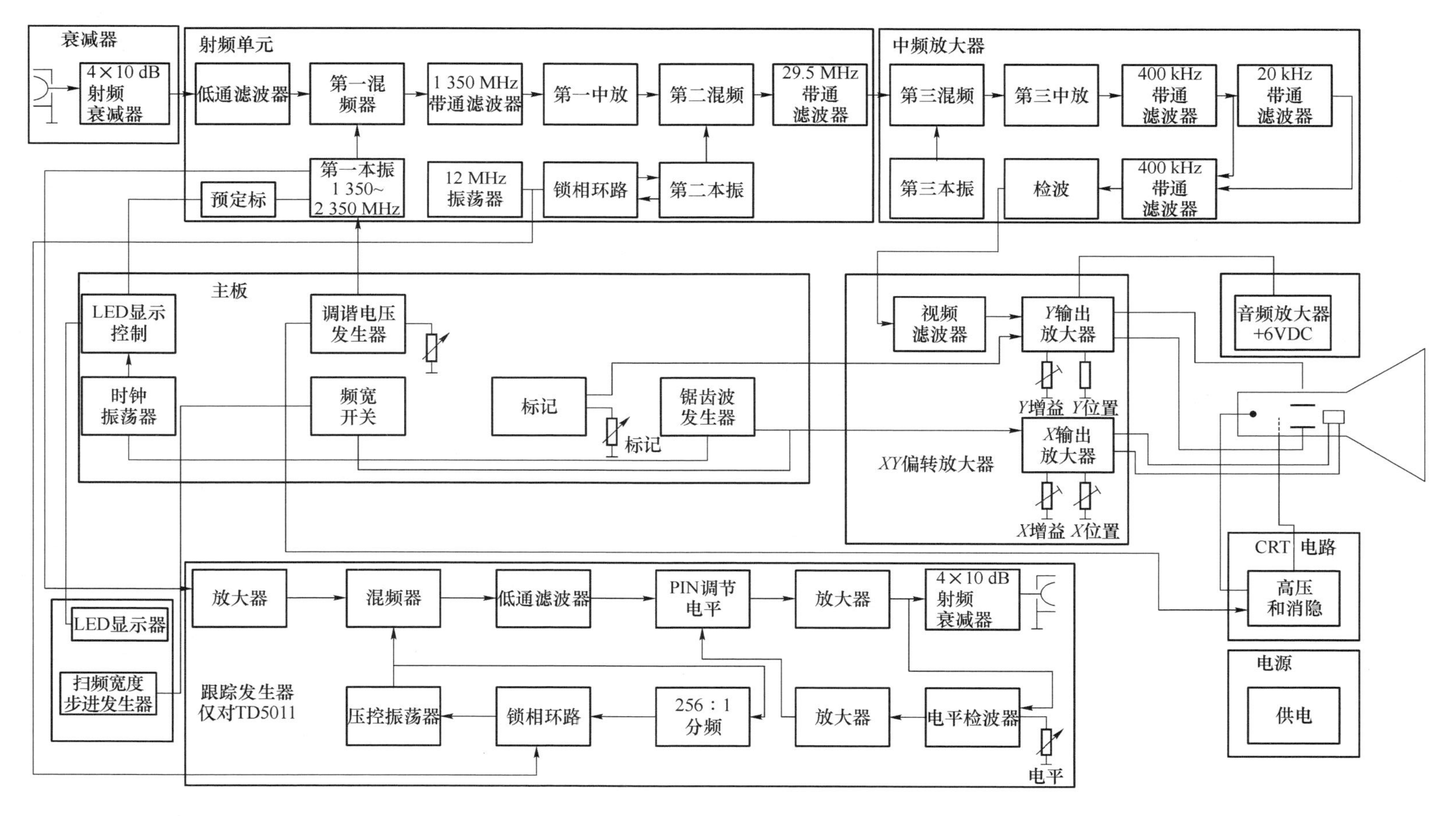

图 3.2.1　TD 5010/5011 原理框图

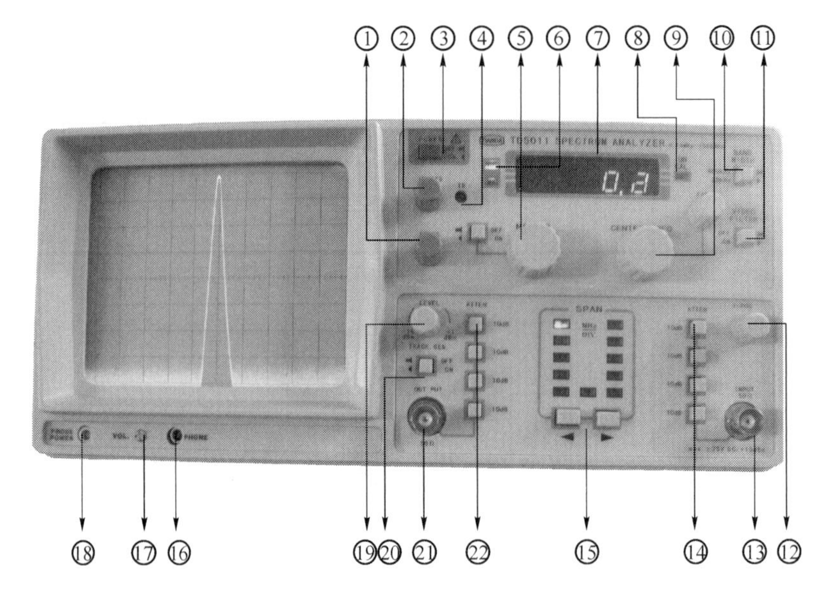

图 3.2.2　TD 5010 功能面板

TD 5011 频谱仪还具备跟踪信号发生器，能输出 0.15～1 050 MHz 的正弦信号。跟踪信号发生器输出频率取决于频谱仪测量部分信号通道上的第一本振。频谱仪测量部分的输入频率和跟踪信号发生器部分的输出频率是同步的，频率是相同的。

3.2.4　TD 5010 的使用方法

TD 5010 的面板如图 3.2.2 所示。

各功能旋钮、按键操作如下：

① 聚焦(FOCUS)：显示曲线清晰度调节。

② 亮度(INTENS)：显示曲线亮度调节。

③ 电源(POWER)：整机电源开关(开 ON 和关 OFF)。

④ 轨迹旋转(TR)：地球磁场对水平扫描线的影响不可避免，使用该旋钮调节，使水平扫描轨迹与水平刻度线基本对齐。

⑤ 标记(开 ON/关 OFF)：当标记按钮置于 OFF(关)位置时，中心频率(CF)指示器灯亮，此时数码管显示的是中心频率。当此开关在 ON(开)位置时，标记(MK)指示灯亮，此时显示器读出的是频标所在位置的频率。频标在屏幕上是一个窄脉冲。频标位置用频标(MARKER)旋钮来调节。幅度读数前应将标记关闭。

⑥ 中心频率/频标(CF/MK)指示灯：当中心频率指示灯(CF)亮时，数码管显示的是中心频率。中心频率是显示器中心位置所对应的频率。当打开频标功能时，频标指示灯(MK)亮，此时数码管显示的是频标所在位置的频率。

⑦ 数码显示管：可显示中心频率或者频标所在位置的频率，分辨率为 100 kHz。

⑧ 校准失效：此指示灯闪亮时表示幅度值不正确，这是由于扫频宽度和中频滤波器不匹配。这种情况出现很可能是因为扫频范围过大，而中频带宽过窄；或者窄视频滤波器带宽(4 kHz)时。若要得到正确测量结果，可以采取的办法有减小扫频宽度、增加中频带宽或不用视频滤波器。

⑨ 中心频率(粗调 CENTER FREQ/细调 FINE):用于调节仪器显示中心频率,粗调 CENTER FREQ 可以快速调节中心频率,细调 FINE 可以准确调节中心频率。

⑩ 中频带宽(BAND WIDTH):中频带宽选择(400 kHz 或 20 kHz)。选在 20 kHz 带宽时,噪声电平降低,选择性提高,能分隔开频率更近的谱线。此时,若扫频宽度过宽时,会导致"未校准"指示灯亮,测量不准确。

⑪视频滤波器(VIDEO FILTER):视频滤波器可用来降低显示曲线的噪声,其带宽是 4 kHz。该功能使信号更易于观测。

⑫ Y 轴位移(Y-POS):调节显示曲线垂直方向移动。

⑬ 信号输入端口(INPUT 50 Ω):本仪器输入接口为 BNC-50,在输入衰减为 0 时,最大允许输入电平为 10 dBm/DC±25 V。当加上 40 dB 最大输入衰减时,最大允许输入电平为 +20 dBm。

⑭ 输入信号衰减器(ATTEN):输入衰减器包括有 4 个 10 dB 衰减器,在进入第一混频器之前降低信号幅度,按键按下时衰减器接入。在连接任何信号到输入端之前,应设置为最高衰减(4×10 dB)和最宽扫频宽度(100 MHz/DIV)。调节中心频率到 500 MHz,在该状态下可显示出本仪器测量范围之内的所有谱线。

⑮ 扫频宽度(SPAN):"扫频宽度"选择按键用来调节水平轴的每格扫频宽度。用右键来增加每格扫频宽度,用左按键来减少每格扫频宽度。扫宽调节以 1、2、5 为步进,从 0 MHz/DIV 到 100 MHz/DIV。显示在"0 频率点"左边的那些谱线被称为镜频。

⑯ 耳机插孔(PHONE):耳机插孔为 3.5 mm,阻抗大于 16 Ω 的耳机或扬声器可以连到这个输出插座。当频谱仪对某一个谱线调谐好时,它可以输出解调后的音频。

⑰ 音量(VOL):音量输出调节。

⑱ 探头供电输出(PROBE POWER):输出+6 V DC 电压以使 Mz530 近场探头工作。此电源专为它们使用,其专用线随 Mz530 提供。

⑲ 电平(LEVEL):此旋钮可连续调节跟踪信号发生器输出电平,在 11 dB 范围内调节(输出衰减器为 0 衰减时:−10~+1 dBm)。

⑳ 跟踪信号发生器(TRACK. GEN):按钮按下时(ON)跟踪信号发生器工作。此时从输出端口 BNC-50 K 输出跟踪信号,输出频率取决于扫频宽度。

㉑ 输出接口(OUTPUT):BNC-50 K 接口用于跟踪信号发生器。输出电平在 −50~+1 dBm 范围内可调节。

㉒ 输出衰减器(ATTEN):输出电平衰减器由 4 个 10 dB 衰减器组成,可使信号输出前经过衰减。这 4 个衰减器是独立的,衰减量相等,均为 10 dB。

㉓ 电源插座(背面板):频谱仪工作电压 220 V,该插座是标准三芯插座,插座中装有熔断器(保险丝)。熔断器(保险丝)可更换,推直到两端都卡住即可。

3.2.5 TD 5010/5011 的使用注意事项

(1) TD 5010/5011 的输入部分包括信号衰减器和第一混频器,被测信号未经输入衰减器衰减时,加到输入端的电压必须不得超过+10 dBm(0.7 Vrms)AC 或 DC±25 V。当输入衰减器最大衰减时(衰减量为 40 dB),AC 电压不得超过+20 dBm(2.2 Vrms)。必须保证输入信号幅度不能超过上述极限值,否则输入衰减器或者第一混频器会被损坏。

(2) 在测量未知幅度的信号之前,应确保输入信号最大幅度不超过3.1.2小节中规定的技术指标极限值。推荐在测量开始前使用最大的衰减量(40 dB)和最宽的扫频宽度(100 MHz/DIV)。

(3) 0 Hz～150 kHz范围内的频率在TD 5010/5011中没有技术要求。若在此范围屏幕出现显示,则幅度是不准确的。

(4) 由于采用超外差原理,在0 Hz处会出现一根谱线。这是由于第一本振扫过中频而产生的。其显示幅度因仪器而异,超出显示屏幕并不影响使用。

(5) 使用时避免显示器调得过亮,否则会降低显示器使用寿命。

3.3 信号发生器的原理与使用

信号发生器是一种能产生标准信号的电子仪器,是工业生产和电工、电子实验室中经常使用的电子仪器之一。信号发生器种类较多,性能各有差异,但它们都可以产生不同频率的正弦波、调幅波、调频波信号,以及各种频率的方波、三角波、锯齿波和正负脉冲波信号等。利用信号发生器输出的信号,可以对元器件的特性及参数进行测量,还可以对电工和电子产品整机进行指标验证、参数调整及性能鉴定。在多级电路传递网络、电容与电感组合电路、电容与电阻组合电路及信号调制器的频率、相位的特性测试中它都得到广泛的应用。

3.3.1 信号发生器的分类

信号发生器根据输出波形的不同,划分为正弦信号发生器、脉冲信号发生器、函数信号发生器和随机信号发生器四大类;根据输出频率范围的不同,又可划分为超低频信号发生器、低频信号发生器、视频信号发生器、高频信号发生器、甚高频信号发生器、超高频信号发生器六大类。

1. 正弦信号发生器

正弦信号主要用于测量电路和系统的频率特性、非线性失真、增益及灵敏度等。

(1) 按频率覆盖范围分为低频信号发生器、高频信号发生器和微波信号发生器。

(2) 按输出电平调节范围和稳定度分为简易信号发生器(即信号源)、标准信号发生器(输出功率能准确衰减到－100 dBmW以下)和功率信号发生器(输出功率达数十毫瓦以上)。

(3) 按频率改变的方式分为调谐式信号发生器、扫频式信号发生器、程控式信号发生器和频率合成式信号发生器等。

2. 高频信号发生器

频率为100 kHz～30 MHz的高频、30～300 MHz的甚高频信号发生器。一般采用*LC*调谐式振荡器,频率可由调谐电容器的度盘刻度读出。主要用途是测量各种接收机的技术指标。输出信号可用内部或外加的低频正弦信号调幅或调频,使输出载频电压能够衰减到1 μV以下。

3. 微波信号发生器

从分米波直到毫米波波段的信号发生器。信号通常由带分布参数谐振腔的超高频三极管和反射速调管产生,但有逐渐被微波晶体管、场效应管和耿氏二极管等固体器件取代的趋势。仪器一般靠机械调谐腔体来改变频率,每台可覆盖一个倍频程左右,由腔体耦合出的信号功率一般可达10 mW以上。简易信号源只要求能加1 000 Hz方波调幅,而标准信号发生器则能将输出基准电平调节到1 mW,再从后随衰减器读出信号电平的分贝毫瓦值;还必须有内部或外加矩形脉冲调幅,以便测试雷达等接收机。

3.3.2　DG 1022信号发生器的技术特性

RIGOL DG 1022双通道函数/任意波形发生器采用直接数字频率合成(DDS)技术设计,能够产生精确、稳定、低失真的输出信号,且操作简单。其有两个输出通道CH1和CH2,可分别选择正弦波、方波、锯齿波、脉冲波、噪声波、任意波输出,能够调节输出波形的频率、幅度、占空比等参数,还有两个常用按键通道选择和视图切换键。

DG 1022双通道函数/任意波形发生器主要技术特性如下:

(1) 双通道输出,可以实现通道耦合、通道复制。

(2) 输出5种基本(正弦波、方波、锯齿波、脉冲波、白噪声)波形,并内置48种任意波形。

(3) 可编辑输出14-bit、4 k点的用户自定义任意波形。

(4) 100 MSa/s采样率。

(5) 频率特性:正弦波1 μHz～20 MHz;方波1 μHz～5 MHz;锯齿波1 μHz～150 kHz;脉冲波500 μHz～3 MHz;白噪声5 MHz带宽(−3 dB);任意波形1 μHz～5 MHz。

(6) 幅度范围:2 V_{pp}～10 V_{pp}(50 Ω),4 V_{pp}～20 V_{pp}(高阻)。

(7) 高精度、宽频带频率计:可测量频率、周期、占空比和正/负脉冲宽度,频率范围为100 mHz～200 MHz(单通道)。

(8) 丰富的调制功能,输出调幅(AM)、调频(FM)、调相(PM)、二进制频移键控(FSK)、线性和对数扫描(Sweep)及脉冲串(Burst)等各种调制波形。

(9) 丰富的输入输出:可外接调制源,外接基准10 MHz时钟源,外触发输入、波形输出和数字同步信号输出。

(10) 支持即插即用USB存储设备,并可通过USB存储设备存储、读取波形配置参数及用户自定义任意波形。

3.3.3　DG 1022信号发生器的使用方法

1. 功能键及旋钮作用说明

(1) 电源开关:电源主开关在仪器背面用于总电源开关。

(2) 参数设置、视图切换:用于参数设置和在LCD上观察信号形状进行切换。

(3) 波形选择:选择信号发生器生成的信号的形状(正弦、方波、锯齿、脉冲、噪声等)。

(4) 菜单键:根据选择的波形,按照LCD上显示的菜单,对信号参数进行设置。

(5) 通道切换键:CH1、CH2通道切换,以便于设定输出通道信号的参数。

(6) 数字键:设置参数的大小。

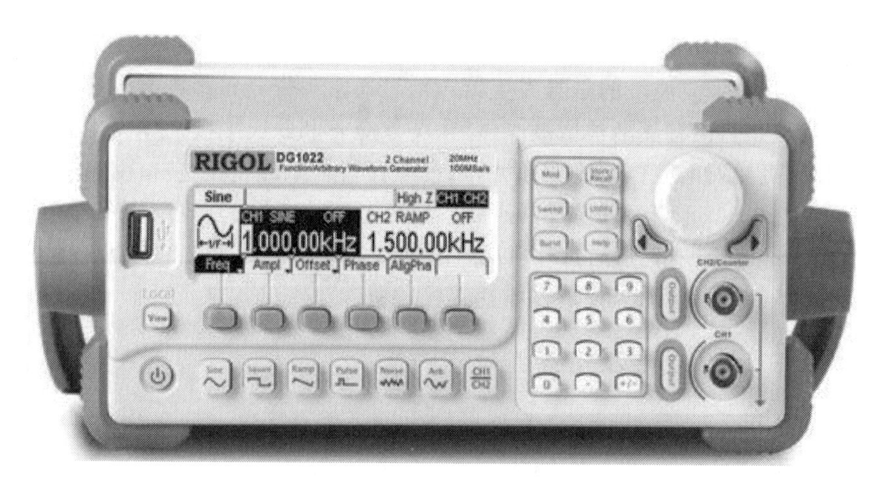

图 3.3.1 DG 1022 面板图

(7) CH1 使能:控制 CH1 通道信号输出。

(8) CH2 使能:控制 CH2 通道信号输出。

(9) USB 端口:外接 USB 设备。

(10) LCD 显示模式:用于显示信号状态、输出配置、输出通道、信号形状、信号参数、信号参数菜单等。

(11) 模式/功能键:实现存储和调出、辅助系统功能、帮助功能及其他 48 种任意波形功能。

(12) 左方向键:控制参数数值权位左移、任意波文件/设置文件的存储位置。

(13) 旋钮:调整数值大小,在 0~9 内,顺时针转一格数字加 1,逆时针转一格数字减 1。

(14) 右方向键:控制参数数值权位右移、任意波文件/设置文件的存储位置。

(15) CH1 信号输出端口。

(16) CH2 信号输出端口或频率计信号输入端口。

2. 正弦波信号的产生

(1) 打开高频信号发生器(RIGOL 1022U)电源开关。

(2) 确定信号由“CH1”通道还是由“CH2”通道输出,如果由“CH1”通道输出点亮“CH1”通道旁的“Output”键,使信号由一通道输出。本信号源可同时输出两路不同的信号。设置“CH1”通道信号时,按动“CH1/CH2”键,使液晶屏中显示有 CH1 字样,这时是对一通道信号进行设置,同理可对二通道信号进行设置。

(3) 按亮“sine”按钮,用来产生正弦波信号。

(4) 按动液晶屏下方或右侧“频率”“幅值”“偏移”“相位”“同相位”所对应的按键,按要求对正弦波信号进行频率、幅度、偏移等有关参数的设置和调节。参数可通过信号发生器中的小键盘进行设置,也可通过旋钮进行设置。

(5) 信号各参数设置完成后,点亮通道一的“Output”键,则信号可由一通道输出了。

(6) 可用示波器测试输出的信号是否正确。

3. 方波信号的产生

(1) 打开高频信号发生器(RIGOL 1022U)电源开关。

(2) 确定信号由"CH1"通道还是由"CH2"通道输出，如果由"CH1"通道输出，按亮"CH1"通道旁的"Output"键，使信号由一通道输出。

本信号源可同时输出两路不同的信号。设置"CH1"通道信号时，按动"CH1/CH2"键，使液晶屏中显示有 CH1 字样，这时是对一通道信号进行设置，同理可对二通道信号进行设置。

(3) 按亮"square"按钮，用来产生方波信号。

(4) 按动液晶屏下方或右侧"频率""幅值""偏移""占空比""相位""同相位"所对应的按键，按要求对方波信号进行频率、幅度、偏移等有关参数的设置和调节。参数可通过信号发生器中的小键盘进行设置，也可通过旋钮进行设置。

(5) 信号各参数设置完成后，按亮通道一的"Output"键，则信号可由一通道输出了。

(6) 可用示波器测试输出的信号是否正确。

4. 扫频信号的产生

(1) 打开高频信号发生器(RIGOL 1022U)电源开关。

(2) 确定信号由"CH1"通道还是由"CH2"通道输出，如果由"CH1"通道输出，按亮"CH1"通道旁的"Output"键，使信号由一通道输出。本信号源可同时输出两路不同的信号。设置"CH1"通道信号时，按动"CH1/CH2"键，使液晶屏中显示有 CH1 字样，这时是对一通道信号进行设置，同理可对二通道信号进行设置。

(3) 按亮"sine"和"sweep"按钮，用来产生特征为正弦波的扫频信号。

(4) 按液晶屏"开始"字样对应的按键，设置扫频信号的开始频率。由数字键盘设置。

(5) 按液晶屏"终止"字样对应的按键，设置扫频信号的终止频率。由数字键盘设置。

(6) 按液晶屏"时间"字样对应的按键，设置扫频信号的周期。实验中大都使用 10ms，由数字键盘设置。

(7) 再按一次"sine"，对扫频信号的幅度进行设置。参数可通过信号发生器中的小键盘进行设置，也可通过旋钮进行设置。

(8) 信号各参数设置完成后，按亮通道一的"Output"键，则信号可由一通道输出了。

(9) 可用示波器测试输出的信号是否正确。

5. 调幅波信号的产生

(1) 打开高频信号发生器(RIGOL 1022U)电源开关。

(2) 确定信号由"CH1"通道还是由"CH2"通道输出，如果由"CH1"通道输出，按亮"CH1"通道旁的"Output"键，使信号由一通道输出。本信号源可同时输出两路不同的信号。设置"CH1"通道信号时，按动"CH1/CH2"键，使液晶屏中显示有 CH1 字样，这时是对一通道信号进行设置，同理可对二通道信号进行设置。

(3) 按亮"sine"和"Mod"按钮，用来产生调幅波信号。

(4) "类型"对应 AM、FM、FSK、PM 方式，实验中选择"AM"波，即调幅波。

(5) 按"返回"键返回。

(6) 选择"内调制"。

(7) 按"深度"键，由旋钮选择相应的调制深度。

（8）按“频率”键，由旋钮选择相应的调制信号频率。

（9）再按一次“sine”键，按前述方法设置载波的频率和幅度。参数可通过信号发生器中的小键盘进行设置，也可通过旋钮进行设置。

（10）信号各参数设置完成后，按亮通道一的“Output”键，则信号可由一通道输出。

（11）可用示波器测试输出的信号是否正确。

6. 调频波信号的产生

（1）打开高频信号发生器（RIGOL 1022U）电源开关。

（2）确定信号由“CH1”通道还是由“CH2”通道输出，如果由“CH1”通道输出，按亮“CH1”通道旁的“Output”键，使信号由一通道输出。本信号源可同时输出两路不同的信号。设置“CH1”通道信号时，按动“CH1/CH2”键，使液晶屏中显示有 CH1 字样，这时是对一通道信号进行设置，同理可对二通道信号进行设置。

（3）按亮“sine”和“Mod”按钮，用来产生调频波信号。

（4）“类型”对应 AM、FM、FSK、PM 方式，实验中选择“FM”波，即调频波。

（5）按“返回”键返回。

（6）选择“内调制”。

（7）按“频偏”键，由旋钮选择相应的频偏。

（8）按“频率”键，由旋钮选择相应的调制信号频率。

（9）再按一次“sine”键，按前述方法设置载波的频率和幅度。参数可通过信号发生器中的小键盘进行设置，也可通过旋钮进行设置。

（10）信号各参数设置完成后，按亮通道一的“Output”键，则信号可由一通道输出。

（11）可用示波器测试输出的信号是否正确。

3.4 网络分析仪的原理与使用

微波网络都可以用 S 参数来表示其特性。常用来测量 S 参数的设备称为网络分析仪（Network Analyzer），由于 S 参数为复数，能测量出 S 参数幅度和相位的网络分析仪又称为矢量网络分析仪（Vector Network Analyzer），而只能测量幅度的网络分析仪称为标量网络分析仪（Scalar Network Analyzer）。

其中，微波网络可以包括有源器件和无源器件。有源器件有 RF 集成电路、收发组件、晶体管、压控放大器等；无源器件有二极管、各类传输线、滤波器、功分器、定向耦合器、天线、隔离器等。

3.4.1 射频网络参量

1. 二端口射频网络参量

一般而言，一个网络可以用 Y、Z 和 S 参数来进行分析和测量，其中 Y 为导纳参数，Z 为阻抗参数，S为散射参数。导纳参数和阻抗参数一般用于集总参数电路的分析，即低频电路分析，而作为建立在入射波、反射波关系基础上S参数，则适合于射频电路分析。

一个射频二端口网络，该网络的各个端口与各种传输线相连接。网络各端口上场的分布是由入射波与反射波叠加形成的。双端口网络中的归一化入射电压和反射电压可以用以下关系式表示：

$$\begin{cases} b_1 = S_{11}a_1 + S_{12}a_2 \\ b_2 = S_{21}a_1 + S_{22}a_2 \end{cases} \tag{3.4.1}$$

将上式改写为矩阵形式得

$$\begin{pmatrix} b_1 \\ b_2 \end{pmatrix} = \begin{pmatrix} S_{11} & S_{12} \\ S_{21} & S_{22} \end{pmatrix} \begin{pmatrix} a_1 \\ a_2 \end{pmatrix} \tag{3.4.2}$$

式中，矩阵$\begin{pmatrix} S_{11} & S_{12} \\ S_{21} & S_{22} \end{pmatrix}$即称为散射矩阵或散射参量，其中$S_{11}$、$S_{12}$、$S_{21}$、$S_{22}$四个散射参量表示意义如下：

$S_{11} = \left.\dfrac{b_1}{a_1}\right|_{a_2=0}$为2端口匹配条件下1端口的电压反射系数；

$S_{12} = \left.\dfrac{b_1}{a_2}\right|_{a_1=0}$为1端口匹配条件下2端口到1端口的反向电压传输系数；

$S_{21} = \left.\dfrac{b_2}{a_1}\right|_{a_2=0}$为2端口匹配条件下1端口到2端口的正向电压传输线系数；

$S_{22} = \left.\dfrac{b_2}{a_2}\right|_{a_1=0}$为1端口匹配条件下2端口上的电压反射系数。

显然，S参数是利用器件端口的反射信号以及从该端口传向另一端口的信号来描述射频电路的网络特性。

2. 多端口射频网络参量

由二端口网络的讨论不难得出多端口射频网络中各端口归一化入射电压与归一化反射电压关系矩阵表示式：

$$\begin{pmatrix} b_1 \\ b_2 \\ \vdots \\ b_n \end{pmatrix} = \begin{pmatrix} S_{11} & S_{12} & \cdots & S_{1n} \\ S_{21} & S_{22} & \cdots & S_{2n} \\ \vdots & \vdots & & \vdots \\ S_{n1} & S_{n2} & \cdots & S_{nn} \end{pmatrix} \begin{pmatrix} a_1 \\ a_2 \\ \vdots \\ a_n \end{pmatrix} \tag{3.4.3}$$

由式(3.4.3)，多端口网络各散射参量意义如下：

S_{ii}为i端口以外的所有端口均匹配条件下i端口上的电压反射系数；

S_{ij}为i、j端口外的所有端口均匹配条件下j端口到i端口的电压传输系数。

3.4.2　网络分析仪的测量原理

网络分析方法又称为“黑盒”测试法，在使用它对射频电路进行分析时并不需要关心射频电路中具体的组成元件，而只是关注射频电路的整体性能，分析射频系统的整体传输特性。

网络分析仪的原理框图如图3.4.1所示，主要包括四个部分：激励源、信号分离装置、接

源
入射
DUT
传输
反射
信号分离
装置
反射
传输
入射
接收机
处理/显示器

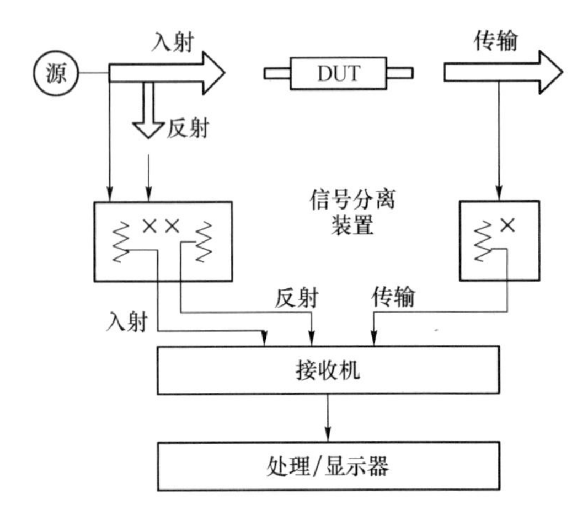

图 3.4.1 网络分析仪的基本结构

收机、显示器或处理器。

1. 信号源

信号源提供激励用于激励-响应测试系统中,它们或是频率扫描源或是功率扫描源。传统的网络分析仪使用独立源,可以是廉价的开环电压振荡器(VCO)或是昂贵的综合扫频振荡器。

2. 信号分离装置

信号分离装置是网络分析仪的重要组成部分,它必须有两种功能。第一是测量入射信号的一部分作为求比值的参考。这可由功分器或是定向耦合器完成。

功分器通常都是电阻性的,是无定向的器件,具有很宽的频带,缺点是每分一路通常有6 dB或是更大的损耗。而定向耦合器则具有很低的损耗,好的隔离度与定向性,但是定向耦合器很难工作到低频,在低频应用的时候可能是个问题。

3. 窄带检波-调协接收机

采用调谐接收机能提供最好的灵敏度和动态范围,还可以抑制谐波和寄生信号。窄带中频滤波器产生相当低的本底噪声,结果可以显著地改善灵敏度。并且,通过增加输入功率、减小中频带宽或是利用平均可改善测量的动态范围。

4. 显示器或处理器

网络分析仪中所用的最后一个主要的方块是显示处理部分,大多数网络分析仪都具有相类似的特点,诸如线性扫描和对数扫描、线性格式和对数格式、极坐标图、Smith 圆图等。

3.4.3 *S* 参数测量原理和优点

S 参数具有如下的优点:

(1) 增益、损耗和反射系数在微波射频上是比较熟悉的参量,概念简单明了。

(2) 应用在电路分析程序中时,能确切描述表征元件特征。

(3) 用通常的反射和传输系统能方便地测量。

(4) 分析方便,能用信号流图技术来分析处理。

测量中,双口网用 4 个 *S* 参数来表示其端口特性,如图 3.4.2 所示。

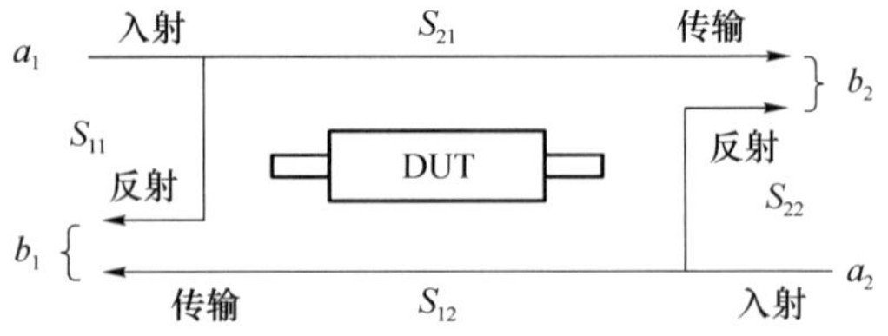

入射
S_{21}
传输
a_1
b_2
S_{11}
反射
DUT
反射
S_{22}
b_1
a_2
传输
S_{12}
入射

图 3.4.2 *S* 参数的定义

图 3.4.2 的 a 表示进入器件的能量,b 表示离开器件的能量。*S* 参数建立了输入与输出端口之间的能量关系,它是频率 f 的函数,可以用两个简单的线性方程来表示:

$$\begin{cases} b_1 = S_{11}a_1 + S_{12}a_2 \\ b_2 = S_{21}a_1 + S_{22}a_2 \end{cases} \Rightarrow \begin{cases} S_{11} = \dfrac{b_1}{a_1} \Big| a_2 = 0 \\ S_{21} = \dfrac{b_2}{a_1} \Big| a_2 = 0 \end{cases} \tag{3.4.4}$$

当被测元件终端连接匹配负载 Z_0 的时候，$a_2=0$，也就是端口 2 匹配，此时可以求出 S_{11} 与 S_{21}。同样令 $a_1=0$ 可以求解获得 S_{22} 和 S_{12}。一般来说，它们都是复数，即包含幅度和相位。由图 3.4.2 可以直观地看出 S 参数的物理概念，S_{11} 的幅度也就是器件输入端的反射系数，而 S_{12} 的大小则表示器件的增益或损耗。

3.4.4 S 参数的测量误差

在 S 参数测试中，由于用了功分器、定向耦合器以及开关等微波器件，这些器件的性能往往是不理想的。例如，它们的阻抗不是理想的 50 Ω，而是随频率的变化而变化；并且这些部件对传输的信号往往也有一定的衰减和相移，并且随着频率而变化。因此，测量时不可避免地存在系统误差。为了保证测量结果的准确，必须进行误差修正和校准。

1. 单端口网络

在单端口测量的时候，只需要测量三种误差即可：方向性误差 E_{DF}、反射信号通路的跟踪误差 E_{RF} 和源失配误差 E_{SF}。

(1) 方向性误差 E_{DF}

单端口测量时，RF 的信号流图如图 3.4.3 所示。其中 S_{11A} 是实际被测件(DUT)的反射信号。但是在实际测量中，由于器件(这里主要是定向耦合器)的不理想性，在测量的信号中，有一小部分在经 DUT 反射前就通过定向耦合器的隔离口泄漏到了耦合口。这样耦合口的信号就包含了漏过去的部分，这就给 S_{11A} 的测量引入了误差。

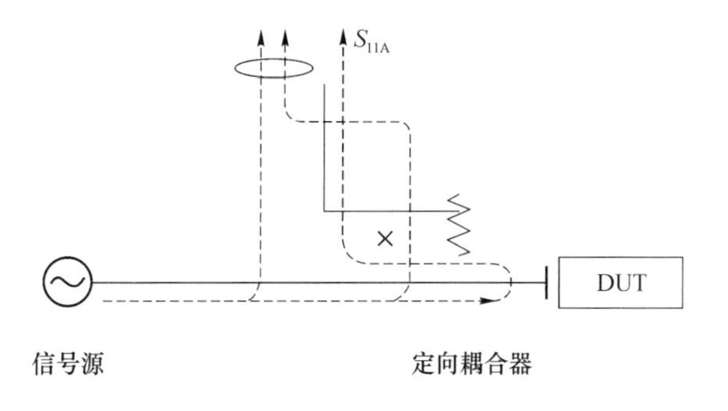

图 3.4.3 方向性误差

(2) 频率响应误差 E_{RF}

在实际测量中，定向耦合器和 DUT 之间不免有转换接头，这种接头也不是完全匹配的。因此，即使将 DUT 换成短路器，看到的系统频率响应也不是一条直线，而是在直线上有随频率抖动的小波纹。这些波纹是由功分器、定向耦合器、转换接头和测试电路等部件的频率响应特性造成的频响误差。频率响应误差也称为频率跟踪误差，是随频率变化而变化。因此当最为理想时，也就是无频率响应误差时，$E_{RF}=1$。

(3) 源失配误差 E_{SF}

实际 S 参数测量系统并不是完全理想匹配，反射测量的时候，从 DUT 向信号源方向看去的等效源发射系数不会完全等于零。这样由 DUT 发射的信号中有一部分信号将会在 DUT 和源之间来回反射,使 S_{11A}的测量产生误差。

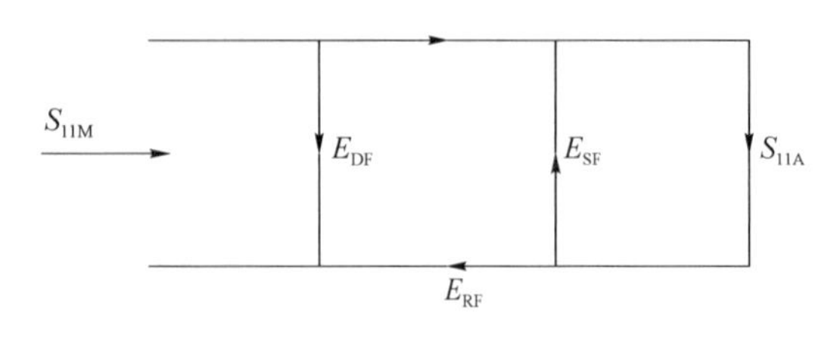

图 3.4.4 单端口网络的误差模型

(4) 误差模型

上面讨论的反射参数测量中存在各项系统误差,必须在测量过程中消除其影响。单端口的误差模型可以表示为如图 3.4.4 所示。S_{11A}为 DUT 实际的反射系数,为待测量,而 E_{SF}、E_{RF}、E_{DF} 为系统误差,S_{11M} 为测量值。

从图中我们可以看出,$S_{11M}=b_1/a_1$。

运用 Mason 不接触环路法则(Mason 法则),可以得到

$$S_{11M}=E_{DF}+\frac{S_{11A}E_{RE}}{1-E_{SF}S_{11A}} \tag{3.4.5}$$

因此,为了求解 S_{11A},需要联立三个方程才可以求解。首先,连接一个理想匹配终端负载可以直接测量系统的方向性,此时 $S_{11A}=0$, 因此

$$S_{11M}=b_1/a_1=E_{DF} \tag{3.4.6}$$

其余两个误差可以由两个标准件来确定,用短路器的时候,反射系数为 1,相位为 180°, $S_{11A}=-1$,用开路器时,反射系数为 1,相位为 0,$S_{11A}=1$,所以

$$\begin{cases} S_{11M}=E_{DF}+\dfrac{(-1)E_{RF}}{1-E_{SF}(-1)} \\ S_{11M}=E_{DF}+\dfrac{(1)E_{RF}}{1-E_{SF}(1)} \end{cases} \tag{3.4.7}$$

联合上面三个式子求解方程,得到修正误差参数 E_{SF}、E_{RF}和 E_{DF}。

测量值和实际值之间的误差为

$$\begin{aligned} \Delta S &= S_{11M}-S_{11A} \\ &= E_{DF}+\frac{S_{11A}E_{RF}}{1-E_{SF}S_{11A}}-S_{11A} \\ &= E_{DF}+S_{11A}E_{RF}(1+E_{SF}S_{11A}+E_{SF}^2S_{11A}^2+\cdots)-S_{11A} \end{aligned} \tag{3.4.8}$$

忽略高次项,并且 $E_{RF}\approx 1$,可得

$$\Delta S\approx E_{DF}+S_{11A}(E_{RF}-1)+E_{SF}S_{11A}^2 \tag{3.4.9}$$

当 DUT 反射系数比较小的时候,方向性误差的影响是主要的,当 DUT 反射系数比较大的时候,源失配误差则为主要的影响因素。

2. 双端口网络

上面讨论了单端口网络的误差校准,下面来看传输参数测量过程中的误差模型。与信号泄漏有关的误差是定向性 ED 和串绕 EX,与信号反射有关的误差是源失配 ES 和负载失配 EL,最后一类误差与接收机的频响有关,称为反射 ER 和传输跟踪误差 ET。

其中方向性误差、源失配误差和反射信号通路的跟踪误差已经在单端口误差校准中介绍过了。串绕误差 EX 是由于隔离器的不理想性引起的,而在双端口网络的另一端口接入的负载也将会产生如同源失配一样引起的信号反射,从而产生负载失配误差 EL,在传输信

号通路上,器件的不理想性也将引起传输通路的频率响应误差 ET。并且,双端口网络存在正向(Fwd)和反向(Rev)测量的问题,因此二端口网络包括正向六项和反向六项误差,总共有 12 项误差,因此通常把二端口校准称为十二项误差修正,如图 3.4.5 所示。

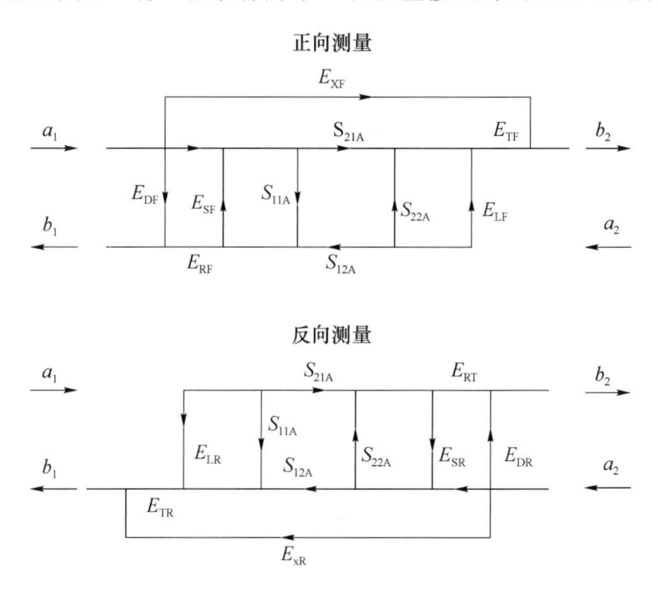

图 3.4.5　双端口网络测量的十二误差项

在 S 参数的测量修正系统误差后,测量的精度会有很明显的提高。然而,在实际的系统中,每次校验十二项误差,又是一件非常费时的工作。对一般电路设计来说,在对 S 参数精度要求不是很高的时候,只要做简单的误差校准就可以了,也就是只校准 T_{RF}、T_{RR}、T_{TF} 和 T_{TR} 四项频响误差。这种简单的误差校准,忽略了方向性、源失配和负载失配等系统误差对测量结果的影响。

3.4.5　矢量网络分析工作注意事项

1. 校准连接器件的精心选择

要获得正确的测量结果,校准件(负载、开路、短路)、适配器(双阳、双阴、阴阳)、连接器及测量连接电缆等都必须保持其优良的性能,即上述校准连接器件的反射要比被测样品的反射小得多(即回波损耗大 10 dB,至少也得大 6 dB)。举例来说:如果被测样品的回波损耗要求大于 20 dB,则校准连接器件的回波损耗则要大于 30 dB,至少也要大于 26 dB,即反射至多是原来的一半。

2. 如何精确测量较大电缆的衰减(损耗)

具有较大长度(电延迟)的电缆,它们在测量时需注意一些特别的问题。长电缆的测量要选择正确的扫描时间,否则会使测量结果产生误差。在较快的扫描速度下,矢量网络分析的幅度响应会下降或看起来失真,表现为电缆比它实际的损耗大得多,在较慢的、合适的扫描速度下,测量结果才会正确。

3.5 频率特性测量仪的原理与使用

3.5.1 频率特性测量仪的组成及工作原理

数字频率特性测试仪的基本组成原理框图如图 3.5.1 所示，该频率特性测试仪是由扫频信号发生器(DDS)、检波器、DSP 系统、微控制器、显示器等组成。

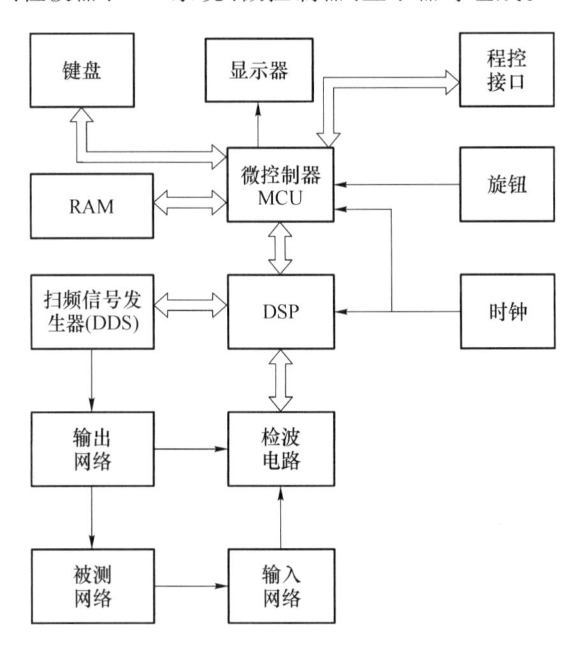

图 3.5.1 数字频率特性测试仪的组成原理框图

SA1000 数字频率特性测试仪的核心部分是扫频信号发生器，它是由直接数字合成技术来实现扫频功能的。直接数字合成技术是最新发展起来的一种信号产生方法，是以高精度频率源为基准，用数字合成的方法产生一连串带有波形信息的数据流，再经过数模转换器产生出一个预先设定的模拟信号。例如，要合成一个正弦波信号，首先将函数 $y=\sin x$ 进行数字量化，然后以 x 为地址，以 y 为量化数据，依次存入波形存储器。DDS 使用了相位累加技术来控制波形存储器的地址，在每一个采样时钟周期中，都把一个相位增量累加到相位累加器的当前结果上，通过改变相位增量即可以改变 DDS 的输出频率值。根据相位累加器输出的地址，由波形存储器取出波形量化数据，经过数模转换器和运算放大器转换成模拟电压。由于波形数据是间断的取样数据，所以 DDS 输出的是一个阶梯正弦波形，必须经过低通滤波器将波形中所含的高次谐波滤除掉，输出才为连续的正弦波。数模转换器内部带有高精度的基准电压源，因而保证了输出波形具有很高的幅度精度和幅度稳定性。

由图 3.5.1 表明，频率特性测试仪是由两部分电路组成：

(1) 以 MCU 为核心的接口电路。主要完成控制命令的接收,特性曲线的显示,测试数据的输出。

(2) 以 DSP 为核心的测试电路。主要完成扫频信号的产生,扫频信号输出幅度的控制,输入信号幅度的控制,特性参数的产生。

MCU 将接收的控制命令传递给 DSP,DDS 电路在 DSP 的控制下产生等幅扫频信号,经输出网络输出到被测网络,被测网络的响应信号通过输入网络处理后送检波电路,DSP 将检波电路测得的数据处理后送 MCU,显示电路在 MCU 的控制下显示特性曲线。

微处理器通过接口电路控制键盘及显示部分,当有键按下时,微处理器识别出被按键的编码,然后转去执行该键的命令程序。显示电路将仪器的工作状态、各种参数以及被测网络的特性曲线显示出来。

面板上的旋钮可以用来改变光标指示位的数字,每旋转 15°角可以产生一个脉冲,微处理器能够判断出旋钮是逆时针旋转还是顺时针旋转,如果是逆时针旋转则使光标指示位的数字减 1,如果是顺时针旋转则加 1,并且连续进位或借位。

3.5.2 操作实例

1. 低通滤波器的测试

仪器开机默认菜单为频率菜单,或按功能区的"频率"键进入频率菜单,显示屏显示频率菜单自上而下为"频率线性""始点""终点""中心""带宽",当前为线性扫描,始点频率(Fs)为 0.1 MHz,终点频率(Fe)为 30.000 00 MHz,中心频率为(Fc)15.050 00 MHz,扫频带宽(Fb)为 29.900 00 MHz。将仪器"输出"用测试电缆连接到被测低通滤波器的输入端,将仪器的"输入"用测试探头连接到被测低通滤波器的输出端,主显示区将显示一低通特性的曲线,调节输出增益值使特性曲线在零位基准光标值以下 10 dB 。调节始点频率和终点频率显示曲线将在 x 轴方向展开或压缩。

按下功能区"增益"键进入增益菜单,调整输出衰减和输入增益,主显示区显示曲线幅度会随之增大或变小。调整增益基准,主显示区显示曲线会向上或向下平移,幅度没有变化,若此时光标处于打开状态,光标显示区的值不随曲线移动而变化。

按下功能区"光标"键进入光标菜单,转动手轮或按"增大"键"减小"键显示曲线上的光标沿曲线移动,光标显示区显示当前光标位置的增益频率值,按下【光标差值】键,光标显示为差值状态,转动手轮或按键"↑""↓"将有一个光标随之移动,光标值显示区显示这两个光标的差值。

2. *LC* 串联谐振电路的测试

串联谐振电路如图 3.5.2 所示,此电路的谐振频率约为 6.68 kHz。将扫频仪输出连接谐振电路的 INPUT,扫频仪输入连接谐振电路的 OUTPUT。设置中心频率 6.68 kHz,带宽 10 kHz,输出增益−50 dB ,输入阻抗高阻,其余参数为开机默认参数。此时主显示区显示谐振电路的幅频曲线,此时可打开相频曲线同时观察,相频曲线与理论值有一定差别。将仪器校准后重新测试,可见与理论值相同的相频曲线。

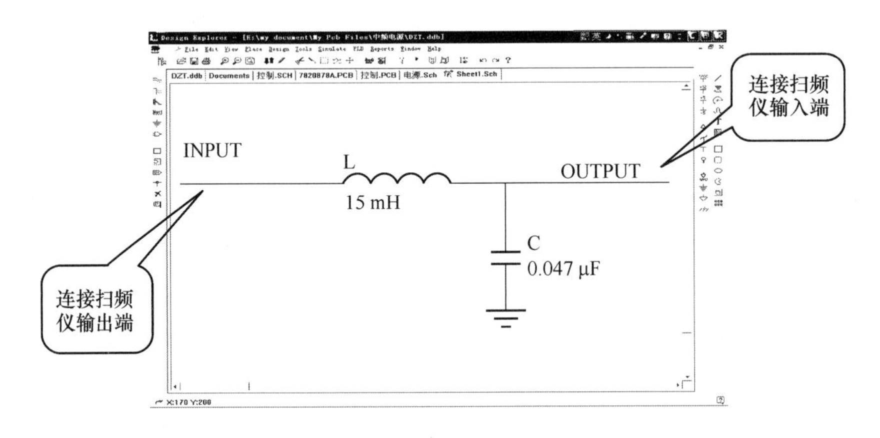

图 3.5.2 串联谐振电路图

3.5.3 S 参数的测量原理

1. S 参数的基本概念

S 参数是描述网络各端口的归一化的入射波和反射波之间的网络参数，图 3.5.3 所示的单端和双端口网络，设进入网络方向为入射波方向，离开网络方向为反射波方向。

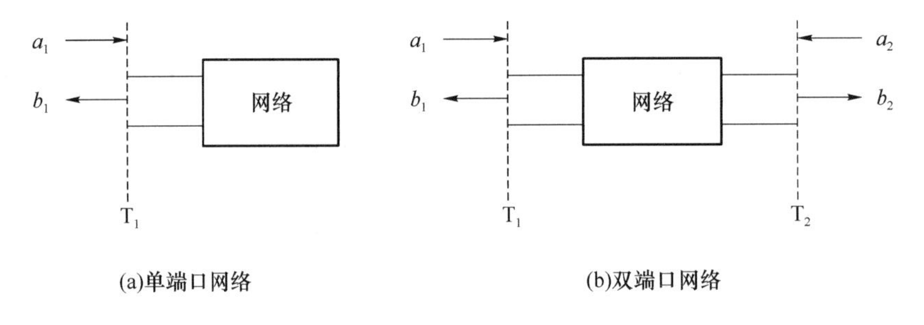

图 3.5.3 单、双端口网络

单端和双端口网络的 S 参数的定义及其物理含义如下。

（1）单端口网络

单端口网络，此时 $n=1$，如图 3.5.3(a)所示，可得 $b_1=S_{11}a_1$，则有

$$S_{11} = b_1/a_1 = \Gamma_1 \tag{3.5.1}$$

即为 1 端的反射系数。

（2）双端口网络

在射频的有源、无源电路里，大多数电路和器件都是双端口网络，如有源器件中的放大器、检波器等，无源器件中的衰减器、滤波器等。双端口网络在射频电路里得到广泛应用，所以测量双端口网络的 S 参数是极其重要的。

双端口网络，此时 $n=2$，如图 3.5.3(b)所示，可得

$$b_1 = S_{11}a_1 + S_{12}a_2 \tag{3.5.2}$$

$$b_2 = S_{21}a_1 + S_{22}a_2 \tag{3.5.3}$$

对于双端口网络的 S 参数（S_{11}、S_{22}、S_{12}、S_{21}），其定义及其物理含义如下：

$S_{11}=(b_1/a_1)|a_1=0$ 为 2 端口接匹配负载时，1 端口的反射系数；

$S_{22}=(b_2/a_2)|a_1=0$ 为 1 端口接匹配负载时，2 端口的反射系数；
$S_{12}=(b_1/a_2)|a_1=0$ 为 1 端口接匹配负载时，由 2 端口至 1 端口的电压传输系数；
$S_{21}=(b_2/a_1)|a_2=0$ 为 2 端口接匹配负载时，由 1 端口至 2 端口的电压传输系数。

2. 数字频率特性测试仪测量 *S* 参数的原理

测量 S 参数的 SA1000 数字频率特性测试仪是由测试仪的主机和高方向性的定向耦合器组成的测量系统，如图 3.5.4 所示。

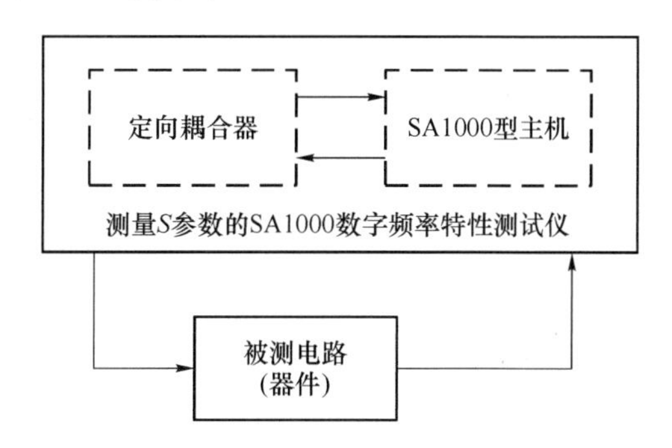

图 3.5.4　数字频率特性测试仪测量 S 参数示意图

由于机内插入一个高方向性的定向耦合器与频率特性测试仪组成一套网络分析仪功能的测试仪器，可测量被测电路(器件)的 S_{11}(驻波比)、S_{21}(幅频特性：增益、衰减)参数。

通信电子电路的制版与仿真软件

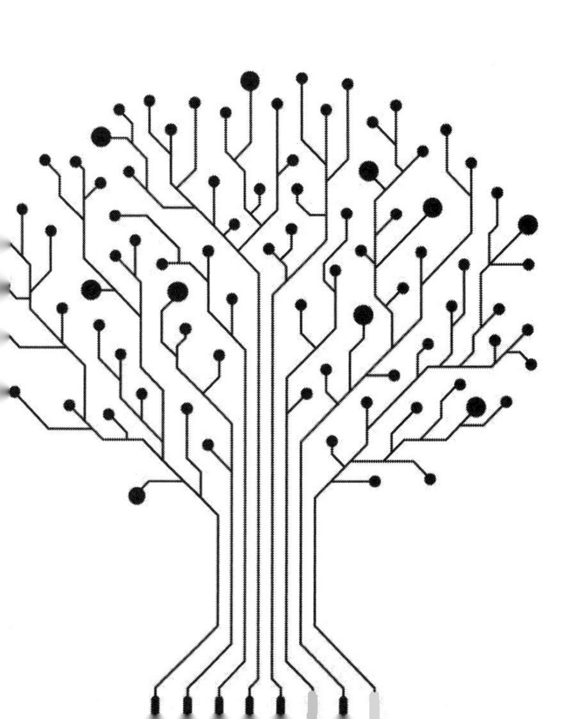

第 4 章

Protel DXP 制版软件

4.1 Protel DXP 制版软件介绍

4.1.1 印制电路板简介

印制电路板(Printed Circuit Board,PCB)亦称为印刷板,是电子产品中的基本部件,几乎出现在每一种电子设备中。PCB 可以提供集成电路等各种电子元器件固定装配的机械支撑、实现集成电路等各种电子元器件之间的布线和电气连接或电绝缘、提供所要求的电气特性,如特性阻抗等;PCB 也可以为元器件的插装、检查和维修提供识别字符及图形;此外,可以直接使用 PCB 制作元件,如天线等。

PCB 的实际制造是在 PCB 工厂里完成的,工厂是不管设计的,设计师一般只需要将设计好的 PCB 板图交给专门的工厂,由工厂将其制作成实物板。这里简单介绍 PCB 的结构,便于读者更好地认识和设计 PCB。

PCB 的原始物料是覆铜基板,简称基板,也称为覆铜板。基板通常是两面有铜的树脂板,最常用的板材代号是 FR～4,主要用于计算机、通信设备等档次的电子产品。选择 PCB 基板时主要考虑三个要求:耐燃性、玻璃态转化温度点(Tg 点)和介电常数。铜箔是在基板上形成导线的导体,铜箔厚度一般在 0.3～3.0 mil(100 mil＝2.54 mm)之间,常用的 PCB 厚 2 mil(0.05 mm)。通常通过对基板进行蚀刻来制作所需的 PCB。

除焊接点外,PCB 的表面通常要涂抹阻焊油。阻焊油也称为防焊漆、绿油,常用的阻焊油为绿色,有少数采用黄色、黑色、蓝色等。我们通常见到的 PCB 的颜色实际上就是阻焊油的颜色。阻焊油起着防止波峰焊时产生桥接现象、提高焊接质量和节约焊料等的作用,同时也成为印制板的永久性保护层,起到防潮、防腐蚀、防霉和机械擦伤等作用。

单面有印制线路图形的称为单面印制线路板。双面有印制线路图形,再通过孔的金属化进行双面互连形成的印制线路板,称为双面板。而多个层印刷线路图形的,称为多层板,其中夹在内部的是内层,露在外面可以焊接各种配件的称为外层。图 4.1.1 和图 4.1.2 分别是双面板和六层板的示意图。

常见的多层板有四层板、六层板和八层板,现在已有超过 100 层的实用印制线路板了。PCB 的层数越多,造价就越高。对于初学者来说,一般的电路可以使用单面板和双面板,其

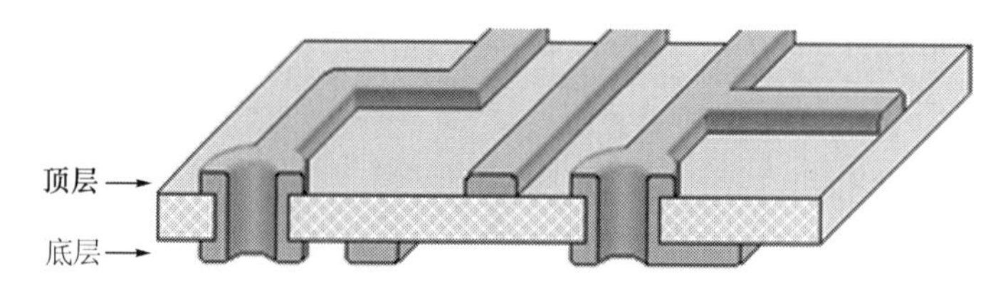

图 4.1.1 双面板示意图

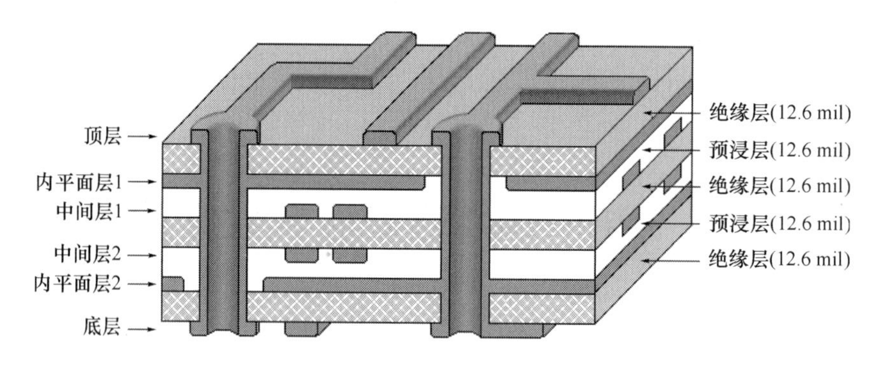

图 4.1.2 六层板示意图

价格比较便宜。

对于 PCB 来说，每一层都是由导线、过孔（VIA）和焊盘（PAD）组成的。导线就是起导通作用的铜线。过孔是多层 PCB 的重要组成部分之一，属于导通孔（PlaTing hole, PT），通常是用电镀工艺在孔壁上电镀上铜作为导电介质，可以起到连接不同层间的电器的作用。焊盘是用来焊接元件的，包括通孔元件的焊盘（也可以看作一个 VlA 及一个表面贴焊盘的组合）和表面贴元件的焊盘（没有孔）两种，焊盘上不需要涂阻焊。当然，PCB 上也会有一些不导通孔（None PlaTing hole, NPT），主要是固定板卡的机械孔等，其特点是孔壁无铜。

4.1.2 Protel DXP 简介

Protel DXP 在前一版本 Protel 99 SE 的基础上增加了许多新的功能。新的可定制设计环境功能包括双显示器支持，可固定、浮动以及弹出面板，强大的过滤和对象定位功能及增强的用户界面等。新的项目管理和设计合成功能包括项目级双向同步、强大的项目级设计验证和调试、强大的错误检查功能、文件对比功能等。新的设计输入功能包括电路图和FPGA应用程序的设计输入，为 Xilinx 和 Altera 设备簇提供完全的巨集和基元库，直接从电路图产生 EDIF 文件、电路图信号、PCB 轨迹、Spice 模型和信号集成模型等元器件集成库。新的工程分析与验证功能包括同时可显示 4 个所测得图像的集成波形观察仪，在板卡最终设计和布线完成之前可从源电路图上运行初步阻抗和反应模拟等。新的输出设置和发生功能包括输出文件的项目级定义、制造文件（Fabrication files），包括 Gerber、Nc Drill、ODB++和输入/输出到 ODB++或 Gerber 等。

Protel DXP 是将所有设计工具集成于一身的板级设计系统，电子设计者从最初的项目模块规划到最终形成生产数据都可以按照自己的设计方式实现。Protel DXP 运行在优化的设计浏览器平台上，并且具备当今所有先进的设计特点，能够处理各种复杂的 PCB 设计过程。通过设计输入仿真、PCB 绘制编辑、拓扑自动布线、信号完整性分析和设计输出等技术的融合，Protel DXP 提供了全面的设计解决方案。

Protel DXP 的强大功能大大提高了电路板设计、制作的效率，它的“方便、易学、实用、快速”的特点，以及其友好的 Windows 风格界面，使其成为广大电子线路设计者首选的计算机辅助电路板设计软件。

4.1.3　Protel DXP 的文件组织结构

不同于 Protel 99 SE 的设计数据库(.ddb)，Protel DXP 引入了工程项目组(*.PrjGrp 为扩展名)的概念。设计数据库包含了所有的设计数据文件，如原理图文件、印制电路板文件以及各种文本文件和仿真波形文件等，有时就显得比较大，而 Protel DXP 的设计是面向一个工程项目组的，一个工程项目组可以由多个项目工程文件组成，这样就使通过项目工程组管理进行设计变得更加方便、简洁。

用户可以把所有的文件都包含在项目工程文件中，其中主要有印刷电路板文件等，可以建立多层子目录。以 *.PrjGr(项目工程组)、*.PrjPCB(PCB 设计工程)、*.PrjFpg(FPGA 设计工程)等为扩展名的项目工程中，所有的电路设计文件都接受项目工程组的管理和组织，用户打开项目工程组后，Protel DXP 会自动识别这些文件。相关的项目工程文件可以存放在一个项目工程组中以便于管理。

当然，用户也可以不建立项目工程文件，而直接建立一个原理图文件、PCB 文件或者其他单独的、不属于任何工程文件的自由文件，这在以前版本的 Protel 中是无法实现的。如果愿意，也可以将那些自由文件添加到期望的项目工程文件中，从而使得文件管理更加灵活、便捷。

在 Protel DXP 中支持的部分文件所表示的含义，如表 4.1.1 所示。

表 4.1.1　Protel DXP 中的部分文件所表示的含义

扩展名	文件类型	扩展名	文件类型
SchDoc	电路原理图文件	PrjPCB	PCB 工程文件
PcbDoc	印制电路板文件	PrjFpg	FPGA 工程文件
SchLib	原理图库文件	THG	跟踪结果文件
PcbLib	PCB 元器件库文件	HTML	网页格式文件
IntLib	系统提供集成式元器件库文件	XLS	Excel 表格式文件
NET	网络表文件	CSV	字符串形式文件
REP	网络表比较结果文件	SDF	仿真输出波形文件
XRP	元器件交叉参考表文件	NSX	原理图 SPICE 模式表示文件

4.2　Protel DXP 原理图的设计

4.2.1　印制电路板设计的一般步骤

印制电路板设计是从绘制电路原理图开始的，一般而言，设计印制电路板最基本的过程可以分为4个步骤。

1. 原理图的设计

原理图的设计主要是利用Protel DXP的原理图设计环境来绘制一张正确、美观、清晰的电路原理图，该图不但可以准确表达电路设计者的设计思想，同时还为印制电路板的设计工作打好基础。

2. 生成网络表

网络表是原理图设计与印制电路板设计之间的一座桥梁。网络表可以从原理中生成，也可以从印制电路板中获取。但是在Protel DXP系统中，网络表的作用不像Protel 99 SE那样显式表现，用户可参考后面介绍的生成网络表的部分。

3. 印制电路板的设计

印制电路板的设计主要是针对Protel DXP的另外一个重要部分PCB设计而言的。在这个过程中，可以借助Protel DXP提供的强大功能，实现电路板的板面设计，完成高难度布线工作。

4. 生成印制电路板报表并送生产厂家加工

设计印制电路板后，还需要生成印制电路板的有关报表，并打印印制电路板图，最后送电路板厂家加工生产，这样印制电路板的设计就告一段落。

整个电路板的设计过程首先是设计编辑原理图，然后通过内部编辑生成的网络表将原理图文件转换成PCB文件，最后根据元器件的网络特性连接PCB的布线工作。我们以图4.2.1的电路为例，首先介绍原理图设计。

4.2.2 启动Protel DXP原理图编辑器

用户首先必须启动原理图编辑器，创建一个空白的、新的原理图，执行菜单命令File | New | PCB Project，创建一个项目工程，制版相关的文件全部可以在工程中建立及管理，执行菜单命令File | New | Schematic，创建一个空白的原理图设计图纸。保存原理图文件File | Save As…为D:\Protel\Volume.SchDoc，保存工程文件File | Save Project As…为D:\Protel\Volume.PCBPrj。对原理图图纸的各种信息可以进行设置，可以根据实际电路的复杂度、个人的绘图习惯、公司单位的标准化要求以及图纸可能的大小，设置原理图图纸的大小、方向、标题栏的外观参数等，如可设置原理图图纸为A4尺寸Design | Document Options | Sheet Options | Standard Style | A4。

4.2.3 装载元器件库及放置元器件

Protel DXP拥有当前众多芯片厂商提供的种类齐全的元器件库，但不是每一个元器件库在用户进行电路设计时都必须进行装载。装载设计过程中所需元器件库应装载到当前系统中，以便在绘图时可以简单、快捷地查找和使用库中的元器件，提高设计的工作效率。

用户在向原理图中放置元器件之前，首先必须确保放置的元器件所在的元器件库已经装载到Protel DXP的当前设计环境中。如果Protel DXP系统中一次装入的元器件库太多，会占用过多的系统资源，影响系统的运行效率。一般来说，用户只需载入设计原理图时必需且常用的元器件库即可，其他特殊的元器件库在需要使用时再载入。

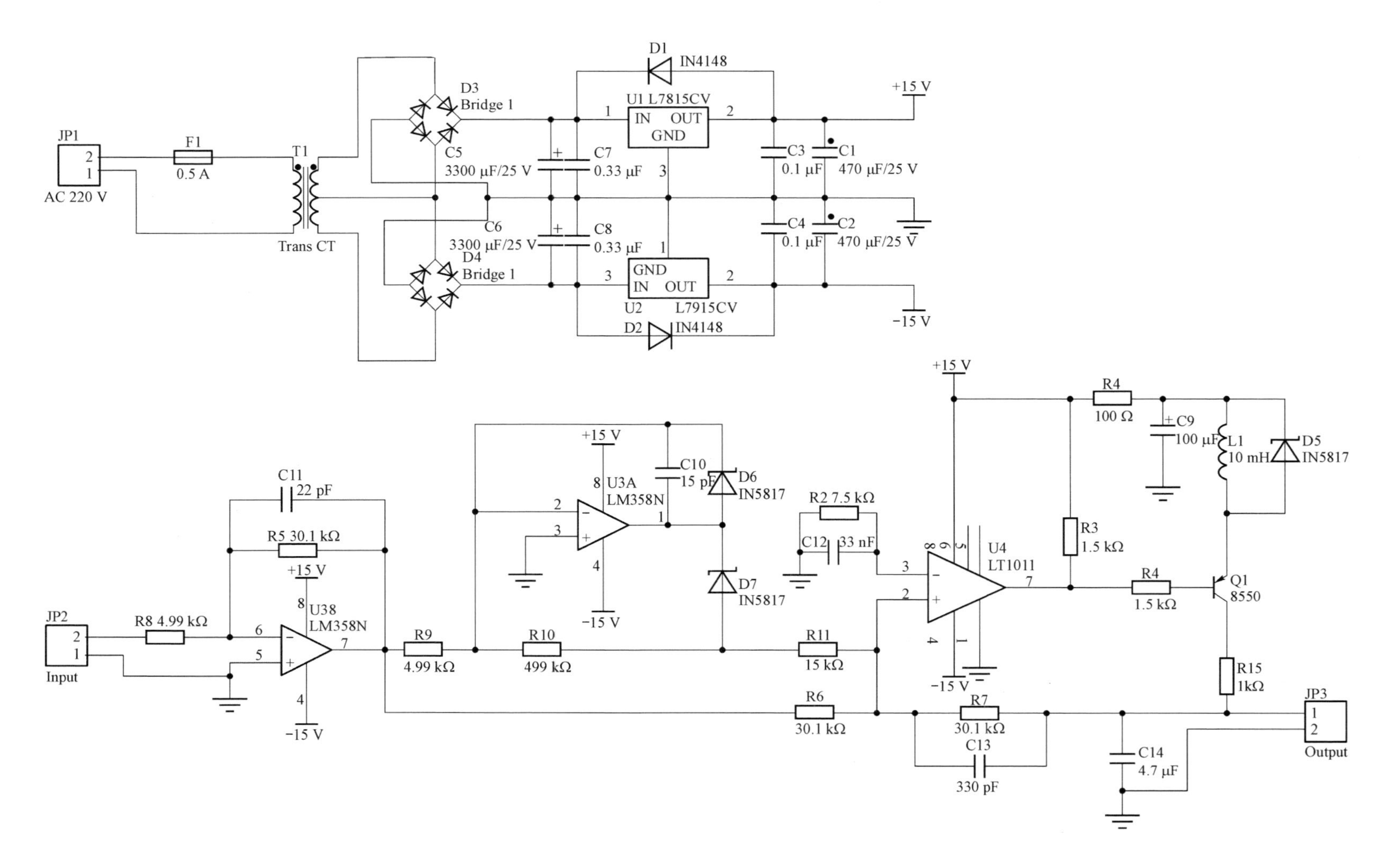

图 4.2.1　具有 60 dB 动态范围的音量单位表原理图

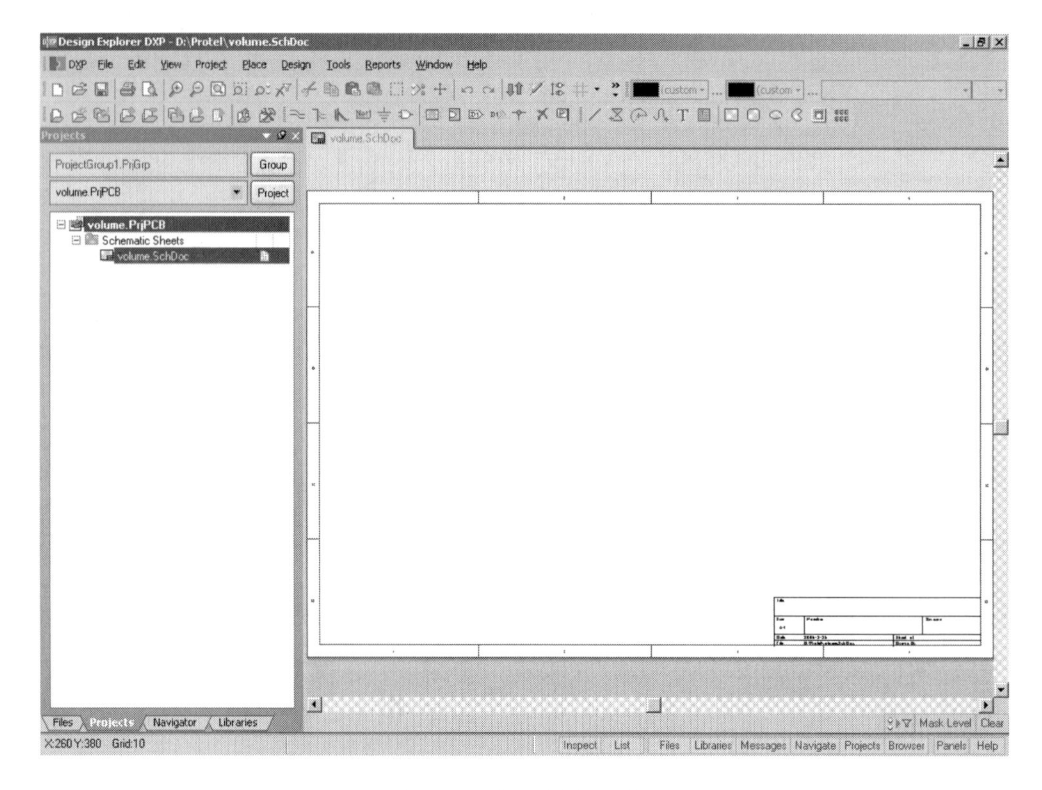

图 4.2.2 原理图编辑界面

用鼠标单击窗口右下侧的工作区面板按钮"Libraries"项(图 4.2.3),将显示"Libraries"控制面板,选择"Design | Add Remove Libraries…",系统会自动弹出载入/移除元器件库对话框,通过单击"Add Library…"按钮,加入"Altium\Library"中的 Miscellaneous Connectors. IntLib 和 Miscellaneous Devices. IntLib。

Protel DXP 提供了大量可供使用的元器件库,在全部元器件库中又是很难找到自己需要的元器件,"Libraries"控制面板为用户提供了查找元器件的功能,单击"Search…"按钮或"Tools | Find Component",可以通过"Search Libraries"对话框对所需的元器件进行搜索。查找对象名称支持通配符"*",在设置搜索名称时尽量加入通配符,因为很多元器件在库中采用全名的方式,如搜索运放 LM741,需要将搜索名称设为 LM741*,否则不能搜索到所需元器件。在找到元器件后,系统自动将结果显示在对话框中,包括元器件名、所在库名称以及对该元器件的描述(如图 4.2.4 所示),单击 Install Library 按钮即可完成该元器件库的装载;单击"Select"按钮则只使用该元件而不装载其所在的元器件库。

在装载了合适的元器件库以后,就可以在原理图上放置元器件进行绘图工作了。执行命令菜单"Place | Part…",在"Lib Ref"编辑框中输入电阻元器件的名称 res2,"Designator"编辑框中输入元器件的流水号 R1,"Comment"编辑框中输入放置元器件的注释,在"Footprint"编辑框中输入元器件的封装 AXIAL-0.4,最后单击"OK"按钮,光标将变成十字形,图纸上将会出现一个能随鼠标移动的元器件符号图形标号,将其移动到适当的位置,单击,完成元器件的放置。元器件放在原理图上后,光标保持元器件放置状态,可以放置许多相同型号的元器件。放置完了所有的元器件,右击或按"Esc"退出元器件放置状态。

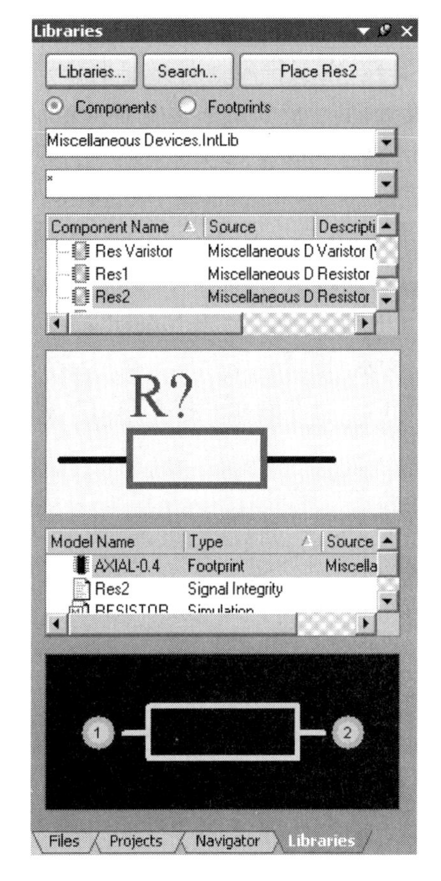

图 4.2.3 “Libraries”控制面板

另外，通过“Libraries”控制面板可以选择元器件，单击该面板的第一个下拉列表，从中选择 Miscellaneous Devices. IntLib 元器件库为当前库，使用 Filter 过滤器快速定位需要的元器件，默认通配符(＊)将显示出在当前的元器件库中找到的所有元器件；从中选取的元器件后双击，将元器件放入原理图。

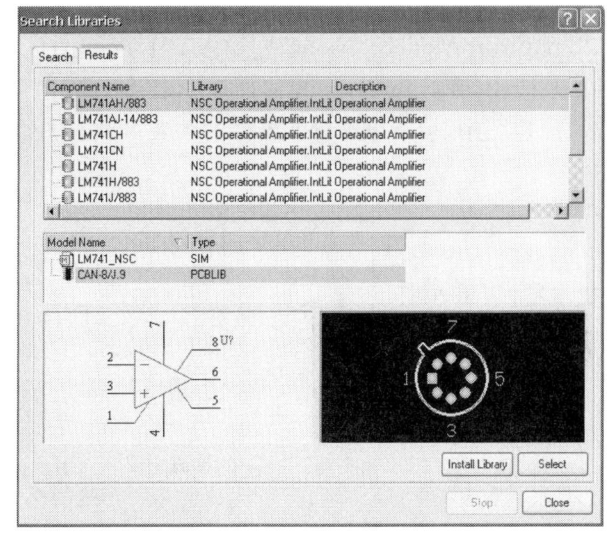

图 4.2.4 库搜索结果

对于一些常用的元器件，如电阻、电容、门电路、寄存器等，可以选中“View | Toolbars | Digital Objects”，通过 Digital Objects 工具条来选取放置，单击工具条上所要选取的元器件后，即可出现元器件。

下面就可以安装图 4.2.1 在原理图上放置相应的元器件，具体的元器件名称见附录 1。在放置双运放 LM358 时，需要分别放置一个器件的 A、B 两个部分，在放置结束后会发现，在现有的库中没有器件 LT1011，虽然 DXP 最终提供了大量的元器件库，但由于某些原因，在所提供的元器件库中可能找不到所需要的元器件，比如新开发出的新产品以及一些有特殊要求的元器件等。这时用户就必须要自己动手制作元器件和建立元器件库。

4.2.4 制作元器件和建立元器件库

在项目工程文件编辑环境下，执行“File | New | Schematic Library”，则系统在当前设计管理器中建立了一个新的元器件库文件，执行命令“File | Save as…”将其保存为 volume. SchLib。用鼠标单击下侧工作面板中的“SCH Library”按钮，可得到对库中元器件进行管理的控制面板，其有四个区域：Components(元器件)区域、Aliases(别名)区域、Pins(引脚)区域和 Model(元器件模式)区域。

通过 LT1011 的数据手册可得到其管脚分布及定义(如图 4.2.5 所示)，执行“Tools | New Component”生成库中新元器件，在“New Component Name”对话框中命名为 LT1011，

执行“Place | Line”绘制出如图 4.2.6 的图形，执行“Place | Pins”放置芯片的 8 个管脚（如图 4.2.7 所示），用鼠标双击所要编辑的元器件引脚的属性，在引脚属性对话框中分别对“Display Name”“Designator”和“Electrical Type”进行设置，其中管脚名不要选择 Visible。原理图库中的元器件要和其对应的 PCB 封装或者仿真用的仿真以及信号完整性分析模型集成在一起，下面我们为 LT1011 添加 PCB 封装。执行“Tools | Component Properties”命令，系统弹出 LT1011 元器件属性编辑对话框。在“Properties | Default Designator”编辑框中设为 U?，单击 Models for LT1011 中的“Add…”按钮，系统显示“Add New Model”对话框，在下拉列表中选取 Footprint 元器件封装模型，单击“OK”后，弹出“PCB Model”对话框，在“Footprint Model | Name”中输入 DIP-8（如图 4.2.8 所示）即可。保存库文件回到工程的原理图中，在“Libraries”控制面板中选择 volume. SchLib，可以看到元器件 LT1011，将其放入原理图中，接下来进行元器件的位置调整和布线。

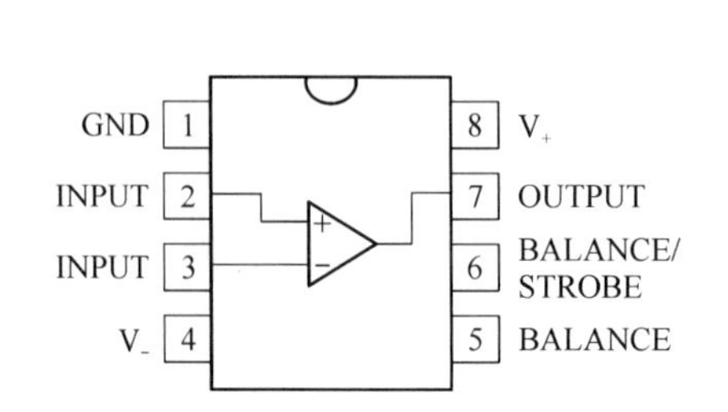

图 4.2.5 LT1011 的管脚定义

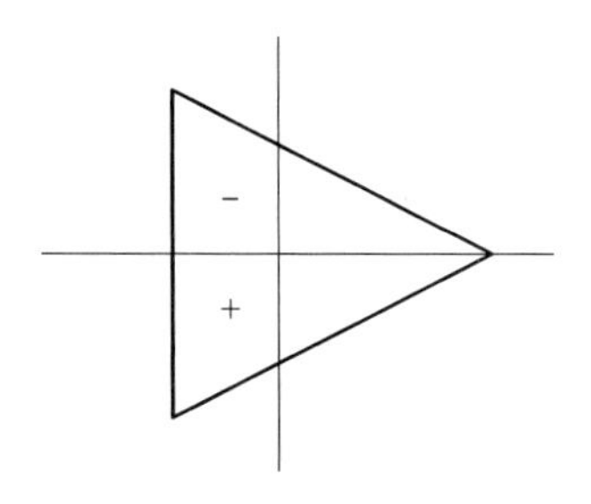

图 4.2.6 画一个三角形

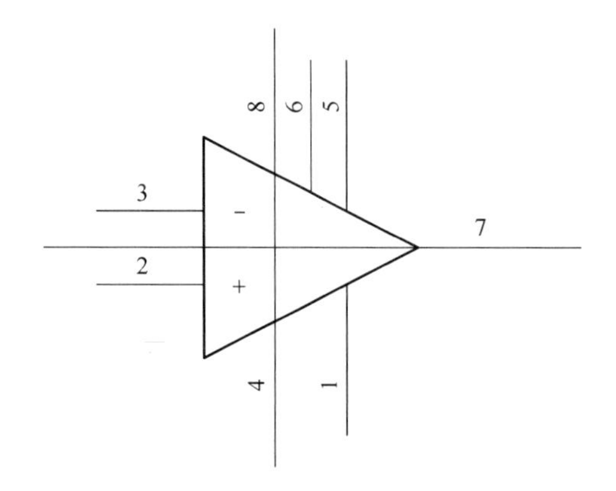

图 4.2.7 绘制好的 LT1011

Pins	Name	Type
3	INPUT	Input
2	INPUT	Input
8	V+	Power
4	V-	Passive
1	GND	Power
7	OUTPUT	Output
6	BALANCE	Passive
5	BALANCE	Passive

图 4.2.8 LT1011 的管脚设置

4.2.5 元器件的位置调整和布线

要对原理图上的元器件进行各种操作，首先要选中该对象。可以有两种方法可以实现以上操作：其一，在图纸的合适位置按住鼠标左键，光标变成十字形状，拖动光标至合适的位置放开鼠标，矩形区域内的元器件均被选中；其二，按住键盘上的“Shift”键不放，同时鼠标单击元器件即可完成元器件对象的选取。

用鼠标单击所选中的任一元器件，即可对选中的全部元器件进行移动、旋转、删除、剪贴等操作，操作快捷键见附录 2。

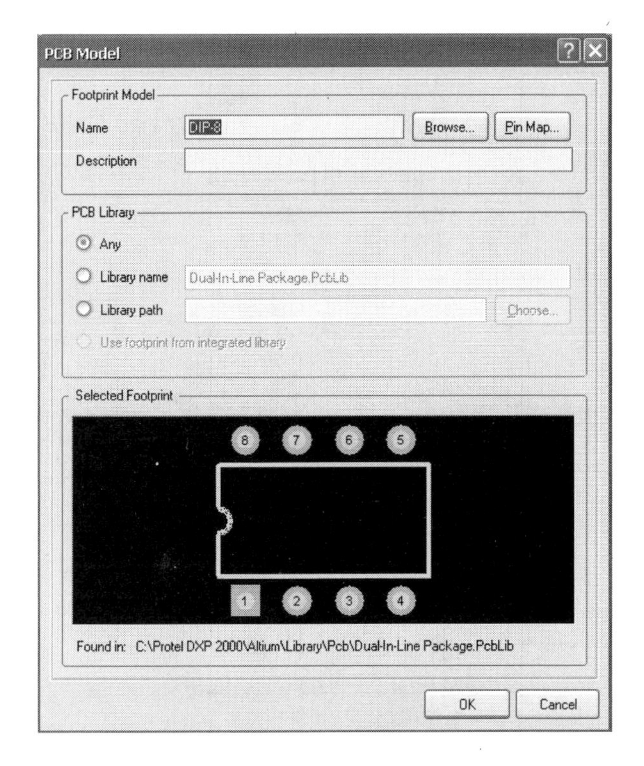

图 4.2.9 为元器件添加封装

在放置完元器件和电源后，就对电路进行连线。执行菜单命令“Place | Wire”启动连线操作，这时光标变成十字形状，将光标移动到所需连接线路的起点，当起点为元器件引脚时，则在该处出现一个红色的叉线点，单击，就会在该引脚和光标之间出现一条预拉线，将线拉到所要设置的位置后单击，则可定位一条线。右击，完成一条连接线路。

在 DXP 中，当连线为 T 型连接时，系统会自动在连接出放置一个节点，但当十字交叉时，系统不会自动放置节点，而必须手动放置。执行命令“Place | Junction”可启动放置节点操作，这时鼠标将会变成十字光标，将光标移动到所要放置节点处，单击即可。

4.2.6 元器件属性设置及原理图编译

在 Protel DXP 中，每一个元器件都有自己的属性，有些属性只能在元器件库中进行编辑设置，而有些可在绘制原理图中进行编辑设置。在选中元器件时，可直接按下“Tab”键来打开元器件属性对话框，在这里可以设置元器件的序号(Designator)、注释(Comment)、器件值(Parameters | Value)、封装(Models | Footprint)等属性。电阻、电容、电感等元器件将其值标注在 Comment 中，Parameters | Value 不要选择 Visible。

如果绘制好的原理图部分没有对元器件序号进行标注(如图 4.2.10 所示)，可以执行命令“Tools | Annotate”进行序号自动标注。在“Annotate”对话框中的“Proposed Change List”列表中可以看到元器件的现有序号，单击“Update Change List”按钮生成自动排序的序号，单击“Accept Changes”按钮，在“Engineering Change Order”对话框里先后单击“Validate Changes”和“Execute Change”完成对元器件序号的自动生成(如图 4.2.11 所示)。绘制完成的完整电路图如图 4.2.1 所示。

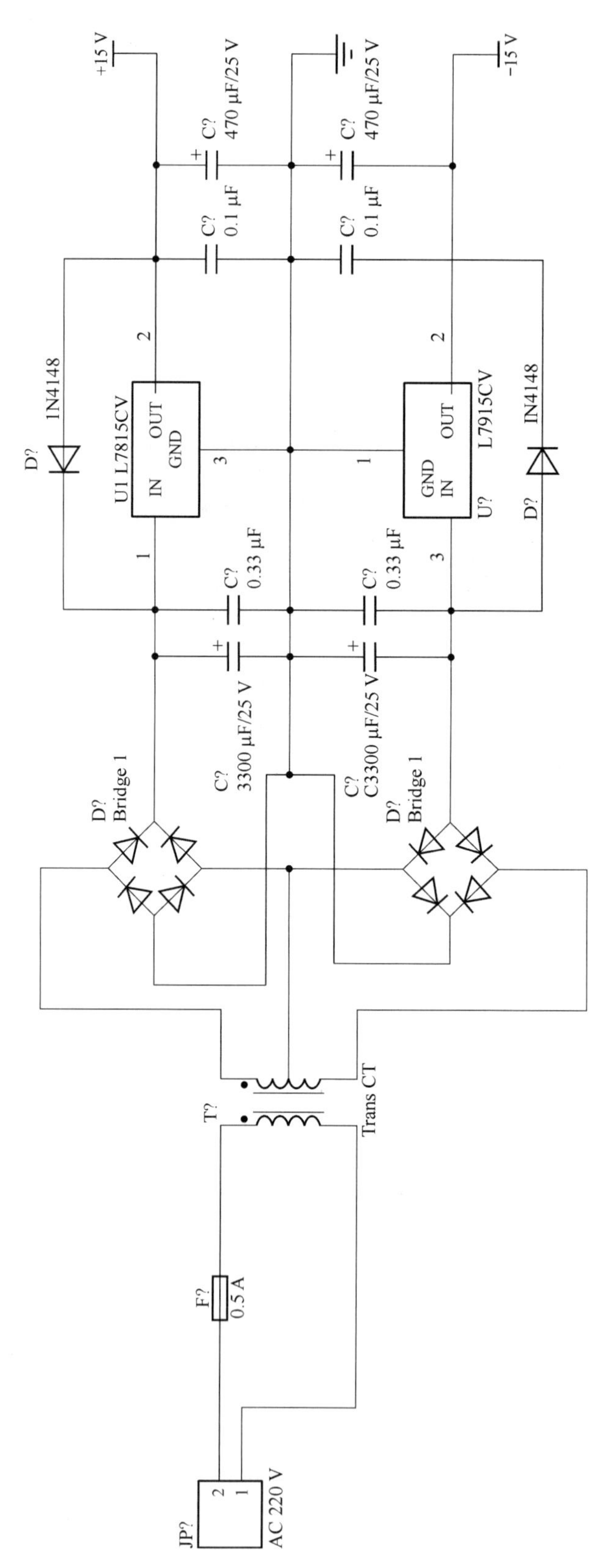

图 4.2.10　未标注序号的电路

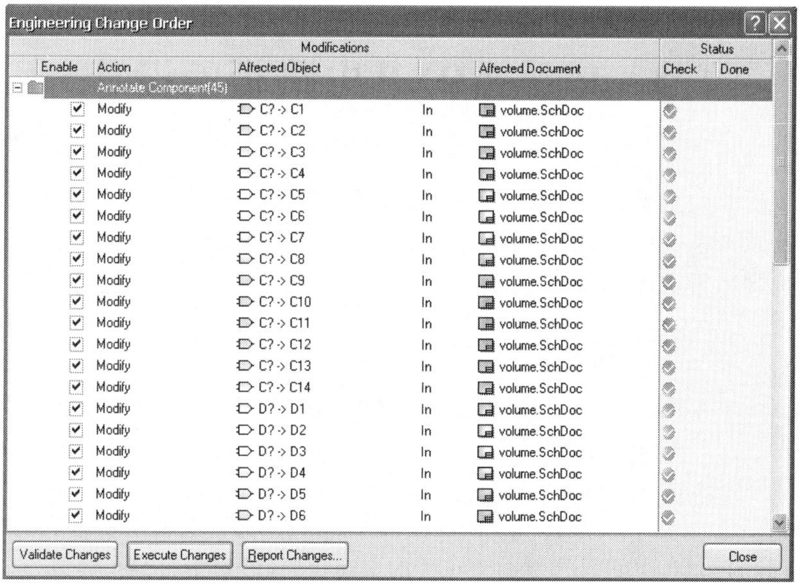

Engineering Change Order

Enable	Action	Affected Object		Affected Document	Check	Done
	Annotate Component(45)					
✓	Modify	C? -> C1	In	volume.SchDoc		
✓	Modify	C? -> C2	In	volume.SchDoc		
✓	Modify	C? -> C3	In	volume.SchDoc		
✓	Modify	C? -> C4	In	volume.SchDoc		
✓	Modify	C? -> C5	In	volume.SchDoc		
✓	Modify	C? -> C6	In	volume.SchDoc		
✓	Modify	C? -> C7	In	volume.SchDoc		
✓	Modify	C? -> C8	In	volume.SchDoc		
✓	Modify	C? -> C9	In	volume.SchDoc		
✓	Modify	C? -> C10	In	volume.SchDoc		
✓	Modify	C? -> C11	In	volume.SchDoc		
✓	Modify	C? -> C12	In	volume.SchDoc		
✓	Modify	C? -> C13	In	volume.SchDoc		
✓	Modify	C? -> C14	In	volume.SchDoc		
✓	Modify	D? -> D1	In	volume.SchDoc		
✓	Modify	D? -> D2	In	volume.SchDoc		
✓	Modify	D? -> D3	In	volume.SchDoc		
✓	Modify	D? -> D4	In	volume.SchDoc		
✓	Modify	D? -> D5	In	volume.SchDoc		
✓	Modify	D? -> D6	In	volume.SchDoc		

Validate Changes | Execute Changes | Report Changes... | Close

图 4.2.11 执行自动序号标注对话框

为了保证设计电路图的正确性，Protel DXP 在进行下一步 PCB 制版之前，必须应用软件测试用户设计的电路原理图，执行电路规则检查（Electrical Rule Check，ERC），以便找出人为的疏忽。执行完测试后，系统在原理图中有错误的地方做好标记，以便用户分析和修改错误。

ERC 可用于检查电路连接匹配的正确性。例如，某个集成电路的输出引脚连到另一个输出引脚就会产生信号冲突，未连接完整的网络标号会造成信号断线，重复的序号会使原理图设计软件无法区分出不同的元器件等。以上不合理的电路冲突现象，ERC 会按照用户的设置以及问题的严重程度分别以不报告（No Report）、警告（Warning）、错误（Error）或严重错误（Fatal Error）信息来提醒用户注意，以修改不合理的电路部分。ERC 的相关设置在“Project | Project Options”中的“Error Reporting”“Connection Matrix”两项中。

执行菜单命令“Project | Compile PCB Project”，系统自动进行 ERC 检查并生成相应的错误检查报告，相关错误信息显示在设计窗口下部的 Message 面板中；系统在发生错误的位置放置徽号，提示错误的位置。例如，将原理图中的 R3 改为 R1，编译时会显示如图 4.2.12 的错误报告信息，用户可以按照报告提供的信息找到错误的位置，双击错误提示列表，定位到错误位置，修改 R3 为 R2 后，重新进行编译通过。

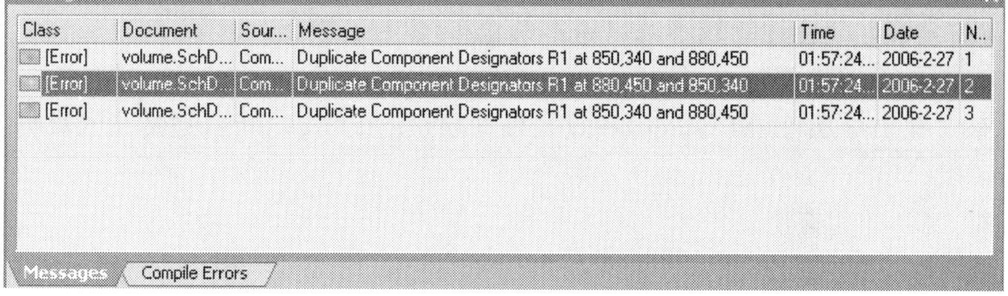

Messages

Class	Document	Sour...	Message	Time	Date	N..
[Error]	volume.SchD...	Com...	Duplicate Component Designators R1 at 850,340 and 880,450	01:57:24...	2006-2-27	1
[Error]	volume.SchD...	Com...	Duplicate Component Designators R1 at 880,450 and 850,340	01:57:24...	2006-2-27	2
[Error]	volume.SchD...	Com...	Duplicate Component Designators R1 at 850,340 and 880,450	01:57:24...	2006-2-27	3

Messages | Compile Errors

图 4.2.12 ERC 错误警告

4.3 Protel DXP 电路板的设计

电路板是所有设计步骤的最终缓解，前面介绍的原理图设计工作，只是从原理上给出元器件的电气连接关系，而这些电气连接的实现最终依赖于 PCB 的设计，下面介绍如何使用前面绘制的原理图来设计 PCB。

4.3.1 PCB 的层

Protel DXP 等软件中，除了导电的信号层外还有些其他的层，这些层起着不同的作用。这里首先介绍一下这些层的定义。

(1) 信号层(Signal Layers)

信号层包括 Top Layer、Bottom Layer、Mid Layer1…31。这些层都是具有电气连接的层，也就是实际的铜层，中间层是指用于布线的中间板层，该层中布的是导线。

(2) 内层(Internal Plane)

Internal Plane1…4 等，这些层一般连接到地和电源上成为电源层和地层，也具有电气连接作用，是实际的铜层，但该层一般情况下不布线，是由整片铜膜构成。

(3) 丝印层(Silkscreen)

其包括顶层丝印层(Top Overlay)和底层丝印层(Bottom Overlay)。定义顶层和底的丝印字符，就是一般在板上看到的元件编号和一些字符。

(4) 锡膏层(Paste Mask)

其包括顶层锡膏层(Top Paste)和底层锡膏层(Bottom Paste)，指我们可以看到的露在外面的表面贴焊盘，也就是在焊接前需要涂焊膏的部分。所以，这一层在焊盘进行热风正平和制作焊接钢网时也有用。

(5) 阻焊层(Solder Mask)

其包括顶层阻焊层(Top Solder)和底层阻焊层(Bottom Solder)，其作用与焊膏层相反，指的是要盖绿油的层。

(6) 机械层(Mechanical Layers)

定义整个板的外观，即整个板的外形结构。

(7) Keep Out Layer(禁布层)

定义在布电气特性的铜一侧的边界。也就是说定义了禁止布线层后，在以后的布线过程中，所布的具有电气特性的线不可以超出禁止布线层的边界。

(8) 钻孔层(Drill Layer)

其包括过孔引导层(Drill Guide)和过孔钻孔层(Drill Drawing)，是钻孔的数据。

(9) 多层(Multi－layer)

其是指 PCB 的所有层。

4.3.2 利用向导创建 PCB

创建新的 PCB 可以直接执行“New | PCB”产生新的 PCB 图，还可以利用 Protel DXP

提供的向导来创建和生成 PCB 的规划和电路板的参数设置。

在“File”面板中“New from template”菜单下选择“PCB Board Wizard”选项，系统弹出 Wizard 欢迎界面；单击“Next”按钮，系统将弹出“Choose Board Units”对话框，Imperial 表示英制(Mil)，Metric 表示公制(mm)，选择公制 Metric；单击“Next”按钮，系统将弹出“Choose Board Profiles”对话框，要求用户选择 PCB 的标准，选择“Custon”(自定义)；单击“Next”按钮，系统将弹出“Choose Board Details”对话框，在“Board Size”(板尺寸)中，设置“Width”为 150 mm，“Height”为 100 mm，“Keep Out Distance From Board Edge”(禁布层)设置为 5 mm；单击“Next”按钮，系统将弹出“Choose Board Layers”对话框，将“Power Planes”设置为 0；单击“Next”按钮，系统将弹出“Choose Via Style”对话框，选择“Thruhole Vias only”(PCB 只有通孔)；单击“Next”按钮，系统将弹出“Choose Component and Routing Technologies”对话框，选择“Through-hole components”和“One Track”；单击“Next”按钮，系统将弹出“Choose Default Track and Via sizes”对话框；单击“Next”按钮，在“Board Wizard is Complete”对话框中单击“Finish”结束 PCB 向导。此时可以看到如图 4.3.1 所示的 PCB 了。“File | Save”保存文件为 volume. PcbDoc。

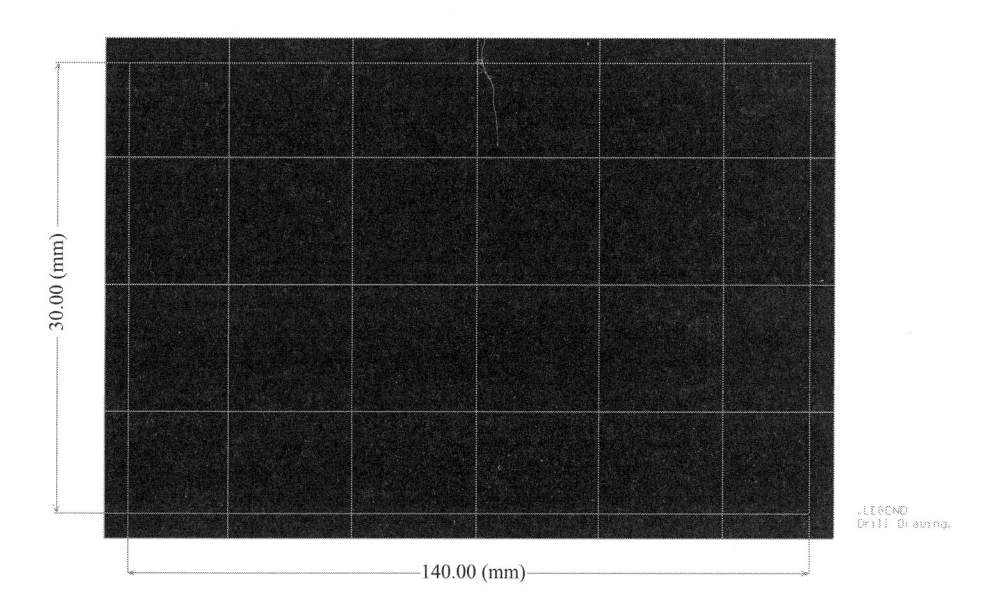

图 4.3.1 利用向导生成的 PCB

4.3.3 装入元器件及基本设置

从“Project”面板中打开 volum. SchDoc，执行命令 Update PCB volume. PcbDoc，单击“Validate Changes”按钮，在单击“Execute Changes”按钮后，可以看到元器件已经装入到 volume. PcbDoc 中了。

PCB 布线之前，先要进行一些相关参数的设置。执行命令“Design | Board Options”，设置“Board Options”对话框如图 4.3.2 所示；执行命令“Design | Board Layers and Colors”，设置“Board Layers and Colors”对话框如图 4.3.3 所示。

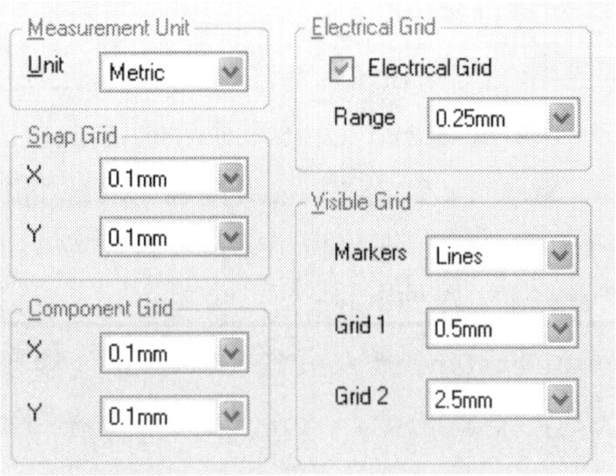

图 4.3.2 PCB 参数设置

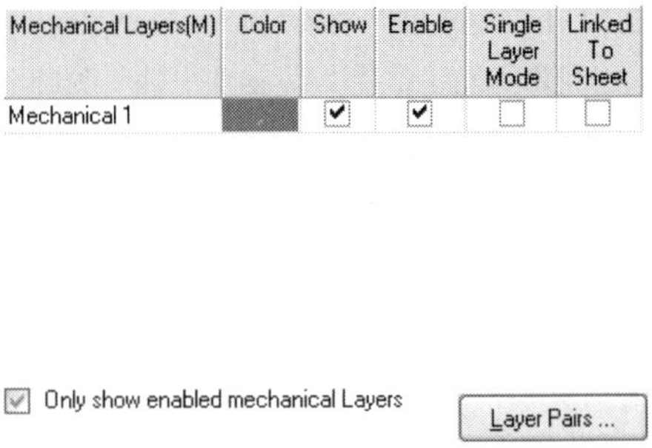

图 4.3.3 只选中机械层 1

PCB 设计中的规则设置是最重要的，一般的 Protel DXP 用户进行 PCB 设计时的设计规则很多，其中绝大部分都可以采用系统默认设置，而用户真正需要设置的设计规则并不多。下面介绍绘制图 4.2.1 的 PCB 时的设置，执行命令“Design ｜ Rules…”，在“PCB Rules and Constraints Editor”对话框中，设置线宽“Routing ｜ Width ｜ Width”如图 4.3.4 所示；设置过孔尺寸“Routing ｜ Routing Via Style ｜ RoutingVias”如图 4.3.5 所示即可；设置通孔尺寸“Manufacturing ｜ Hole Size ｜ Hole Size”如图 4.3.6 所示即可；设置单面布线“Routing ｜ Routing Layers ｜ Routing Layers”如图 4.3.7 所示即可。

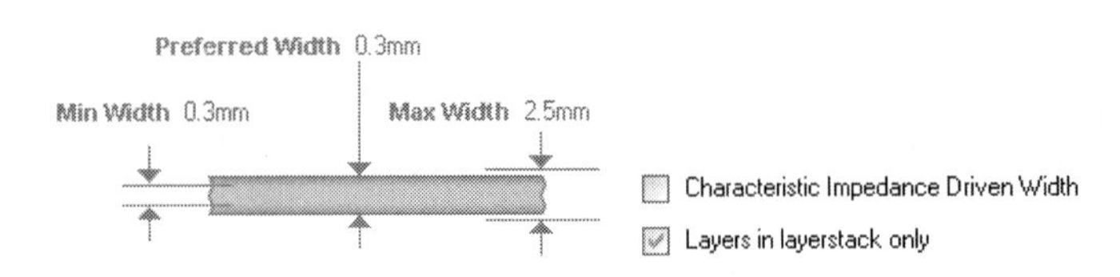

图 4.3.4 布线宽度设置

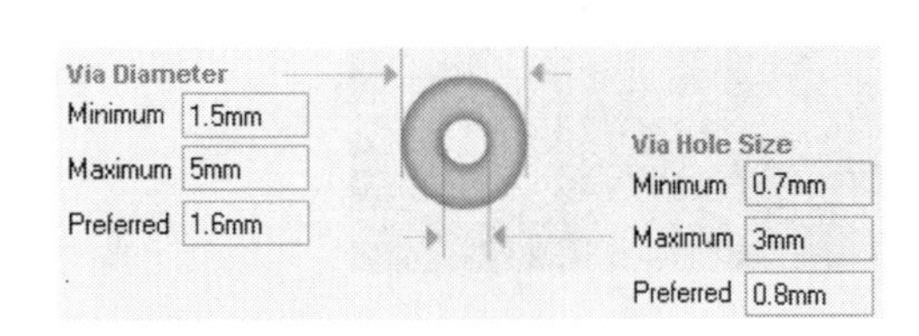

图 4.3.5 过孔尺寸设置

在对 PCB 布局、布线之前，先放置安装定位孔，执行命令“Edit ｜ Origin ｜ Set”设置 PCB 原点于右下脚（图 4.3.8）。执行命令“Place ｜ Pad”放置四个焊盘，在放置第一个焊盘时按“Tab”键，改变焊盘的尺寸如图 4.3.9 所示，四个焊盘中心原点位置分别为（5，5）、（5，95）、（95，145）、（5，145）。

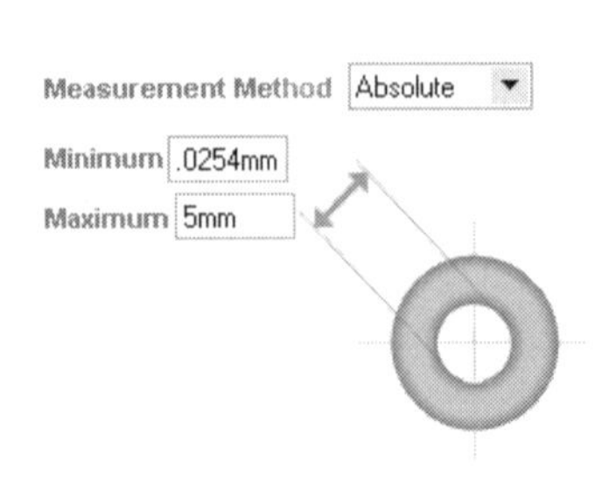

图 4.3.6 通孔尺寸设置

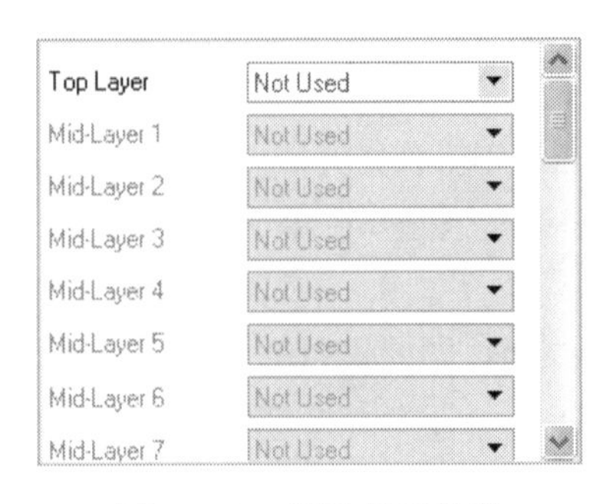

图 4.3.7 设置单面布线

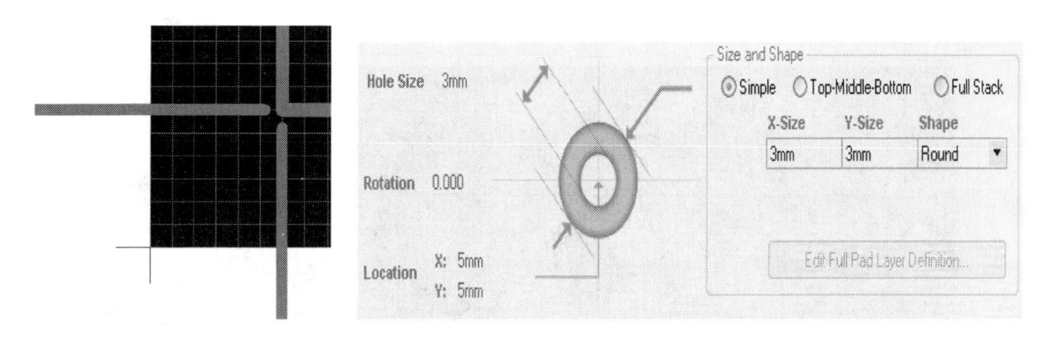

图 4.3.8　设置 PCB 原点　　　图 4.3.9　改变焊盘尺寸为 3 mm

4.3.4　PCB 布局

经过上面的步骤，就可以对 PCB 进行布局和布线了。执行命令"Tools | Auto Placement | Auto Palce…"显示"Auto Place"对话框(如图 4.3.10 所示)，通过此对话框可以设置两种自动布局的方式 Cluster Placer 和 Statistical Placer。Cluster Placer：组群方式布局的。它是以布局面积为最小为标准，同时可以将元器件名称和序号隐藏。它还有一个加速布局的选项，即 Quick Component Placement。Statical Placer：统计方式布局。它是以使得飞线的长度最短为标准，Group Components 表示将当前的网络中连接密切的元器件规为一组，在排列时将改组的元器件作为群体而不是个体来考虑。Rotate Components 表示将根据网络连接和排列的需要，适当旋转和移动元器件封装。Automatic PCB Update 表示选中此项则自动进行 PCB 图的更新。Power Nets 和 Ground Nets 分别用于定义电源和地网络名称。Grid Size 设置元器件自动布局时栅格大小。图 4.3.11 和图 4.3.12 为 Cluster Placer 和 Statistical Placer 的自动布局结果。

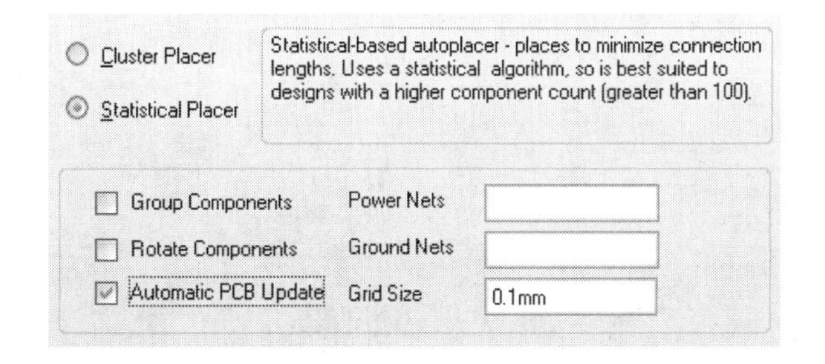

图 4.3.10　自动布局设置

对于 PCB 布线是在布局的基础之上，所以系统中提供的自动布局往往不太理想，还需要进行手工调整布局，手工调整布局就是对元器件的封装及序号进行排列、移动和旋转等操作，手工调整布局后如图 4.3.13 所示。

4.3.5　PCB 布线

现在可以对布局结束后的 PCB 进行布线了。Protel DXP 可以支持自动布线，用户先根据电路板的布线要求设计布线规则，布线设计规则设定得是否合理直接影响布线的质量和成功率。在前面设计中已经设置了设计规则，执行命令"Auto Route | All"，在"Strategy"

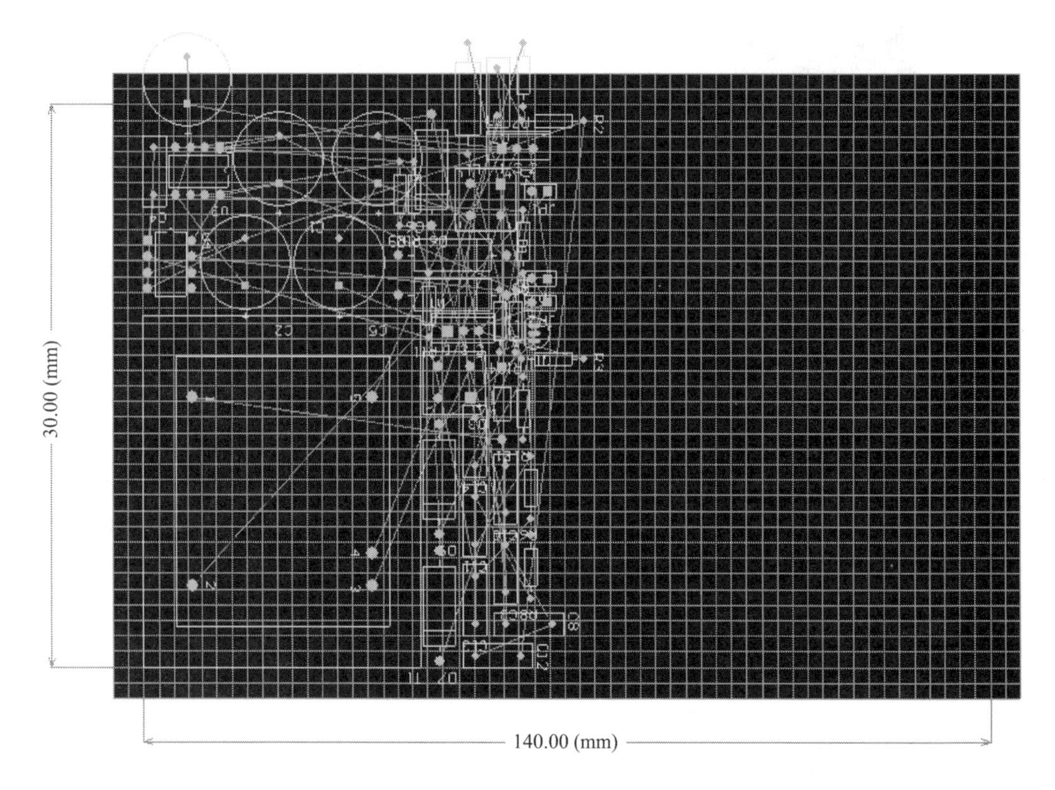

图 4.3.11 Cluster Placer 自动布局版图

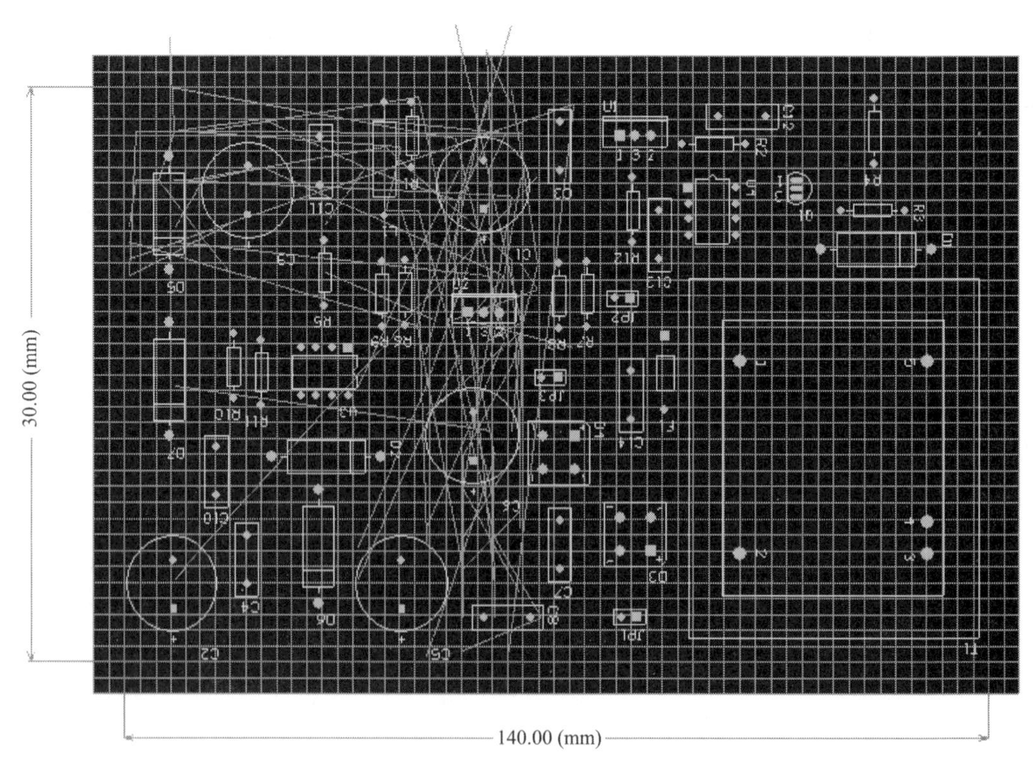

图 4.3.12 Statistical Placer 的自动布局版图

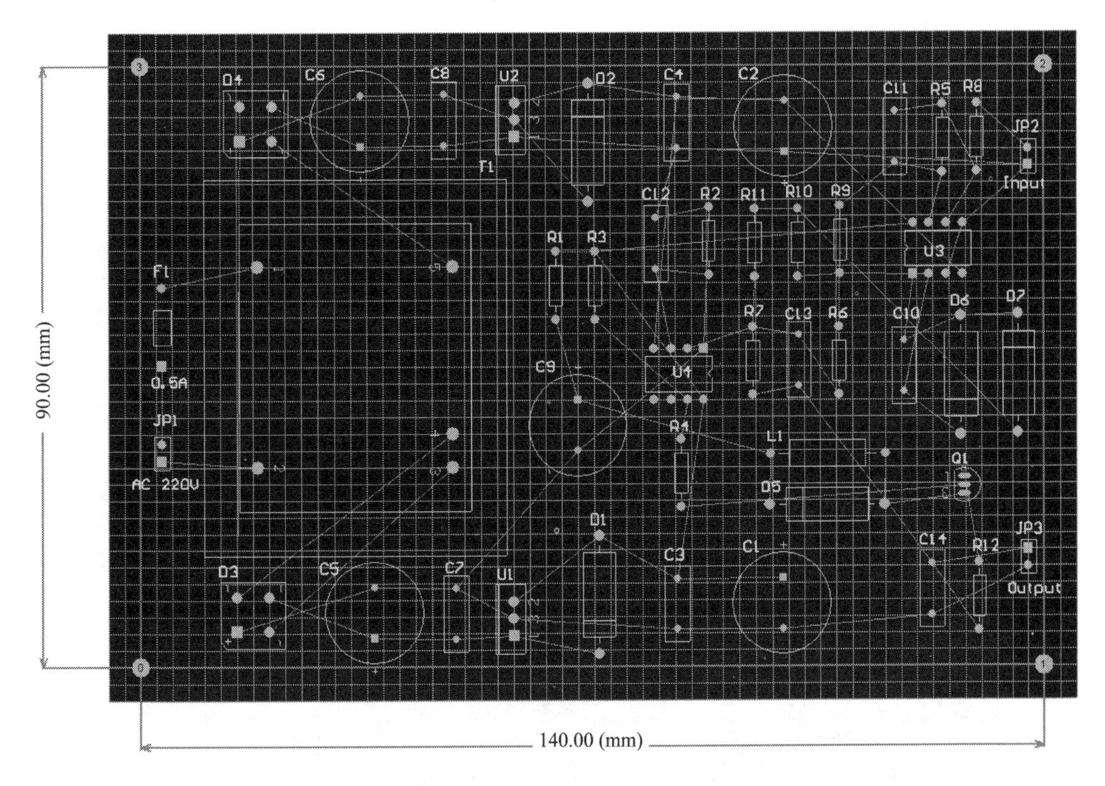

图 4.3.13 采用手工布局版图

对话框中选择“Default 2 Layer Board”，单击按钮“Route All”开始自动布线，图 4.3.14 为自动布线生成的 PCB。

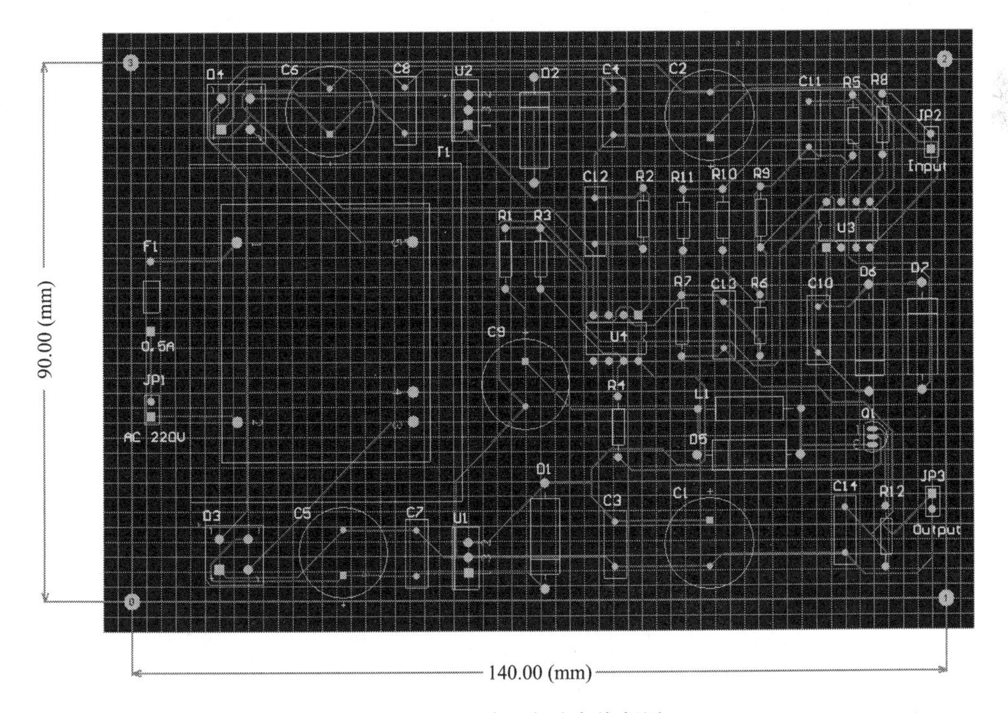

图 4.3.14 采用自动布线版图

和自动布局一样，系统提供的自动功能往往不能满足要求，还需要手工布线进行调整。手动布线其实就是按照飞线的连接来放置导线，选择 Bottom Layer，设置线宽为 1 mm，采用命令“Place | Interactive Routing”来绘制导线，手动布线的 PCB 如图 4.3.15 所示。

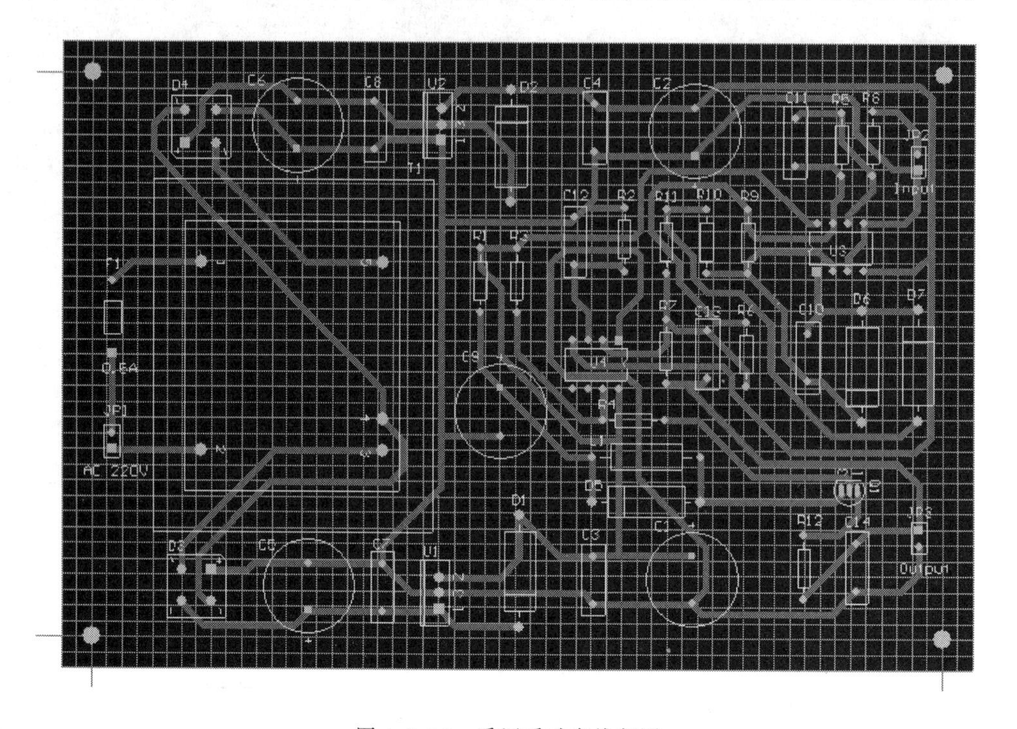

图 4.3.15　采用手动布线版图

接下来可以对电路板进行敷铜，即将电路板中空白的地方铺满铜膜，主要目的时提高电路板的抗干扰能力，通常将铜膜接地。先设置 GND 与其他网络的安全间距为 0.5 mm，执行命令“Place | Polygon Plane”，将出现“Polygon Plane”对话框，线宽设置为 1 mm，连接到 GND 网络，具体设置如图 4.3.16 所示，单击“OK”开始绘制敷铜的区域，敷铜后的 PCB 如图 4.3.17 所示。

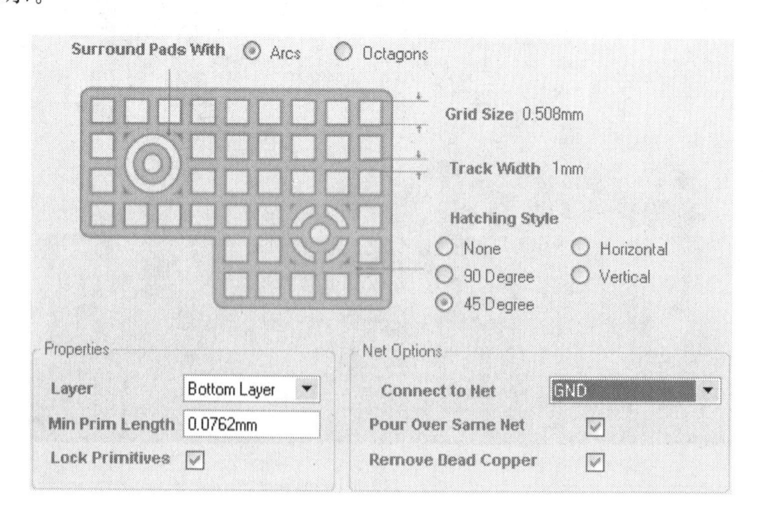

图 4.3.16　敷铜参数设置

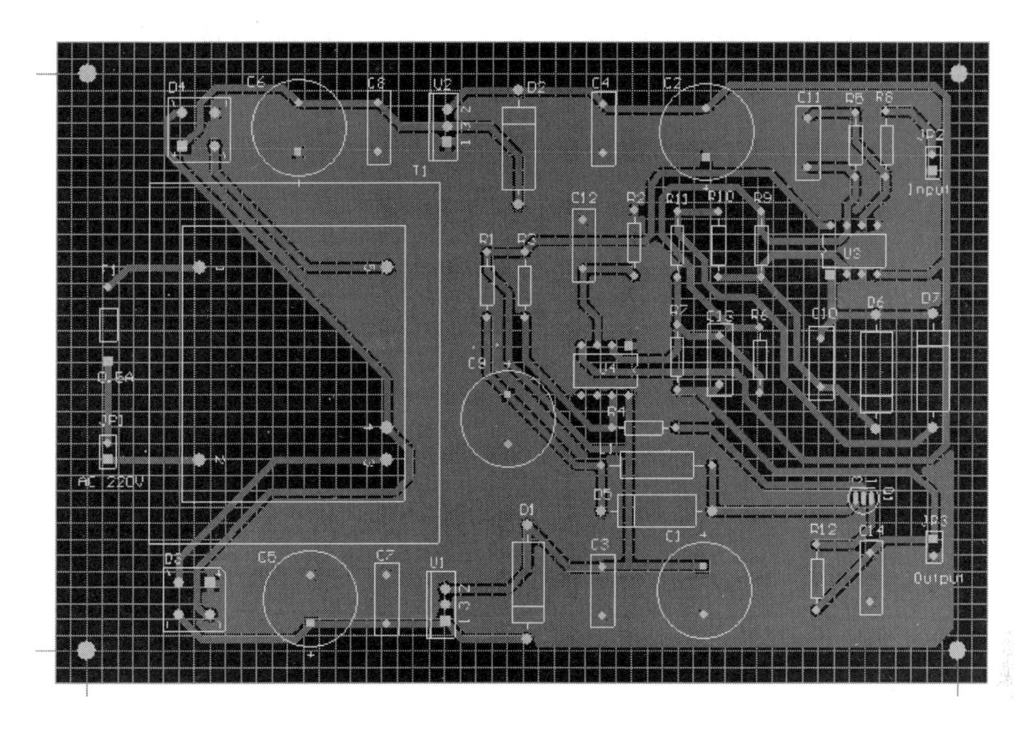

图 4.3.17 最终 PCB 布局

4.3.6 设计规则检查(DRC)

已经绘制好的 PCB 板图,必须进行 DRC 检查,以检查电路板中有无违反前面介绍的设计规则。执行命令"Tools | Design Rule Check…",在出现的"Design Rule Checker"对话框中单击"Run Design Rule Check…"按钮开始 DRC 检查,检查结果会报告 Q1 的 1-2、2-3 管脚安全间距不够(如图 4.3.18 所示),通过增加设计规则可以避免此警告。执行命令"Design | Rules…",在 PCB "Rules and Constraints Editor"对话框中的"Electrical | Clearance"项右击,选择"New Rule…",进入 Clearance_1 设置中,单击"Query Builder…"按钮,

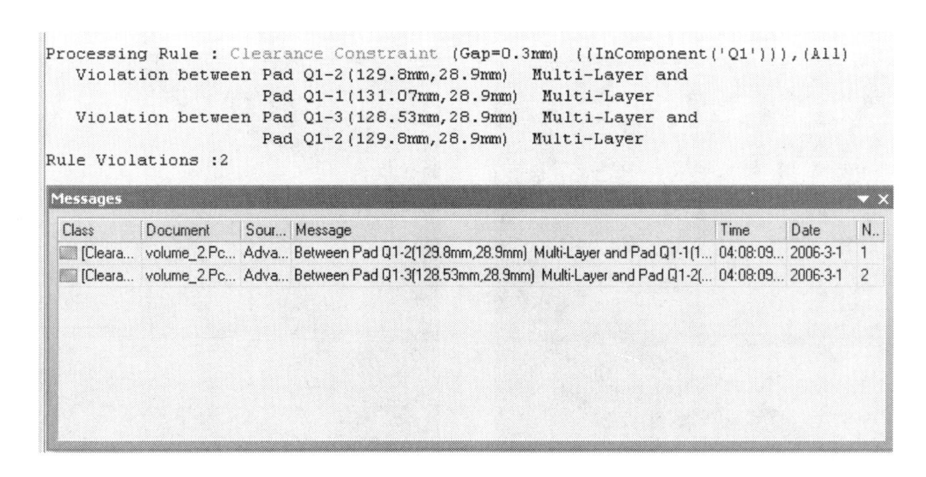

图 4.3.18 DRC 错误显示

在“Building Query from Board”对话框的“Condition Type / Operator”列表中选择“Belongs to Component”，在“Condition Value”中选择 Q1，单击“OK”退出对话框，设置安全间距为 0.25 mm(如图 4.3.19 所示)，重新进行 DRC 检查即可。

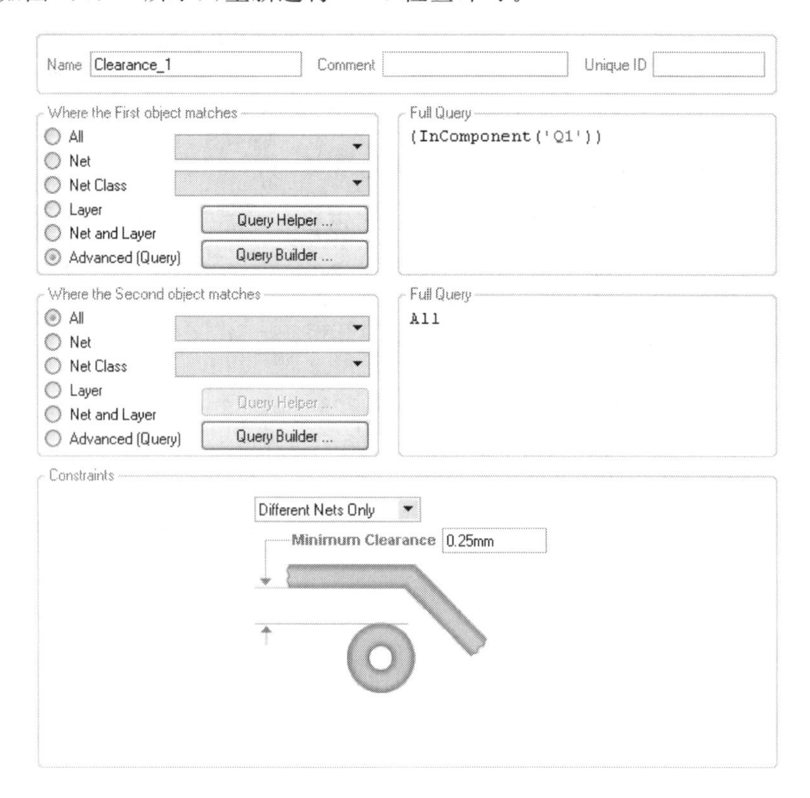

图 4.3.19 增加安全间距设置

Protel DXP 系统提供了三维效果显示功能，增强了 PCB 图设计的立体感，该功能可以清晰地显示 PCB 图三维效果。执行命令“View | Board in 3D”，系统自动完成 PCB 图到三维效果图的转换，并切换到三维效果显示工作窗口，图 4.3.20、图 4.3.21 分别为顶面和底面的三维显示效果。

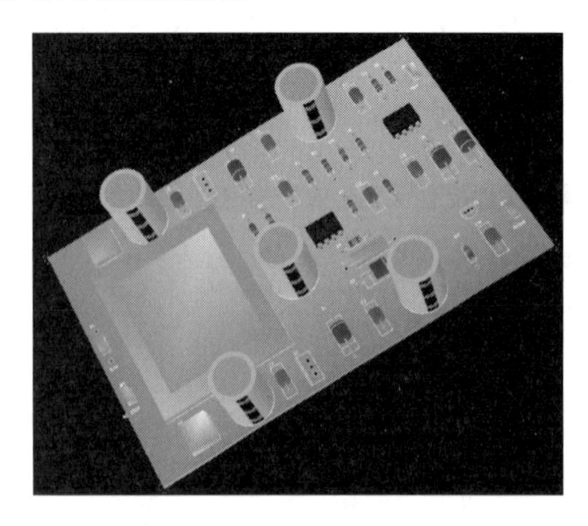

图 4.3.20 顶面的三维显示效果

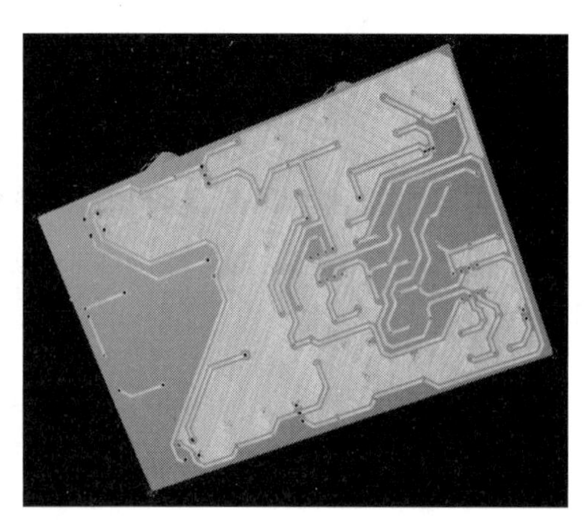

图 4.3.21 底面的三维显示效果

4.3.7 PCB 制版

现在完整的 PCB 设计已经结束了，可以将设计好的 PCB 版图交给工厂进行生产了。提交给工厂文件有两种方式：一是直接提交 PCBDOC 文件；二是执行命令"File | Fabrication Outputs | Gerber files"生成 Gerber(底片)文件。在交送文件时，提出生产要求，如本例为板厚 1.8 mm、单面板(底层)、顶层丝印、板尺寸 150 mm×100 mm、底层阻焊等即可。

至此，用户已经可以按照自己的设计思想规划设计电路板了。但是设计原理上的正确性以及逻辑上的合理性，并不一定就可以生产出合格、高质量的电子产品。在进行设计电路板时，还必须要考虑电路板的尺寸、元器件布局、布线以及接地处理等一系列实际应用中必须注意的问题，否则设计出的电子产品质量将达不到期望的效果。

第 5 章

Multisim 仿真软件

Multisim 是加拿大 Interactive Image Technologies 公司在 20 世纪末推出的电路仿真软件，该软件的前身是 Electronics WorkBench(简称 EWB)软件。随着技术的发展，EWB 软件不断升级，发展到 5.x 版本以后，进行了较大的变动，软件更名为 Multisim，增加了 3D 元件以及安捷伦公司的万用表、示波器、函数信号发生器等仿实物的虚拟仪表。相对于其他 EDA 软件，Multisim 软件具有更加形象直观的人机交互界面，整个操作界面就像是一个实验工作台，并极大地扩充了元件数据库，是比较先进的、功能强大的仿真软件。

5.1 Multisim 简介

5.1.1 Multisim 的特点

1. 用户界面直观

Multisim 提供了一个灵活的、直观的工作界面来创建和定位电路，允许创建具有个性化的菜单、工具栏和快捷键。

2. 元器件丰富

Multisim 提供的元件库拥有 13 000 个元器件，含有所有的标准器件及当今最先进的数字集成电路，并开设了 EdaPARTS.com 网站，为用户提供元器件模型的扩充和技术支持。另外，还允许用户自定义元器件的属性，Multisim 与其他软件相比，能提供更多方法向元件库中添加个人建立的元件模型。

3. 虚拟仪器种类齐全

Multisim 提供了示波器、逻辑分析仪、安捷伦仪器、波特图仪、失真度分析仪、频率计数器、函数信号发生器、数字万用表、网络分析仪、频谱分析仪、瓦特表和字信号发生器等 18 种虚拟仪器，其功能与实际仪表相同。通过这些虚拟器件，用户可以免去昂贵的仪表费用，毫无风险地接触所有仪器，掌握常用仪表的使用。

4. 强大的电路分析功能

为了帮助用户全面了解电路的性能，Multisim 还提供了直流工作点分析、交流分析、敏感度分析、3 dB 点分析、批处理分析、直流扫描分析、失真分析、傅里叶分析、模型参数扫描分析、蒙特卡罗分析、噪声分析、噪声系数分析、温度扫描分析、传输函数分析、用户自定义分析和最坏情况分析等19种分析。如此多的仿真分析功能是其他电路分析软件所不能比拟的。

5. 强大的作图功能

Multisim可将仿真分析结果进行显示、调节、储存、打印和输出。使用作图器还可以对仿真结果进行测量、设置标记、重建坐标系以及添加网格。所有显示的图形都可以被微软Excel、Mathsoft Mathcad以及LABVIEW等软件调用。

6. 增加了射频电路仿真功能

大多数SPICE模型在进行高频仿真时,SPICE仿真的结果与实际电路测试结果相差较大,因此对射频电路的仿真是不准确的。Multisim提供了专门用于射频电路仿真的元件模型库和仪表,以此搭建射频电路并进行实验,提高了射频电路仿真的准确性。

7. 支持HDL仿真

利用MultiHDL模块(需另外单独安装),Multisim还可以进行HDL(Hardware Description Language,硬件描述语言)仿真。在MultiHDL环境下,可以编写与IEEE标准兼容的VHDL或Verilog程序,该软件环境具有完整的设计入口、高度自动化的项目管理、强大的仿真功能、高级的波形显示和综合调试功能。

5.1.2 Multisim的基本界面

启动Multisim软件,出现如图5.1.1所示的Multisim基本界面。基本界面主要由菜单栏、系统工具栏、设计工具栏、使用中的元件列表、仿真开关、元件工具栏、仪表工具栏、电路窗口、状态栏和连接EdaPARTS.com按钮等项组成。

(1) 菜单栏提供了Multisim几乎所有的功能命令。每个主菜单都有一个下拉菜单,用户可以从中找到电路文件的存取、SPICE文件的输入和输出、电路图的编辑、电路的仿真分析等各项功能的命令。

(2) 系统工具栏包含了常用的基本功能按钮,与Windows的基本功能相同。

(3) 设计工具栏是Multisim的核心,使用它可快捷地进行电路的建立、仿真与分析,并输出设计数据等。

(4) 元件工具栏包含23个元件库,每个元件库中放置同一类型的元件。左列从上到下分别是电源库、基本元件库、二极管库、晶体管库、模拟元件库、TTL器件库、CMOS器件库、数字元件库、混合器件库、指示器件库、其他器件库、射频元件库和机电类器件库。右列为与实际元件相对应的现实性仿真元件模型快捷键按钮,从上至下分别是虚拟电源库、虚拟信号源库、虚拟基本元件库、虚拟二极管库、虚拟三极管库、虚拟模拟元件库、其他虚拟元件库、常用虚拟元件库、虚拟3D元件库、虚拟测量元件库。

(5) 仪表工具栏含有17种仪器仪表,从上到下分别为数字万用表、函数信号发生器、瓦特表、双通道示波器、四通道示波器、波特图仪、频率计、字信号发生器、逻辑分析仪、逻辑转换器、I-V特性分析仪、失真度分析仪、频谱分析仪、网络分析仪、安捷伦函数信号发生器、安捷伦数字万用表和安捷伦示波器。

(6) 基本界面的中间部分即电路窗口,相当于一个现实工作中的操作平台,电路图的编辑绘制、仿真分析及波形数据显示等都在此窗口中进行。

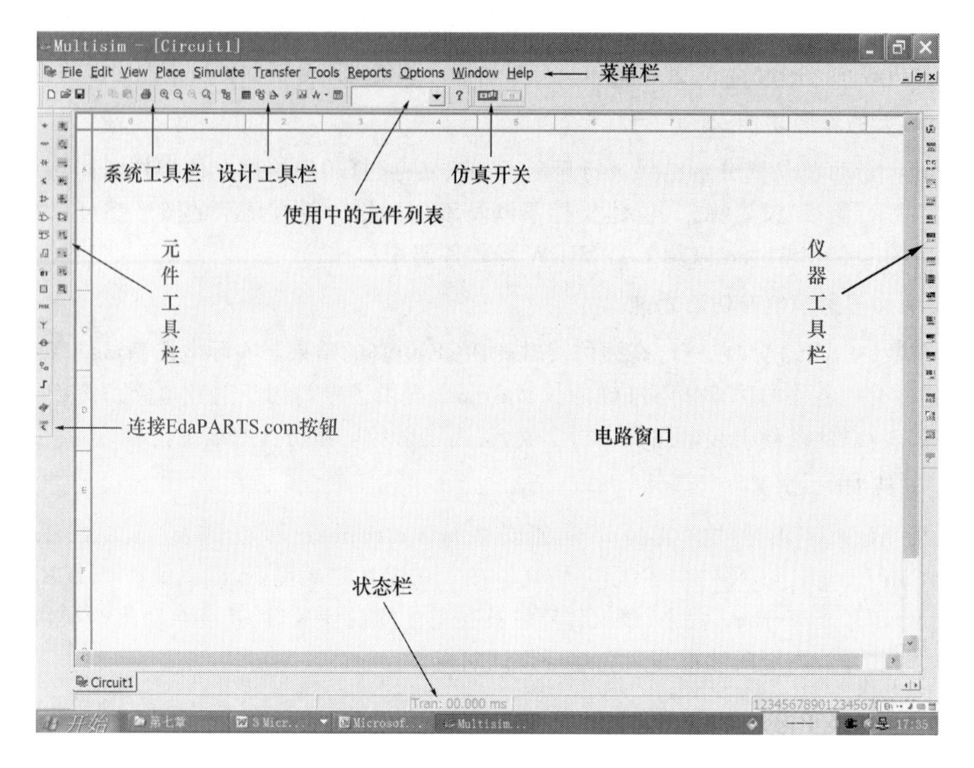

图 5.1.1 Schematics 主界面

(7) 仿真开关用于控制仿真进程。

(8) 状态栏用于显示有关当前操作以及鼠标所指条目的有用信息。

(9) 使用中的元件列表列出了当前电路所使用的全部元件,以供检查或重复调用。

5.2 电路图的绘制

启动 Multisim,则在基本界面上自动打开一个空白的电路文件。若在 Multisim 正常运行时,在菜单栏“File”中选择“New”,同样将出现一个空白的电路文件,这样用户就可以开始创建电路图了。

5.2.1 定制用户界面

Multisim 的用户界面相当于实际电路实验时的工作台面,设计一个富有个性的用户界面能方便原理图的创建、电路的仿真分析和观察理解。

在菜单栏“Options”中选择“Preferences…”,出现“Preferences”对话框,如图 5.2.1 所示。对话框中有 8 个选项卡,每个选项卡下又有各自不同的对话内容,用于设置与电路显示方式相关的选项。

(1) “Component Bin”选项卡

“Symbol standard”栏目用来选择电气元器件符号标准,Multisim 提供了两套标准,其

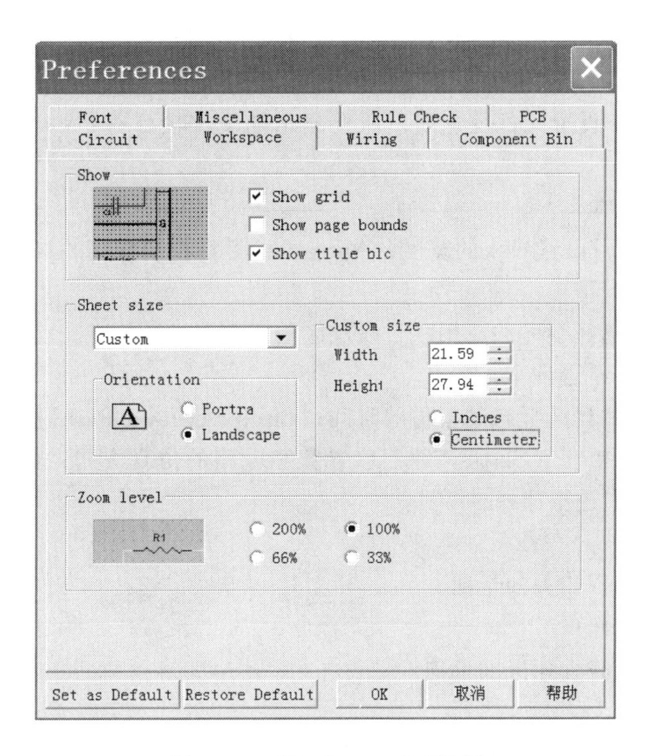

图 5.2.1　“Preferences”对话框

中 ANSI 是美国标准，DIN 是欧洲标准。由于 DIN 与我国现行的标准非常接近，所以选择 DIN 较好，如图 5.2.2 所示。“Place component mode”栏目用来选择放置元器件的方式。

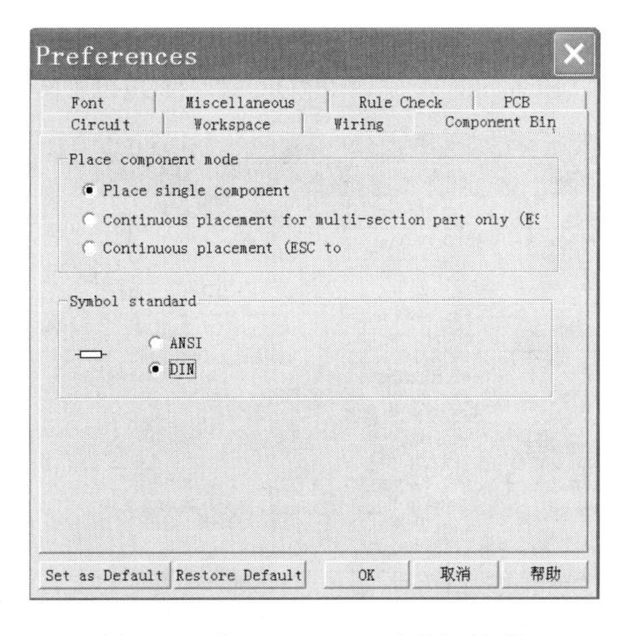

图 5.2.2　“Component Bin”选项卡对话框

（2）“Workspace”选项卡

“Show”栏目实现电路工作区显示方式的控制；“Sheet size”栏目实现图纸大小和方向

的设置;"Zoom level"栏目实现电路工作区显示比例的控制。

(3)"Circuit"选项卡

"Show"栏目用于设置元件及连线上所要显示的文字项目等;"Color"栏目用来改变电路显示的颜色。

(4)"Wiring"选项卡

"Wire width"栏目设置导线的宽度;"Autowire"栏目控制导线的自动连线方式。

(5) Font 选项卡

用于选择字体、选择字体的应用项目以及应用范围等。

(6) Miscellaneous 选项卡

"Auto-backup"栏目选择自动备份的时间;"Circuit Default Path"栏目设置电路图存盘的路径;"Digital Simulation Setting"栏目设置数字电路的仿真方式;"PCB ground Option"栏目对 PCB 接地方式进行选择。

(7) PCB 选项卡

设置与制作电路板相关的选项。

(8) Rule Check 选项卡

设置与电学规则检查相关的选项。

5.2.2 放置元器件

以放置一个 10 kΩ 电阻为例。Multisim 的元件库分为现实元件和虚拟元件两种,我们应该尽量选用符合现实标准的电路元件。

(1) 当放置现实电阻元件时,单击元件工具栏左列的基本元件库(Basic),将出现"Select a Component"对话框,如图 5.2.3 所示。选中对话框"Family"栏中的"RESISTOR",在"Component"栏中选取"10.0kohm_1%",单击"OK",即可将电阻放置到电路窗口中。

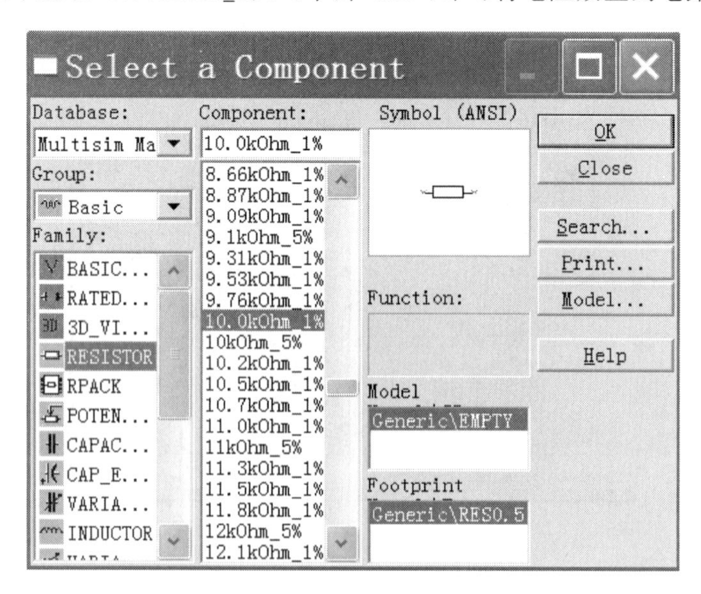

图 5.2.3 "Select a Component"对话框

(2) 若要放置虚拟电阻元件，单击元件工具栏右列的虚拟基本元件库(Show Basic Components Bar)，将出现“Basic Components”对话框，如图 5.2.4 所示。点击其中的虚拟电阻(Place Resistor)，即可将电阻放置到电路窗口中。双击电路窗口中的该电阻符号，出现如图 5.2.5 所示的“BASIC_VIRTUAL”对话框，可在其中进行参数设置。

放置其他元器件的方法同上。而直流电源和交流信号源则要从元件工具栏中的电源库(Source)中选取。

图 5.2.4 “Basic Components”对话框

图 5.2.5 “BASIC_VIRTUAL”对话框

但要注意的是，对一个电路来说，必须要有一个接地端，否则不能有效地进行仿真分析。调用接地端时，只需在电源库(Source)中选择“GROUND”即可。

5.2.3 连接电路图

1. 调整元器件方向

单击选中某个元件，然后在菜单“Edit”中选择“Flip Horizontal”或“Flip Vertical”或“90 Clockwise”或“90 CounterCW”，可使元器件进行各个方向的旋转操作。

2. 修改元器件的名称

双击放置好的元器件符号，将弹出元器件属性对话框，在“Label”选项卡下的“Reference ID”栏中可对元器件的名称进行修改。

3. 连接元器件

只要将鼠标指针移近所要连接的元件引脚，鼠标指针就会自动转变为“✛”。点击并移动鼠标，即可拉出一条虚线，如要在某点转弯，则在转弯处单击，然后继续移动，至另一元件的引脚后再次单击，系统就会自动连接这两个元件引脚之间的线路。

4. 保存电路图

将编辑完成的电路图保存，最后的电路图如图 5.2.6 所示。

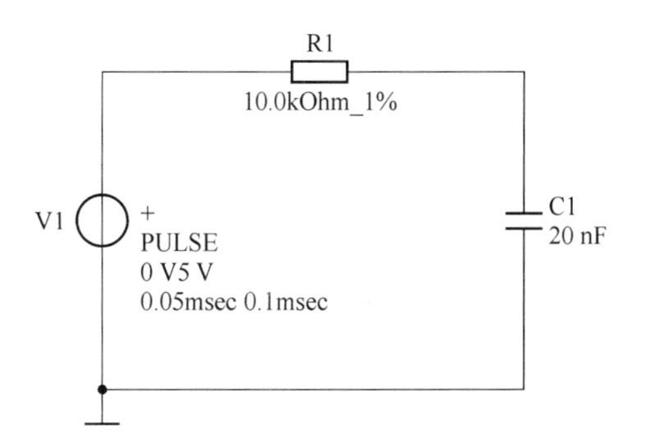

图 5.2.6 Multisim 中创建的电路图

5.3 使用虚拟仪器

将用于电路测试任务的各种仪器非常逼真地与电路图一起放置在同一个操作界面上，进行各项测试实验，这是 Multisim 最具特色的功能之一。这里只介绍数字万用表、函数信号发生器和示波器等常用的仪器仪表。

5.3.1 数字万用表

Multisim 提供的数字万用表(Multimeter)外观和操作与实验室使用的数字万用表相似，它是一种能自动调整量程的多用途仪器，可以测量交直流电压、电流、电阻和分贝值，其图标和面板如图 5.3.1 所示。双击图标，可打开数字万用表的面板。

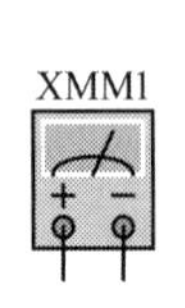

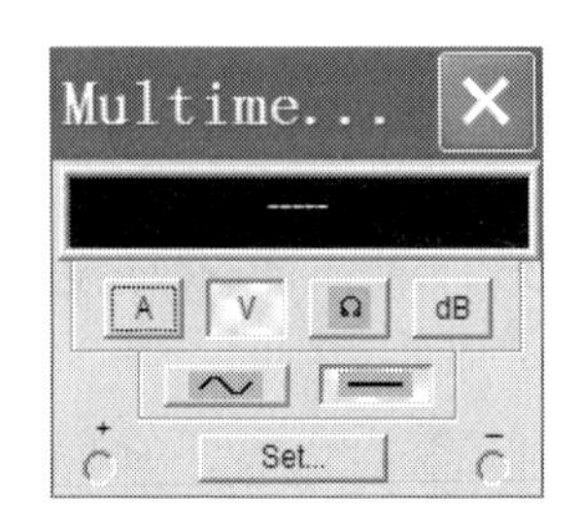

图 5.3.1 数字万用表图标和面板

点击面板上的 A、V、Ω、dB 按钮可分别测量电流、电压、电阻或分贝值。选中"～"按钮，测量交流，且测量值是有效值；选中"－"按钮，测量直流，如用于测量交流，则测量值是交流信号的平均值。

点击"Set"按钮，将出现如图 5.3.2 所示的对话框，可用来设置数字万用表内部的参数。其中，"Ammeter resistance(R)"用于设置电流表内阻，"Voltmeter resistance (R)"用于设置电压表内阻。

数字万用表图标有正极和负极两个引线端，使用方法与现实万用表一样，如图 5.3.3 所示。测量电压或电阻时，与被测支路并联，测量电流时，与被测支路串联。

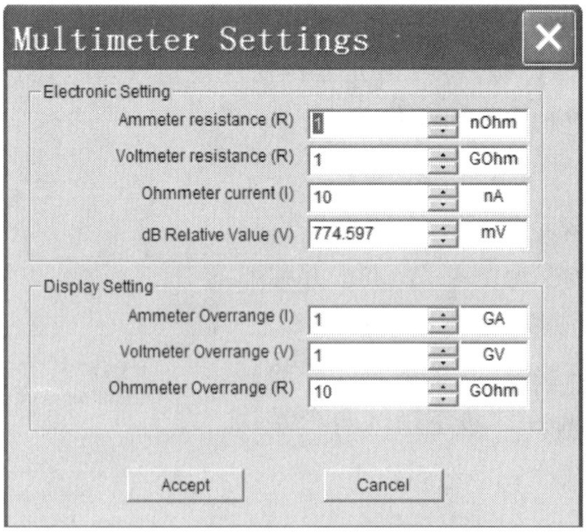

图 5.3.2 数字万用表参数设置

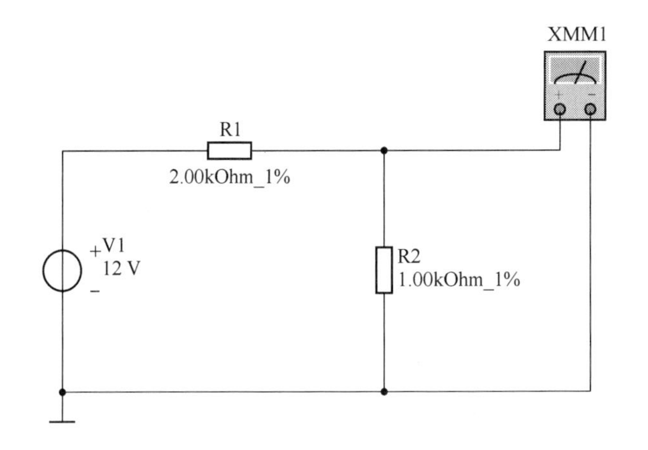

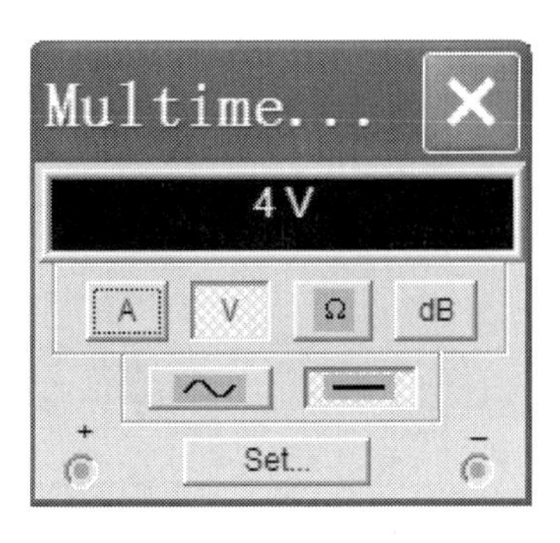

图 5.3.3 测量电路

5.3.2 函数发生器

Multisim 提供的函数发生器(Function Generator)可以产生正弦波、三角波和矩形波，信号频率可在 1 Hz～999 MHz 范围内调整，信号的幅值、占空比以及偏置电压等参数也可以根据需要进行调节，其图标和面板如图 5.3.4 所示。双击图标，可打开函数发生器的面板。

面板上的“Waveforms”区可选择正弦波、三角波或方波等输出信号的波形类型。“Signal Options”区可设置信号的频率、占空比、幅度、偏置电压以及上升下降时间等参数。

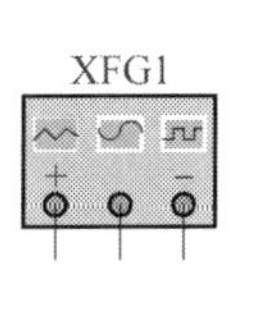

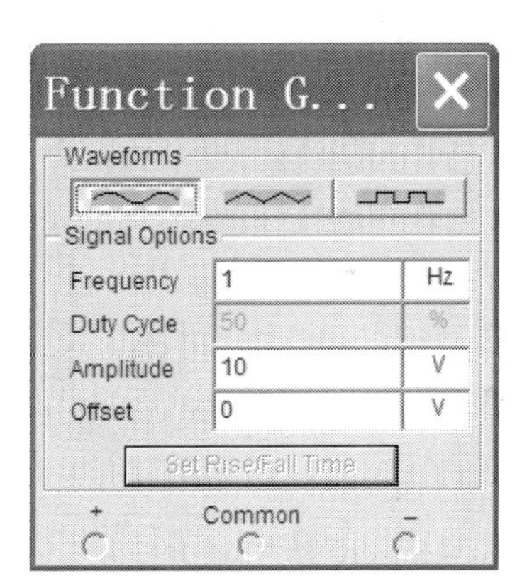

图 5.3.4 函数信号发生器图标和面板

函数信号发生器图标有负极、正极和公共端三个引线端口与外电路相连，使用方法如图 5.3.5 所示。当连接正极和公共端时，输出信号为正极性信号，幅值等于信号发生器的有效值；当连接公共端和负极时，输出信号为负极性信号，幅值等于信号发生器的有效值；当连接正极和负极时，输出信号的幅值等于信号发生器有效值的两倍；当同时连接正极、公共端和负极时，且把公共端与外电路的接地端相连时，输出两个幅度相等，极性相反的信号。

5.3.3 双踪示波器

Multisim 提供的双踪示波器(Oscilloscope)与现实示波器的外观和操作基本相同，该示波器可以观察一路或两路信号波形的形状，分析被测周期信号的幅值和频率，其图标和面板如图 5.3.6 所示。双击图标，可打开示波器的面板。

示波器的控制面板分为四个部分。

(1) Timebase 区：用来设置 X 轴方向的扫描速度。

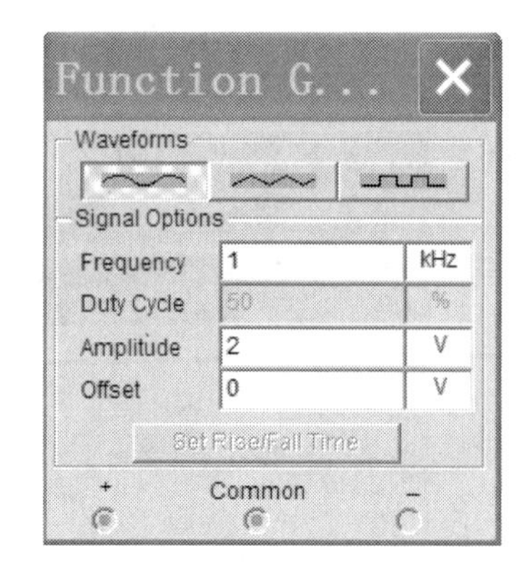

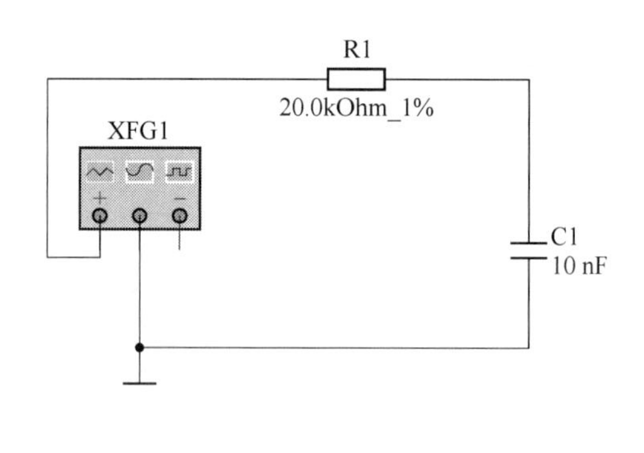

图 5.3.5 测试电路

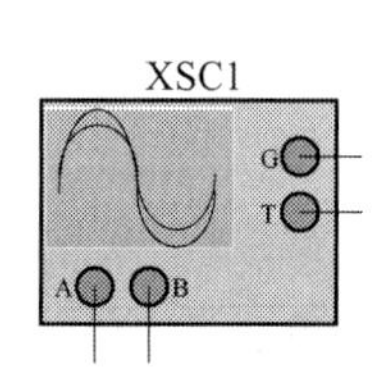

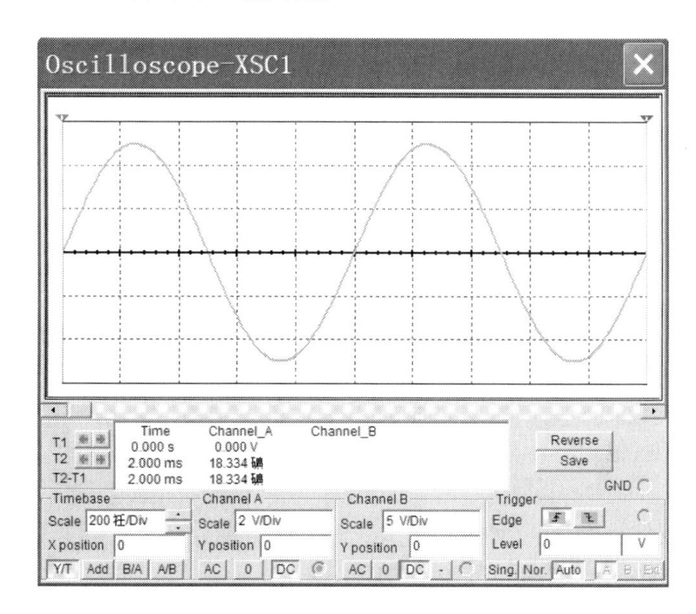

图 5.3.6 双踪示波器图标和面板

Scale：设置 X 轴方向每一个刻度所代表的时间。

X position：设置时间基线在 X 轴方向的起始位置。

显示方式有四种选择：Y/T 方式是指 X 轴显示时间，Y 轴显示 A、B 通道被测信号的电压值；Add 方式是指 X 轴显示时间，Y 轴显示 A 通道和 B 通道被测信号的电压之和；A/B 或 B/A 方式指的是 X 轴和 Y 轴都显示被测信号的电压值，可用于观察李萨如图形。

(2) Channel A 区：用来设置 A 通道 Y 轴方向的偏转灵敏度。

Scale：设置 Y 轴方向每一个刻度所代表的电压值。

Y position：设置时间基线在显示屏幕中的上下位置。

触发耦合方式有三种选择：AC(交流耦合)是指屏幕只显示被测信号中的交流分量；DC(直流耦合)是指屏幕将被测信号的交直流分量全部显示；0(零耦合)是指将被测信号对地短路，这样在 Y 轴设置的原点处只显示一条时间基线。

(3) Channel B 区：用来设置 B 通道 Y 轴方向的偏转灵敏度。其设置方法与 Channel A

区相同。

(4) Trigger 区：用来设置 X 轴的触发信号、触发电平及边沿等。

Edge：设置将被测信号的上升沿或下降沿作为触发信号。

Level：设置触发电平的大小，使触发信号在某一电平时启动扫描。

触发信号有六种选择：Auto 是指触发信号不依赖外部信号，一般情况下使用；A 或 B 是指用相应的通道信号作为触发信号；Ext 是指外触发；Sing 是指单脉冲触发；Nor 是指一般脉冲触发。

示波器图标有 A 通道输入、B 通道输入、外触发端 T 和接地端 G 四个引线端口，使用方法如图 5.3.7 所示。需要注意的是，接地端 G 一般要接地，但当电路中已有接地符号时，也可不接；而且两个通道测量的是被测点与“地”之间的波形。

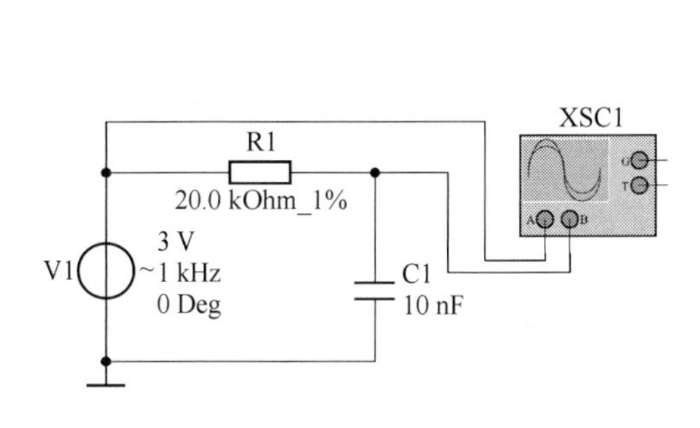

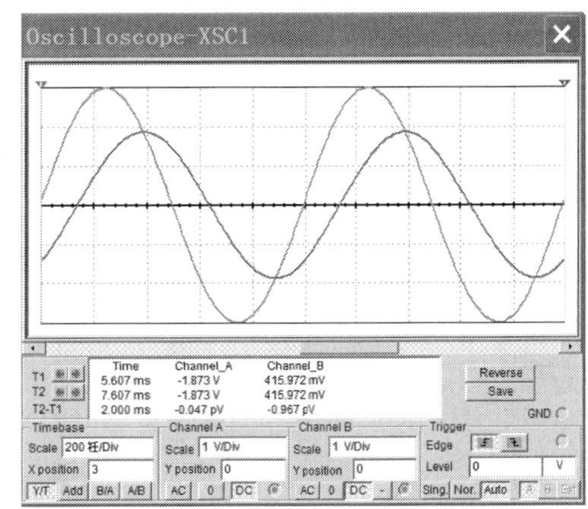

图 5.3.7 测量电路

在示波器屏幕上有两条左右可以移动的读数指针，在显示屏幕下方有测量数据的显示区，由此可以测量出显示波形的参数。

5.3.4 波特图仪

Multisim 提供的波特图仪(Bode Plotter)类似于实验室使用的频率特性测试仪(或扫频仪)，利用波特图仪可以方便地测量和显示电路的频率响应，其图标和面板如图 5.3.8 所示。双击图标，可打开波特图仪的面板。

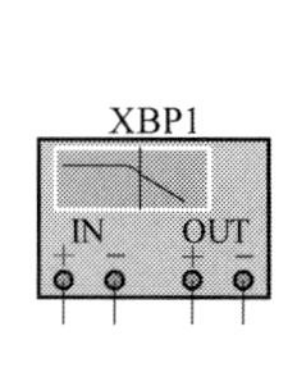

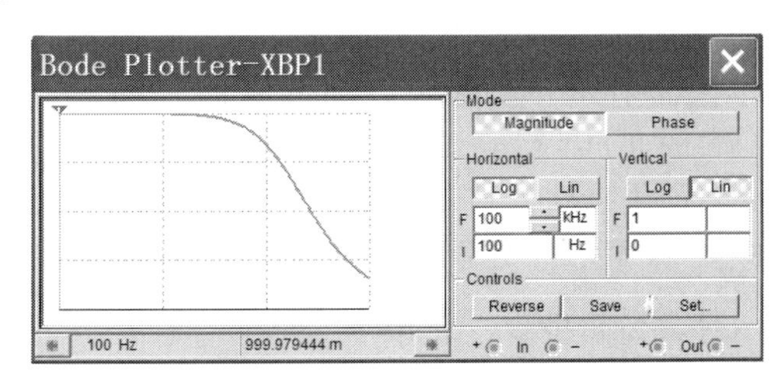

图 5.3.8 波特图仪图标和面板

波特图仪控制面板包括 Magnitude(幅频特性)或 Phase(相频特性)的选择、Horizontal(横轴)设置、Vertical(纵轴)设置以及显示方式的其他控制信号的设置。面板中的 F 栏用于设置最终值,而 I 栏用于设置初始值。

波特图仪图标包括 4 个接线端,左边 in 是输入端口,其正极、负极分别与电路输入端的正负端子相连;右边 out 是输出端口,其正极、负极分别与电路输出端的正负端子相连,使用方法如图 5.3.9 所示。由于波特图仪本身没有信号源,所以在使用时必须在电路的输入端示意性地接入一个交流信号源(或函数信号发生器),但无须对信号源的参数进行设置。

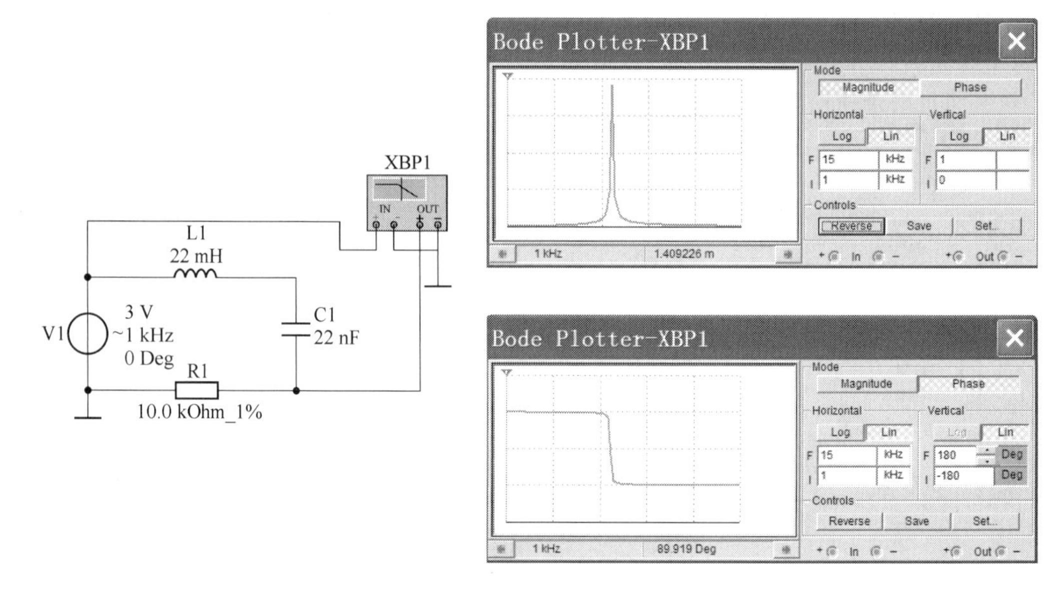

图 5.3.9 测量电路及频率特性显示

在波特图仪屏幕上有一条左右可以移动的读数指针,在显示屏幕下方有测量数据的显示区,由此可以测量出某个频率点处的幅值和相位等参数。

5.4 基本分析功能

Multisim 为通信电子电路的分析提供了强大的工具,除了利用 Multisim 提供的仪表,建立虚拟电子工作平台进行分析外,还可利用 Multisim 提供的分析功能,仿真电路的各种性能。

启动 Multisim 用户界面,在菜单栏“Simulate”中打开“Analysis”子菜单,包括直流工作点分析、交流分析、瞬态分析、直流扫描分析、参数扫描分析等 19 种分析功能。这里只介绍直流工作点分析、交流分析和瞬态分析等最常用的分析方法。

5.4.1 仿真分析步骤

1. 显示电路原理图的节点序号

电路元件连接后,系统通常会自动给每个电路节点分配一个序号。但初次使用 Multisim 软件，节点序号不会自动显示，此时可单击菜单栏“Options”中的“Preferences…”，在弹出的“Preferences”对话框的“Circuit”选项卡中，选中“Show”栏目中的“Show node names”选项，单击“OK”确认，电路图中的节点将全部显示出来。

2. 选择仿真分析类型

在 19 种分析功能菜单中选择所需要的仿真分析，并点击进入对话框。

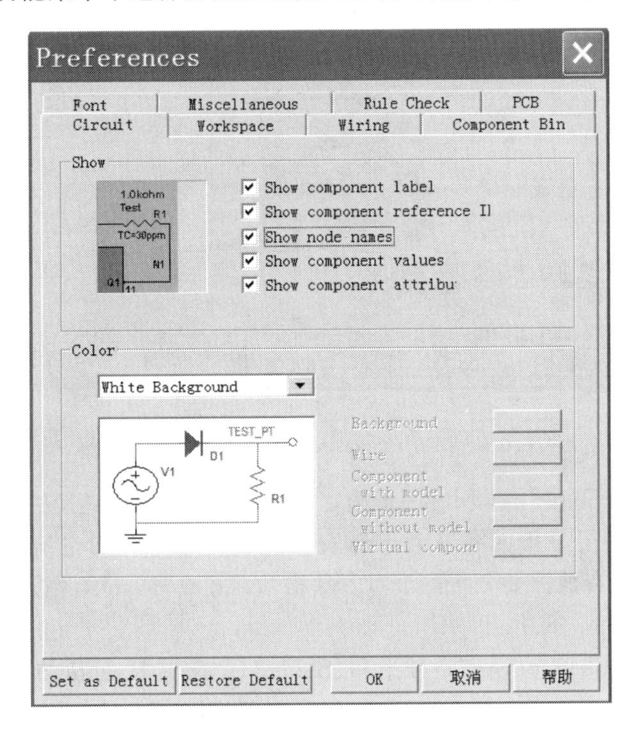

图 5.4.1　“Preferences”对话框

3. 设置仿真变量

在弹出的分析类型对话框中，单击“Add”或“Remove”按钮，选择需要进行仿真分析的变量。

4. 设置仿真参数等相关选项

5. 启动仿真

单击弹出的分析类型对话框中的“Simulate”按钮，则可进行相应的仿真分析。

6. 查看仿真的结果

5.4.2　直流工作点分析

直流工作点分析(DC Operating Point Analysis)是在电路中电容器开路、电感器短路的情况下，计算电路的直流工作点，即在恒定激励条件下求电路的稳态值。求解电路的直流工作点在电路分析过程中是至关重要的。

在菜单栏“Simulate”中打开“Analyses”子菜单，从列出的分析功能中选择“DC Operating Point…”,则出现直流工作点分析对话框,如图 5.4.2 所示。该对话框包括“Output variables”“Miscellaneous Options”和“Summary”共 3 个选项卡。

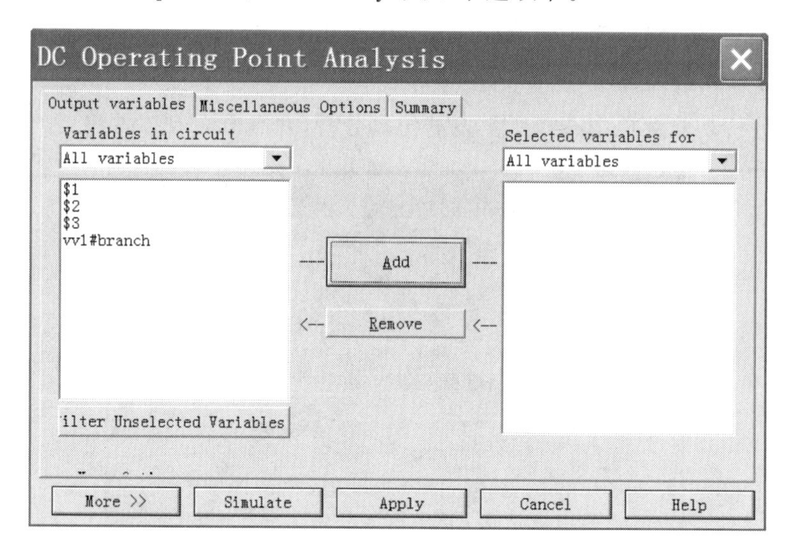

图 5.4.2 “DC Operating Point Analysis”对话框

(1) “Output variables”选项卡:用于选定需要分析的节点。左边“Variables in circuit”栏内列出电路中可用于分析的各节点电压变量和流过电压源的电流变量,右边“Selected variables for”栏用于存放需要分析的节点。单击“Add”或“Remove”按钮,就可选择或撤销某个变量。

(2) “Miscellaneous Options”选项卡和“Summary”选项卡:分析的参数设置和对分析设置的汇总确认。点击图 5.4.2 所示对话框下部的“Simulate”按钮,系统开始进行仿真分析,并自动弹出“Analysis Graphs”窗口,显示仿真结果。

5.4.3 直流扫描分析

直流扫描分析(DC Sweep Analysis)是根据电路直流电源数值的变化来计算电路相应的直流工作点,它可以分析电路中某一节点上的直流工作点随直流电源变化的情况。在进行直流扫描分析时,电路中的所有电容视为开路,所有电感视为短路。

在菜单栏“Simulate”中打开“Analysis”子菜单,从列出的分析功能中选择“DC Sweep…”,则出现直流扫描分析对话框,如图 5.4.3 所示。该对话框包括“Analysis Parameters”“Output variables”“Miscellaneous Options”及“Summary”共 4 个选项卡。

(1) “Analysis Parameters”选项卡:包含 Source1 和 Source2 两个区,每个区中设置项目及其注释等内容如表 5.4.1 所示。

(2) “Output Variables”选项卡、“Miscellaneous Options”选项卡和“Summary”选项卡:与直流工作点分析的设置方法一样,不再赘述。

点击图 5.4.3 所示对话框下部的“Simulate”按钮,系统开始进行仿真分析,并自动弹出“Analysis Graphs”窗口,显示直流扫描的仿真结果。

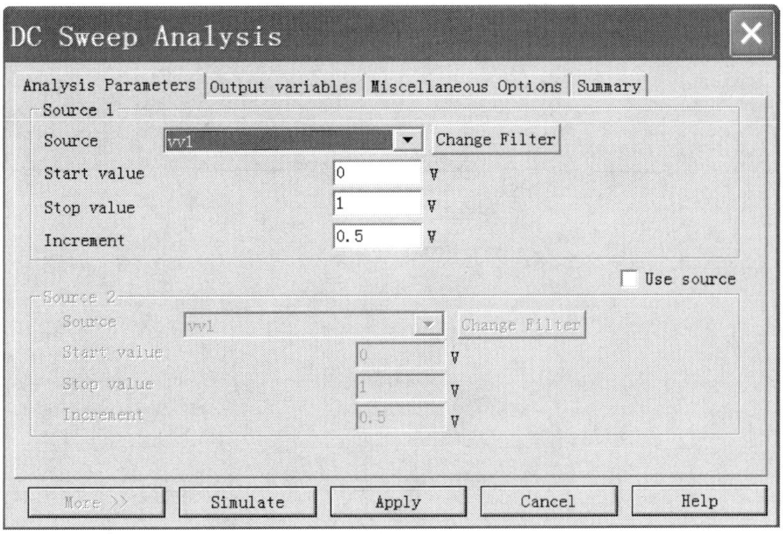

图 5.4.3　"DC Sweep Analysis"对话框

表 5.4.1　"Analysis Parameters"选项卡的设置

项目	单位	注　　释
Source		选择所要扫描的直流电源
Start value	V	设置开始扫描的数值
Stop value	V	设置结束扫描的数值
Increase	V	设置扫描增量值
Change Filter		选择 Source 表中过滤的内容
Use source 2		如果需要扫描第 2 个电源，则选中该选项

5.4.4　交流分析

交流分析(AC Analysis)是在正弦小信号工作条件下的一种频域分析，它计算电路的幅频特性和相频特性，是一种线性分析方法。分析时程序首先计算电路的直流工作点，并在直流工作点处对各个非线性元件进行线性化处理，得到线性化的交流小信号等效电路，并用交流小信号等效电路计算电路输出交流信号的变化。在进行交流分析时，电路窗口中自行设置的输入信号将被忽略。也就是说，无论电路的信号源设置的是何种信号，进行交流分析时都将自动设置为正弦波，并分析电路随正弦信号频率变化的频率特性曲线。

在菜单栏"Simulate"中打开"Analyses"子菜单，从列出的分析功能中选择"AC Analysis"，将弹出交流分析对话框，如图 5.4.4 所示。该对话框包括"Frequency Parameters""Output variables""Miscellaneous Options"及"Summary"共 4 个选项卡。

(1) "Frequency Parameter"选项卡：该选项卡的设置项目、单位以及默认值等内容如表 5.4.2所示。

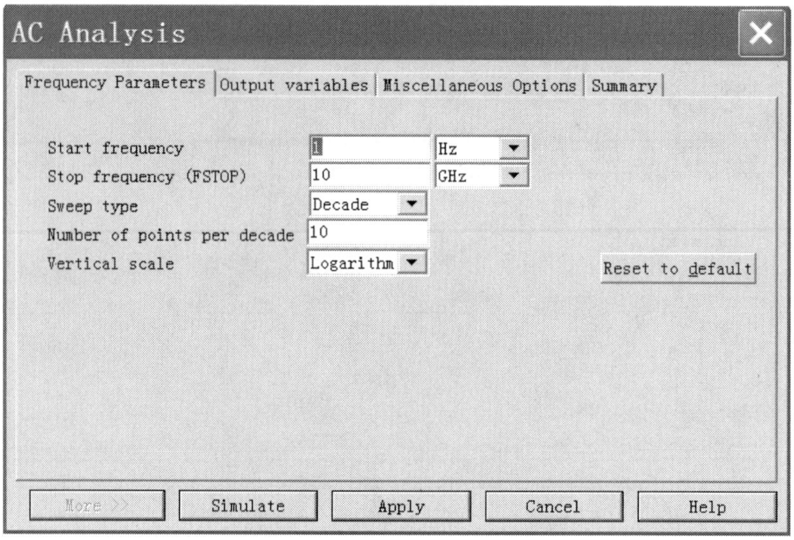

图 5.4.4 “AC Analysis”对话框

表 5.4.2 “Frequency Parameters”选项卡的设置

项目	默认值	单位	注　释
Start frequency	1	Hz	交流分析时的起始频率，可选单位有：Hz、kHz、MHz、GHz
Stop frequency	10	GHz	交流分析时的终止频率，可选单位有：Hz、kHz、MHz、GHz
Sweep type	Decade		交流分析的扫描方式，可选项有：Decade（十倍程扫描）、Linear（线性扫描）、Octave（八倍程扫描）
Number of points per decade	10		设置每十倍频率的取样数量
Vertical scale	Logarithmic		输出波形的纵坐标刻度，可选项有：Linear（线性）、Logarithmic（对数）、Decibel（分贝）、Octave（八倍）

(2) “Output Variables”选项卡、“Miscellaneous Options”选项卡和“Summary”选项卡：与直流工作点分析的设置方法相同。

点击图 5.4.5 所示对话框下部的“Simulate”按钮，系统开始进行仿真分析，并在“Analysis Graphs”窗口给出电路的幅频特性和相频特性仿真结果。

如果将虚拟仪器中的波特图仪连至电路图的输入端和被测节点，也可获得同样的频率特性曲线。

5.4.5 瞬态分析

瞬态分析(Transient Analysis)是一种非线性时域分析方法，是在给定输入激励信号的情况下计算电路输出端的时域响应。系统在进行瞬态分析时，首先计算电路的初始状态，然后从初始时刻起，到某个给定的时间范围内，选择合理的时间步长，计算输出端在每个时间点的输出电压,输出电压由一个完整周期中的各个时间点的电压来决定。启动瞬态分析时,只要定义起始时间和终止时间,系统就可以自动调节合理的时间步进值,以兼顾分析精度和计算时需要的时间,也可以自行定义时间步长,以满足一些特殊要求。

在菜单栏“Simulate”中打开“Analyses”子菜单,从列出的分析功能中选择“Transient Analysis…”,将出现瞬态分析对话框,如图 5.4.5 所示。该对话框包括“Analysis Parameters”“Output variables”“Miscellaneous Options”及“Summary”共 4 个选项卡。

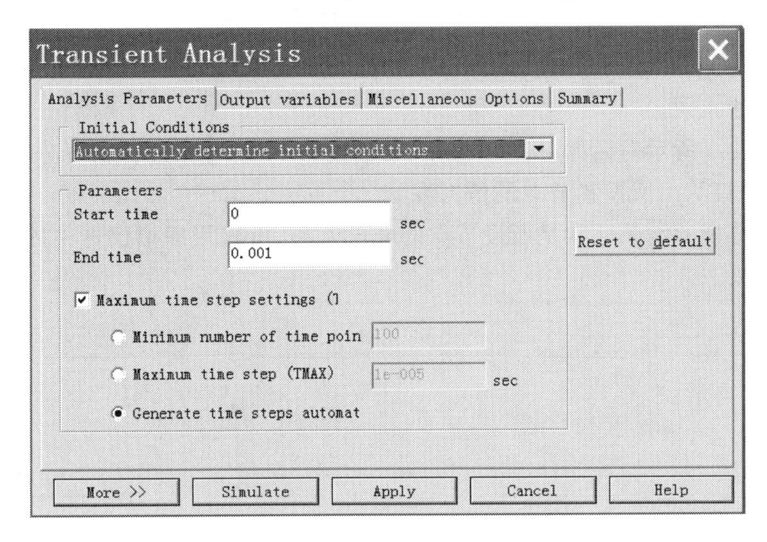

图 5.4.5 “Transient Analysis”对话框

(1)“Analysis Parameter”选项卡:该选项卡的设置项目、单位以及默认值等内容如表 5.4.3所示。

表 5.4.3 “Analysis Parameters”选项卡的设置

选项框	项目	默认值	单位	注　　释
Initial conditions(初始条件)	Set to Zero	不选		将初始值设为 0
	User-defined	不选		由用户定义初始值
	Calculate DC operating point	不选		通过计算直流工作点得到的初始值
	Automatically determine initial conditions	选中		系统以直流工作点作为分析初始条件,如果仿真失败,则使用用户定义的初始条件
Parameters(参数)	Start time	0	sec	设置开始分析的时间,要求必须大于或等于 0,且小于结束时间
	End time	0.001	sec	设置结束分析的时间,要求必须大于起始时间
	Maximum time step settings	选中		最大时间步长设置。如果选中该项,则可以在以下三项中挑选一项
	Minimum number of time point	100		设置以时间内的取样点数来分析的步长,要求指定单位时间间距内最少要取样的点数

续表

选项框	项目	默认值	单位	注　释
Parameters（参数）	Maximum time step	1E-05	s	设置以时间间距设置分析的步长，要求指定最大的时间间距
	Generate time steps automatically	选中	s	设置由系统自动决定分析的时间步长

（2）"Output variables""Miscellaneous Options"和"Summary"选项卡：与直流工作点分析的设置方法相同。

点击图 5.4.5 所示对话框下部的"Simulate"按钮，系统开始进行仿真分析，并在"Analysis Graphs"窗口给出所设置节点的仿真波形。

由于瞬态分析的结果通常是所设节点的电压波形，所以用虚拟仪器中的示波器也可观察到相同的结果。

第 6 章

ADS 仿真软件

ADS(Advanced Design System)是由美国安捷伦(Agilent)公司推出的电子设计自动化软件,是当今业界最流行的微波射频电路、通信系统、RFIC 设计软件,也是国内高校、科研院所和大型 IT 公司使用最多的软件之一。ADS 功能非常强大,仿真手段丰富多样,可实现包括时域和频域、数字与模拟、线性与非线性、噪声等多种仿真分析手段,并可对设计结果进行成品率分析与优化,从而大大提高了复杂电路的设计效率,是非常优秀的微波射频电路、系统信号链路的设计工具,主要应用于射频和微波电路的设计、通信系统的设计、RFIC 设计、DSP 设计和向量仿真,是射频工程师必备的工具软件。

6.1 ADS 简介

6.1.1 ADS 的仿真设计方法

ADS 软件可以提供电路设计者进行模拟、射频与微波等电路和通信系统设计,其提供的仿真分析方法大致可以分为时域仿真、频域仿真、系统仿真和电磁仿真。

1. 高频 SPICE 分析和卷积分析(Convolution)

高频 SPICE 分析方法可提供 SPICE 仿真器般的瞬态分析,可分析线性与非线性电路的瞬态效应。在 SPICE 仿真器中,无法直接使用的频域分析模型,如微带线、带状线等,可在高频 SPICE 仿真器中直接使用,因为在仿真时高频 SPICE 仿真器会将频域分析模型进行拉式变换后进行瞬态分析,而不需要使用者将该模型转化为等效 *RLC* 电路。因此高频 SPICE 除可用于低频电路的瞬态分析外,还可用于高频电路的瞬态响应分析。此外高频 SPICE 也提供瞬态噪声分析的功能,可以用来仿真电路的瞬态噪声,如振荡器或锁相环的 jitter。

卷积分析方法为架构在 SPICE 高频仿真器上的高级时域分析方法,用卷积分析可以更加准确地用时域的方法分析与频率相关的元件,如以 *S* 参数定义的元件、传输线、微带线等。

2. 线性分析

线性分析为频域的电路仿真分析方法,可以将线性或非线性的射频与微波电路做线性分析。当进行线性分析时，软件会先针对电路中每个元件计算所需的线性参数，如 S、Z、Y 和 H 参数，电路阻抗，噪声，反射系数，稳定系数，增益或损耗等(若为非线性元件则计算其工作点之线性参数)；再进行整个电路的分析、仿真。

3. 谐波平衡分析

谐波平衡分析(Harmonic Balance)提供频域、稳态、大信号的电路分析仿真方法，可以用来分析具有多频输入信号的非线性电路，得到非线性的电路响应，如噪声、功率压缩点、谐波失真等。与时域的 SPICE 仿真分析相比较，谐波平衡对于非线性的电路分析，可以提供一个比较快速有效的分析方法。

谐波平衡分析方法的出现填补了 SPICE 的瞬态响应分析与线性 S 参数分析对具有多频输入信号的非线性电路仿真上的不足。尤其在现今的高频通信系统中，大多包含了混频电路结构，使得谐波平衡分析方法的使用更加频繁，也越趋重要。

另外针对高度非线性电路，如锁相环中的分频器，ADS 也提供了瞬态辅助谐波平衡(Transient Assistant HB)的仿真方法，在电路分析时先执行瞬态分析，并将此瞬态分析的结果作为谐波平衡分析时的初始条件进行电路仿真，采用此种方法可以有效地解决在高度非线性的电路分析时会发生的不收敛情况。

4. 电路包络分析

电路包络分析(Circuit Envelope)包含了时域与频域的分析方法，可以使用于包含调频信号的电路或通信系统中。电路包络分析借鉴了 SPICE 与谐波平衡两种仿真方法的优点，将较低频的调频信号用时域 SPICE 仿真方法来分析，而较高频的载波信号则以频域的谐波平衡仿真方法进行分析。

5. 射频系统分析

射频系统分析方法可用于模拟评估系统特性，其中系统的电路模型除可以使用行为级模型外，还可以使用元件电路模型进行响应验证。射频系统仿真分析包含了上述的线性分析、谐波平衡分析和电路包络分析，分别用来验证射频系统的无源元件与线性化系统模型特性、非线性系统模型特性、具有数字调频信号的系统特性。

6. 拖勒密分析

拖勒密分析(Ptolemy)方法具有可以仿真同时具有数字信号与模拟、高频信号的混合模式系统的能力。ADS 中分别提供了数字元件模型(如 FIR 滤波器、IIR 滤波器、AND 逻辑门、OR 逻辑门等)、通信系统元件模型(如 QAM 调频解调器、Raised Cosine 滤波器等)及模拟高频元件模型(如 IQ 编码器、切比雪夫滤波器、混频器等)可供使用。

7. 电磁仿真分析

ADS 软件提供了一个 2.5D 的平面电磁仿真分析功能——Momentum(ADS2005A 版本 Momentum 已经升级为 3D 电磁仿真器)，可以用来仿真微带线、带状线、共面波导等的电磁特性，天线的辐射特性，以及电路板上的寄生、耦合效应。所分析的 S 参数结果可直接使用于谐波平衡和电路包络等电路分析中，进行电路设计与验证。在 Momentum 电磁分析中提供 Momentum 微波模式(即 Momentum)和 Momentum 射频模式(即 Momentum RF)两种分析模式，使用者可以根据电路的工作频段和尺寸判断、选择使用。

6.1.2 ADS的设计辅助功能

ADS软件除了提供常见的仿真分析功能外，还包含设计辅助功能以增加使用者的方便性与提高电路设计效率。ADS所提供的辅助设计功能如下。

1. 设计指南

设计指南(Design Guide)由范例与指令的说明示范电路设计的设计流程，使用者可以经由这些范例与指令，学习如何利用ADS软件高效地进行电路设计。

目前ADS所提供的设计指南包括：WLAN设计指南、Bluetooth设计指南、cdma2000设计指南、RF System设计指南、Mixer设计指南、Oscillator设计指南、Passive Circuits设计指南、Phased Locked Loop设计指南、Amplifier设计指南、Filter设计指南等。除了使用ADS软件自带的设计指南外，使用者也可以通过软件中的DesignGuide Developer Studio建立自己的设计指南。

2. 仿真向导

仿真向导(Simulation Wizard)提供step-by-step的设定界面供设计人员进行电路分析与设计，使用者可以通过图形化界面设定所需验证的电路响应。ADS提供的仿真向导包括：元件特性(Device Characterization)、放大器(Amplifier)、混频器(Mixer)和线性电路(Linear Circuit)。

3. 仿真与结果显示模板

为了增加仿真分析的方便性，ADS软件提供了仿真与结果显示模板(Simulation & Data Display Template)功能，让使用者可以将经常重复使用的仿真设定(如仿真控制器、电压电流源、变量参数设定等)制定成一个模板，直接使用，避免了重复设定所需的时间和步骤。结果显示模板也具有相同的功能，使用者可以将经常使用的绘图或列表格式制作成模板以减少重复设定所需的时间。除了使用者自行建立外，ADS软件还提供了标准的仿真与结果显示模板可供使用。

4. 电子笔记本

电子笔记本(Electronic Notebook)可以让使用者将所设计电路与仿真结果加入文字叙述，制成一份网页式的报告。由电子笔记本所制成的报告，不需执行ADS软件即可以在浏览器上浏览。

6.1.3 ADS与其他EDA软件和测试设备间的连接

由于现今复杂庞大的电路设计，每个电子设计自动化软件在整个系统设计中均扮演着螺丝钉的角色，因此软件与软件之间、软件与硬件之间、软件与元件厂商之间的沟通与连接也成为设计中不容忽视的一环。ADS软件与其他设计验证软件、硬件的连接如下。

1. SPICE电路转换器

SPICE电路转换器(SPICE Netlist Translator)可以将由Cadence、Spectre、PSPICE、HSPICE及Berkeley SPICE所产生的电路图转换成ADS使用的格式进行仿真分析，另外也可以将由ADS产生的电路转出成SPICE格式的电路，做布局与电路结构检查(Layout

Versus Schematic Checking,LVS)与布局寄生抽取(Layout Parasitic Extraction)等验证。

2. 电路与布局文件格式转换器

电路与布局文件格式转换器(IFF Schematic and Layout Translator)提供使用者与其他 EDA 软件连接沟通的桥梁,用该转换器可以将不同 EDA 软件所产生的文件,转换成 ADS 可以使用的文件格式。

3. 布局转换器

布局式转换器(Artwork Translator)提供使用者将由其他 CAD 或 EDA 软件所产生的布局文件导入 ADS 软件编辑使用,可以转换的格式包括 IDES、GDSII、DXF、与 Gerber 等。

4. SPICE 模型产生器

SPICE 模型产生器(SPICE Model Generator)可以将由频域分析得到的或是由测量仪器得到的 S 参数转换为 SPICE 可以使用的格式,以弥补 SPICE 仿真软件无法使用测量或仿真所得到的 S 参数资料的不足。

5. 设计工具箱(Design Kit)

对于 IC 设计来说,EDA 软件除了需要提供准确快速的仿真方法外,与半导体厂商的元件模型间的连接更是不可或缺的,设计工具箱便是扮演了 ADS 软件与厂商元件模型间沟通的重要角色。ADS 软件可以用设计工具箱将半导体厂商的元件模型读入,供使用者进行电路的设计、仿真与分析。

6. 仪器伺服器

仪器伺服器提供了 ADS 软件与测量仪器连接的功能,使用者可以通过仪器伺服器将网络分析仪测量得到的资料或 SnP 格式的文件导入 ADS 软件中进行仿真分析,也可以将软件仿真所得的结果输出到仪器(如信号发生器),作为待测元件的测试信号。

6.2 使用 ADS

一个项目包括电路原理图、布局图、仿真、分析和创建的设计的输出信息,这些信息通过一些链接可以加到其他设计或项目中。

用主窗口可以创建和打开项目,当运行 ADS 在这个窗口就会显示,如图 6.2.1 所示。

1. 创建项目

创建一个项目,依次选择“File | New Project”,然后在对话框中输入项目名称,并选择项目存储地址。

2. 打开项目

打开一个项目的方法有两种:一是直接通过一次选择菜单中的“File | Open Project”,然后使用对话框定位来打开项目;二是使用主窗口上的 File Browser 定位项目,并双击来打开它,如图 6.2.2 所示。

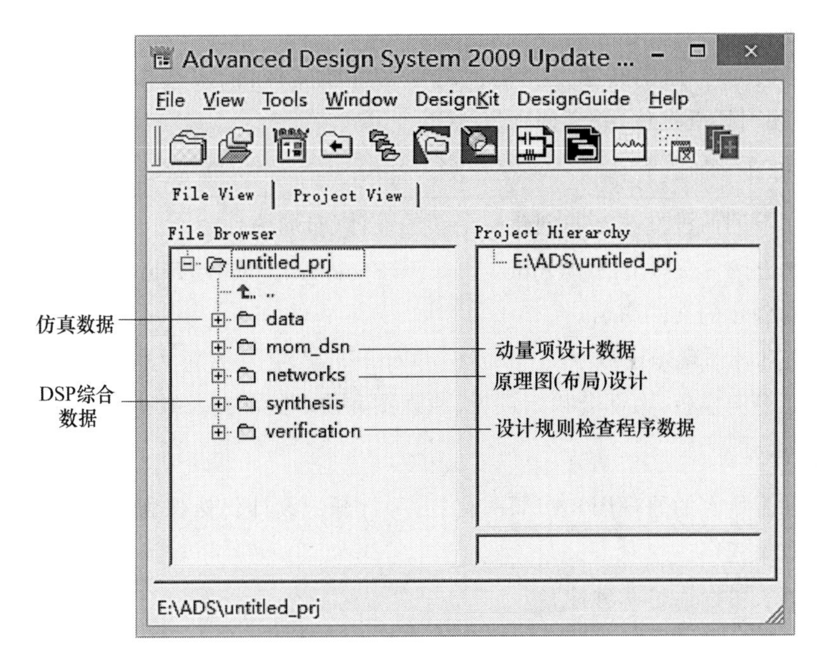

图 6.2.1　ADS软件主窗口图

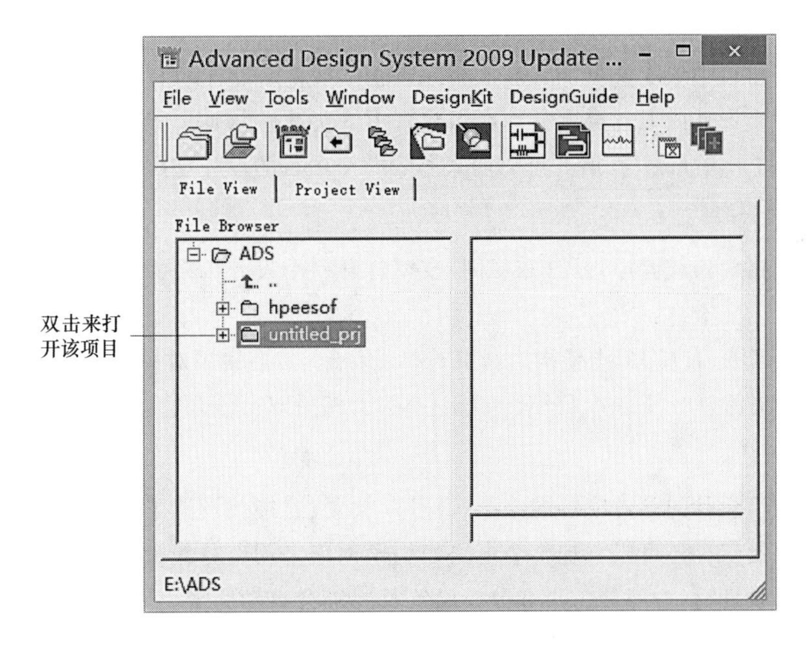

图 6.2.2　在ADS中打开一个项目

3. 共享项目

使用主窗口可以重新使用和共享项目，而不需要手动包括所有组成项目的个体部分。具体步骤如下。

(1) 添加链接来创建一个分级项目：依次选择“File | Include/Remove Projects”，然后使用对话框定位，并链接到这个项目。

(2) 创建复件来复制一个项目：依次选择“File | Copy Project”，然后使用对话框定位，

并复制这个项目。

(3) 用存档/不存档来转移一个简洁的项目存档文件:依次选择“File | Archive Project”,然后利用对话框定位,并存档项目。

4. 创建设计

可以使用下列两种方法之一创建一个新的设计(布局图)。

(1) 依次选择主窗口上的“Window | New Schematic”或者“File | New Design”,然后使用对话框为创建的文件命名。

(2) 依次选择原理图窗口上的“Insert | Template”,并且为新文件选择一个模板。

当选择了一个模板,大部分初始设置、原理图和仿真的配置及数据分析都会自动完成。

5. 将设计列表

即使关闭了所有的原理图和布局图窗口,所打开的设计仍然保留在内存中直到明确地清除它或者退出程序。

将设计列表可以通过两种途径。

(1) 选择原理图(布局图主窗口)的窗口菜单中的设计。

(2) 双击主窗口中的“Network”目录来显示所有的设计,然后双击一个设计将它的原理图、布局图及分级信息列表。

在原理图窗口中依次选择“Tools | Hierarchy”来显示设计的“Hierarchy”对话框,通过它可以查看一个设计的元件层次。而在主窗口中依次选择“View | Design Hierarchies”,显示的“Design Hierarchies”对话框可以用来查看一个项目的设计层次。

6. 打开设计

可以使用主窗口或者原理图(布局图)窗口打开一个设计(布局图),具体来说有以下两种途径。

(1) 在原理图(布局图)中依次选择“File | Open”,然后使用对话框定位并打开设计。

(2) 使用主窗口的“File | Browser”定位设计,然后双击打开它。

7. 添加元件

在创建自己设计的设计窗口的绘图区,可以放置、连接及设置下列项:元件、数据项、测试源和仿真控制器。还可以添加整个电路作为子网络来创建分级设计。注意,当选择一个模块开始一个设计时,大部分仿真和分析设置及配置会自动完成。图 6.2.3 所示为添加一个元件的几个基本操作。

8. 绘制外形

为了创建一个布局图,可以在设计窗口的绘图区绘制或修改外形来创建布局图,还可以添加 Traces 来描述电气连接。

放置一个外形可以通过两种途径。

(1) 从“Draw”菜单中选择外形或者单击工具条上适当的按钮。

(2) 在绘图区希望的位置画出外形。

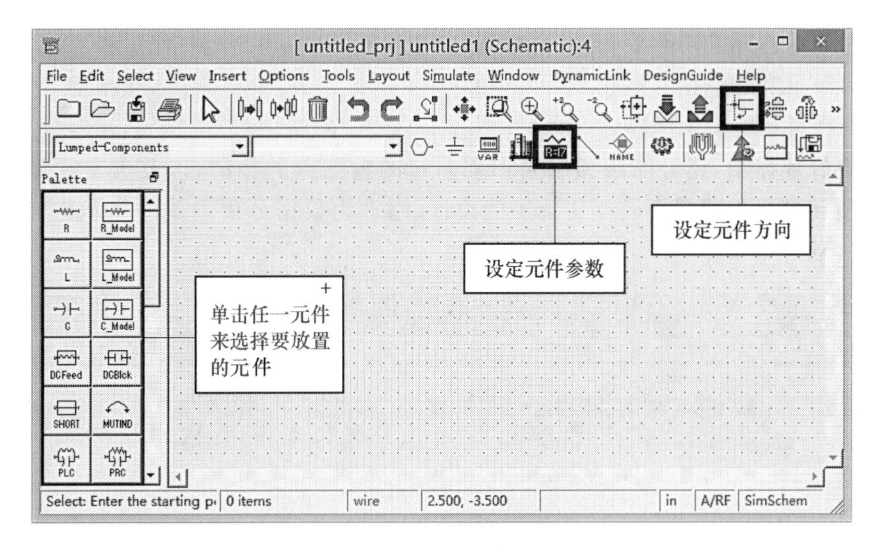

图6.2.3 添加元件操作图

6.3 ADS中的仿真设计

ADS提供可以添加和配置的控制器来仿真、最优化及检测设计。

一个DSP设计仿真需要一个数据流控制器,同时一个模拟/RF设计仿真需要一个或更多种控制器。可以添加并配置合适的控制器或者插入包含合适控制器的模板,在原理图窗口中依次选择"Insert | Template",如图6.3.1所示。

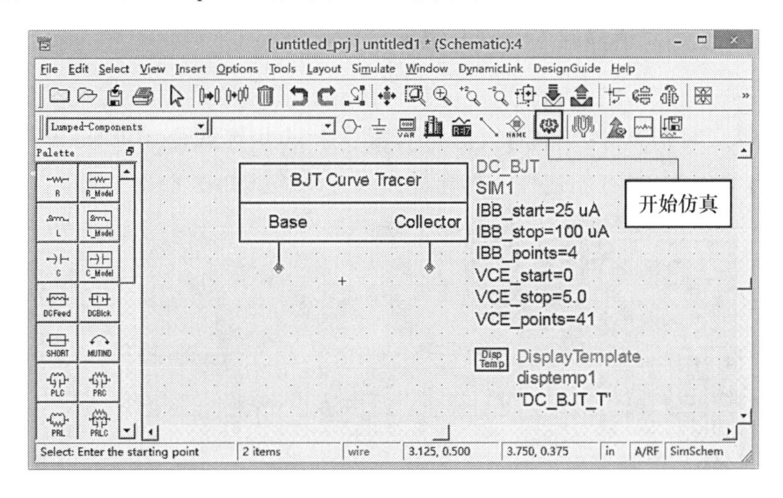

图6.3.1 仿真一个模型

仿真的状态显示在一个信息窗口中,如图6.3.2所示。

1. 创建数据显示

创建一个数据显示的基本过程如下:

(1) 选择包含想要显示数据的数组;

(2) 为显示选择绘图类型;

(3) 为显示挑选数据变量;

(4) 选择显示的扫描类型。

为了更好地显示,还可以添加用来识别制定的数据点的标记,以及用文本和插图来注释。如果使用模板创建一个已经仿真了的设计,用来为数据分析创建的显示的处事设置和配置已经自动进行了。

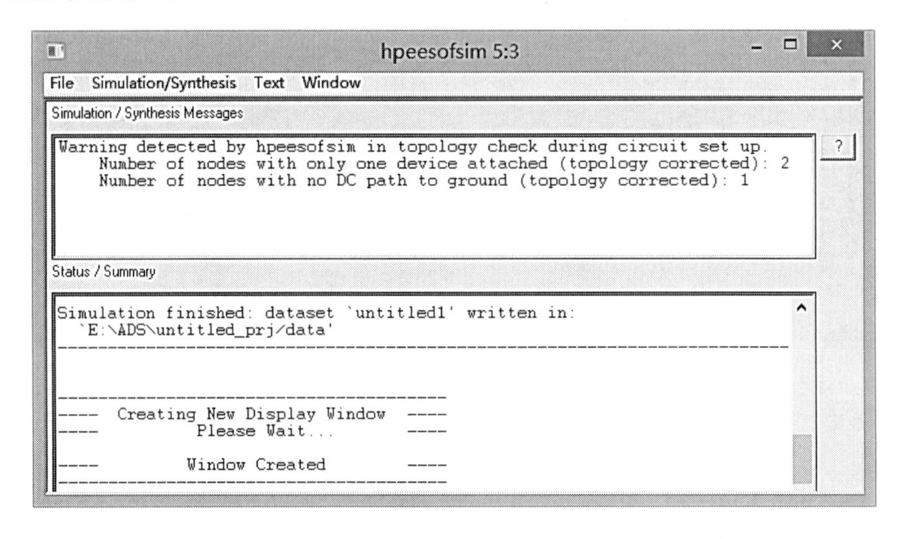

图 6.3.2 仿真状态信息图

2. 查看结果

可以从主窗口、原理图窗口或布局图窗口查看仿真结果,依次选择"Window | Open Data Display",并使用对话框载入及打开结果。

3. 使用函数

可以利用等式对仿真中产生的数据进行操作。这些等式使用基于 AEL、Application Extension 语言的函数,很有创造性。创建并插入一个等式如图 6.3.3 所示。

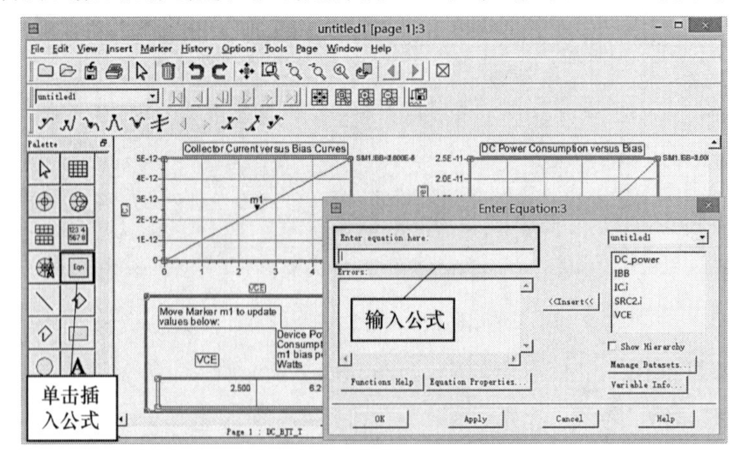

图 6.3.3 创建并插入等式

6.4　ADS 输入输出

1. 输入或输出一个设计(原理图或布局图)

步骤如下：

(1) 在原理图或布局图窗口依次选择“File | Import(或 Export)”。

(2) 选择文件类型。

(3) 输入文件名。

2. 输入或输出数据

步骤如下：

(1) 在原理图窗口依次选择“Window | New File/Instrument Server”。

(2) 点击“Read(或 Write)”。

(3) 指定文件类型及路径。

第篇

通信电子电路实验

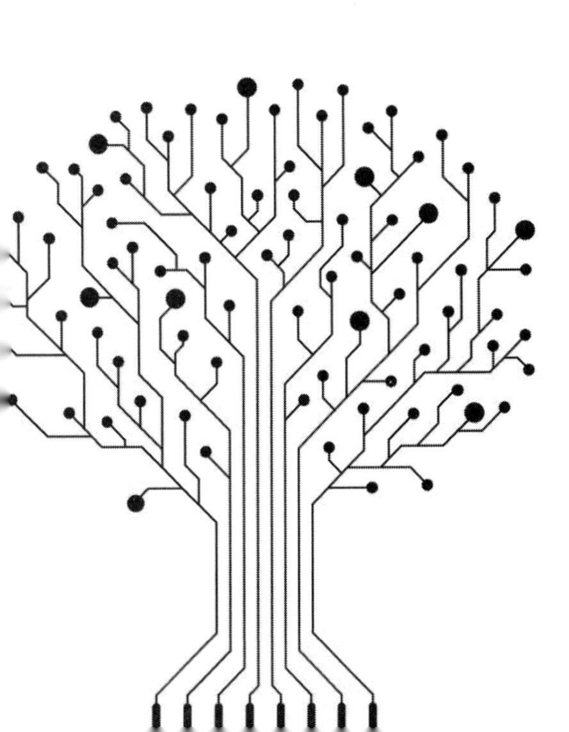

第 7 章

基本型实验

7.1 DDS 函数信号发生器的使用和测量

1. 实验的目的和要求

(1) 了解 DDS 函数信号发生器的组成及其原理。

(2) 掌握函数信号发生器的使用和操作步骤。

(3) 掌握对 DDS 合成信号发生器的技术指标测量。

2. 实验仪器

通用示波器、通用计数器、超高频毫伏表。

3. 实验步骤

(1) 测量频率范围和频率误差

① 按照图 7.1.1 进行连接。

图 7.1.1 测量函数信号发生器的频率范围和频率误差测试框图

② 调节 DDS 函数信号发生器输出频率(100 Hz～80 MHz),用智能计数器测量其 DDS 函数信号发生器的输出频率,同时进行多次测量,可测量出频率误差。将测试结果列入表 7.1.1 内。

表 7.1.1 测试函数信号发生器输出频率和频率误差

输出频率	100 Hz	1 kHz	1 MHz	10 MHz	20 MHz	30 MHz	50 MHz	80 MHz
测试值								
频率误差								

(2) 测量频率分辨率

① 按照图 7.1.1 进行连接。

② 调节 DDS 函数信号发生器输出频率,在 1～80 MHz 范围内的频率步进(10 Hz 步进),用 SS7200 系列智能计数器测量其 DDS 函数信号发生器的输出频率的频率步进值,将测试结果列入表 7.1.2 内。

表 7.1.2　测试函数信号发生器输出频率的频率分辨率

输出频率	1 MHz	10 MHz	20 MHz	30 MHz	40 MHz	50 MHz	60 MHz	80 MHz
频率步进	10 Hz	10 Hz	10 Hz	10 Hz	10 Hz	10 Hz	10 Hz	10 Hz
测试值								

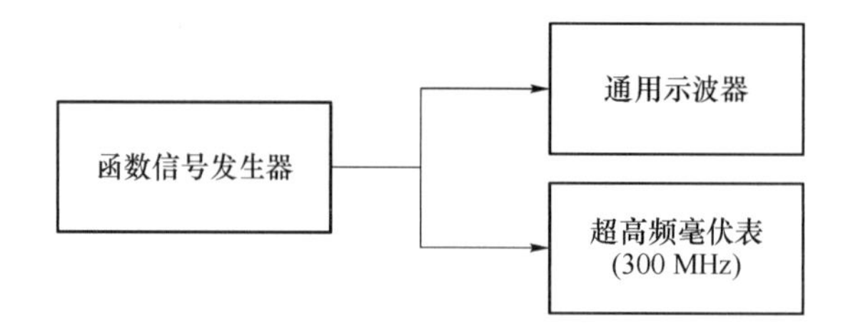

图 7.1.2　测量函数信号发生器的
频率范围和频率误差测试框图

(3) 测量幅度范围

① 按照图 7.1.2 进行连接。

② 调 DDS 函数信号发生器输出频率(1～80 MHz),输出幅度100 mV～20 V,用超高频毫伏表和通用示波器测量其 DDS 函数信号发生器的输出幅度和波形,将测试结果列入表 7.1.3 内。

表 7.1.3　测试函数信号发生器输出幅度及误差

输出频率								
输出幅度								
测试值								
幅度误差								

7.2　射频频率测量

1. 实验目的

(1) 了解射频频率的定义和特性。

(2) 掌握射频频率测量的基本方法。

(3) 分析测量射频频率的测量精度。

2. 基础知识

(1) 频率的定义和特性

无线电波的频率 f、波长 λ 和速度 v 之间的关系如下:

$$v=f\lambda$$

或

$$f=v/\lambda$$

式中, f 为频率(单位为 Hz),λ 为波长(单位为 m),v 为速度(单位为 m/s)。

若频率 f 的单位为赫兹(Hz),周期 T 的单位为秒(s),则它们之间存在下列关系:

$$f=1/T$$

(2) 频率和周期测量方法

① 频率测量方法

频率测量是通过在标准时间(时基)内对被测信号频率进行计数来完成的,测量频率的原理框图如图 7.2.1 所示。

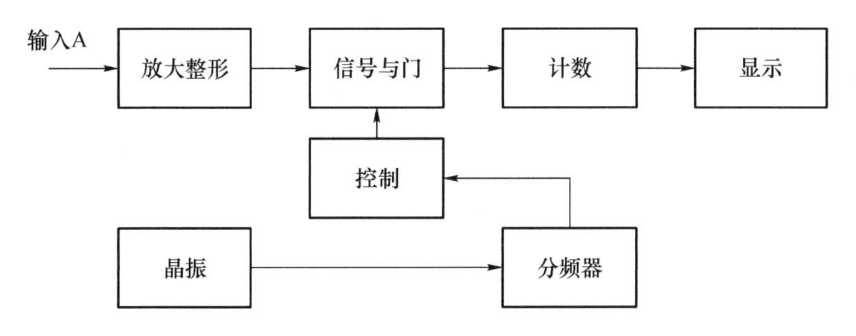

图 7.2.1 测量频率的原理框图

被测信号通过输入通道(称为 A 通道)进行放大整形,使其信号进行计数,标准时间是由高稳定晶振经过多级分频后获得的,再经时基选通门选择后,触发门控双稳态,由它输出门信号,该信号称为闸门信号。将闸门信号和放大整形后的被测信号一起加到"信号与门",即主门,使其输出计数脉冲给计数器直接计数。被测频率按下式进行计算:

$$f_x = n/T_g \tag{7.2.1}$$

式中,n 为十进计数器的读数,T_g 为闸门时间。

② 周期测量

周期是信号振荡一周的时间,是频率的倒数,计数器测周期的原理框图,如图 7.2.2 所示。被测信号经 B 通道放大整形后,触发门控双稳态,产生门信号去打开"信号与门",同时,将晶振的标准信号(晶振频率一般为 10 MHz、5 MHz)经分频或倍频后,产生时标信号,通过信号与门,至计数器计数。

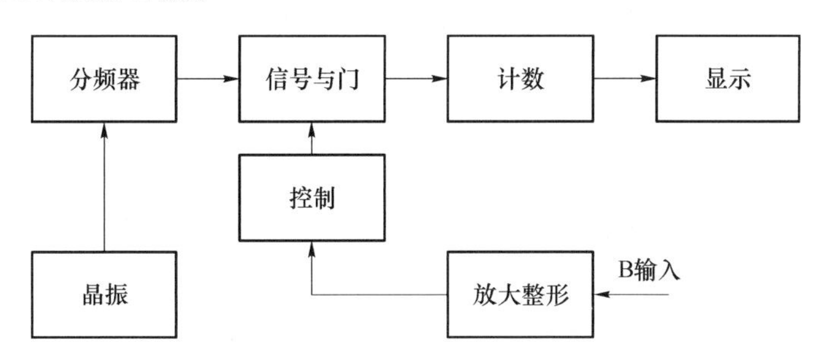

图 7.2.2 周期测量原理框图

被测周期可按下式计算:

$$T_x = nT_0 \tag{7.2.2}$$

式中,n 为计数器读数,T_0 为时标信号的周期。

测量一个周期时,测量精度受到限止,为了提高测量精度常采用多周期测量,也就是采用周期倍乘方法,周期倍乘的基本原理是将被测周期信号经放大整形后,进行 N 次十进分频，用分频后的信号再去触发门控双稳态，这样门信号比原来的被测信号的周期扩大了10N倍。被测周期可按下式计算：

$$TN = nT_0/N \tag{7.2.3}$$

式中，N为周期倍乘数。

这种多周期测量方法广泛应用于高精度测量，随后，在多周期测量方法的基础上提出一种多周期同步计数方法。

(3) 通用计数器的测量频率和周期的主要误差

① "±1"误差

"±1"误差是计数器的一种量化误差，通用计数器所测得的结果总是整数的，它不能测量末位数字以下的零头数，这是产生"±1"误差的根源，常称为末位误差。

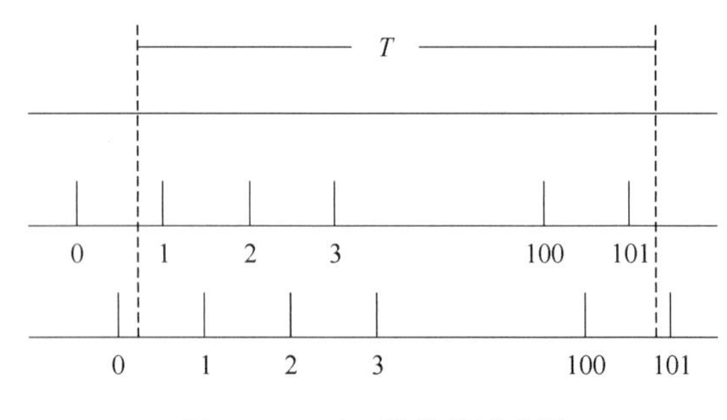

图 7.2.3 ±1 误差的示意图

该误差的根源取决于数字化仪器的基本方法，经建立在一定的标准时间内对脉冲进行计数的基础上进行测量的。因为，门控信号和被测信号之间的相位关系是不固定的，因此，在数字式测量仪器不可避免地会产生末位误差，如图 7.2.3 所示。

例如，被测信号频率为 100.9 Hz，若闸门时间为 1 s，测量结果可能是100 Hz，也可能是 101 Hz。测量出 100 Hz 时，其误差为 −0.9 Hz；测量出 101 Hz 时，误差为 +0.1 Hz。由上述数据看出，最大误差可达±1 Hz，这就是"±1"误差，测得的 100 Hz 或 101 Hz，由闸门信号与计数脉冲的不同步而造成。这种误差对于计数器来说，是一种固有误差。

为了克服在测量低频时，常用测周期的方法提高测量精度，即减小"±1"误差的影响。例如，上述中被测频率为 100 Hz，测频时，则"±1"误差的相对误差为 10^{-2}。若测周期，选用时标为 1 μs，采用周期倍乘即 10^4，则计数器显示为 10 000 000 μs，这时±1 个数字的相对误差为 10^{-8}。但是，用测周期的方法测量高频信号，同样引入较大的误差。

② 时基误差

时基误差是由晶体振荡器的标准频率不准确和不稳定性引起的测量误差。例如，计数器内晶体振荡器的输出频率相对于标称值如(5 MHz)存在误差，可能是不准，也可能不稳，在频率测量中将反映为闸门时间有误差，在测量周期或者时间间隔时将反映为时标有误差。时基单元的误差基本上是等于晶体振荡器输出频率不准和不稳引起的误差。

③ 触发误差

触发误差通常出现于周期和时间间隔测量中，因为在周期和时间间隔测量时，要用被测信号去触发"触发器"，然后变为计数器里的控制闸门的周期信号，由于噪声和触发电平抖动均会在触发器转换过程中引起误差，这种误差常称为触发误差。这种触发误差的大小取决于输入信号的沿的斜率、噪声幅度和触发电平抖动幅度等因素。

• 正弦波触发

若输入为正弦波时，噪声的存在会引起提前触发和推迟触发，使得测出的周期 τ_x 可以大到 τ_{max}，也可以小到 τ_{min}，从而出现了误差：

$$\Delta\tau = \tau_{max} - \tau_x = \tau_x - \tau_{min} = (\tau_{max} - \tau_{min})/2 \tag{7.2.4}$$

设被测信号电压为

$$V_x = A_x \sin 2\pi f_x t$$

式中，$f_x = 1/\tau_x$ 为频率。

如果信号里存在噪声，其噪声信号的幅度为 A_n，则比值

$$A_n/(\Delta\tau/2) = (\mathrm{d}V/\mathrm{d}t)\varphi = (2\pi A_x/\tau_x)\cos\varphi \tag{7.2.5}$$

式中，φ 为触发电平所对应的信号相位，$(\mathrm{d}V_x/\mathrm{d}t)$ 为触发电平的曲线斜率。

于是触发误差为

$$\Delta\tau/\tau_x = A_n/\pi A_x \cos\varphi \tag{7.2.6}$$

当 $A_x \gg$ 触发电平，则 $\varphi \ll 1$，上式可简化为

$$\Delta\tau/\tau_x = A_n/\pi A_x \tag{7.2.7}$$

若输入信号的信噪比为 40 dB，即 $A_x/A_n = 100$，此时引起的触发误差为 0.3%。

触发误差指标，常常作为通用计数器里一项重要指标，对于不同的输入信号的信噪比引起的触发误差，由图 7.2.4 曲线表示。由图 7.2.4 表明，若要减小通用计数器的触发误差，主要是提高输入信号的信噪比。

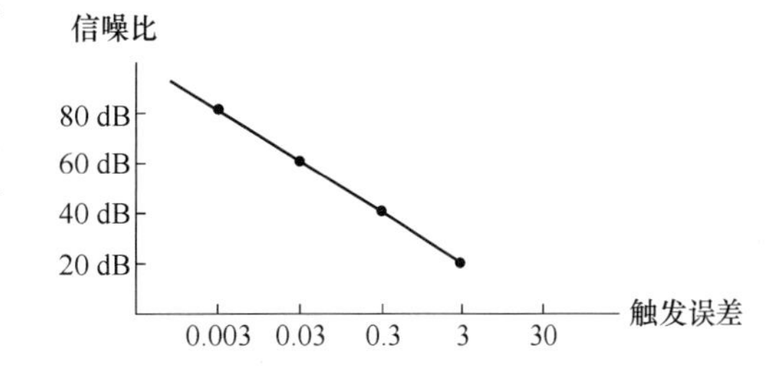

图 7.2.4　输入信号的信噪比与触发误差关系曲线

由上述分析表明，这种误差只出现在测量过程的始端和终端，因此，测量一个周期时，引起的误差较大，如果采用多周期测量方法，触发误差大为改善。在多周期测量里，选用周期倍乘，测量 N 个周期，相对误差为

$$(\Delta\tau/\tau_x)N = A_n/N\pi A_x \tag{7.2.8}$$

引起触发误差的另一种因素是触发电平的抖动，也可以认为是一种机内的噪声，也会引起触发误差，因为这种抖动同样使触发提前或推迟。采用上述分析的方法，同样导出相同的表达式，只不过将其中 A_n 换成触发电平抖动幅度 A_e（指触发器电平抖动折合到输入端的抖动幅度）。

如果考虑到上述两种因素引起的总触发误差，在多周期测量时为

$$(\Delta\tau/\tau_x)N = (A_n + A_e)/N\pi A_x \tag{7.2.9}$$

• 脉冲波触发

在时间间隔测量中，通常是脉冲波，其触发误差的分析如图 7.2.5 所示。

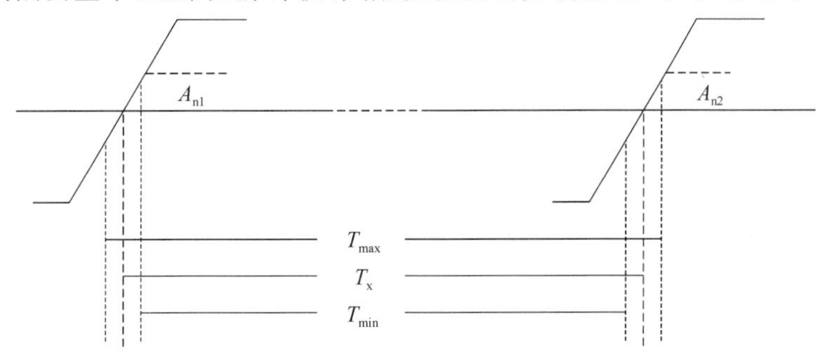

图 7.2.5　脉冲波触发时的触发误差的分析图

由于启动通道和停止通道的触发电平可以是不相同的，其抖动幅度（记 A_{01} 和 A_{02}）也可以不相同，而启动信号和停止信号的噪声幅度（记 A_{n1} 和 A_{n2}）也可以不同。

由图 7.2.5 可知：

$$\Delta T_x = T_{max} - T_x = T_x - T_{min} = (\Delta T_1 - \Delta T_2)/2$$

$$\Delta T_1 = 2A_{n1}/S_1, \Delta T_2 = 2A_{n2}/S_2$$

式中，S_1 和 S_2 分别为启动信号和停止信号沿触发电平处的斜率。

考虑到通道触发电平可能存在抖动，即 A_{e1} 和 A_{e2}，则时间间隔测量的总触发误差为

$$\Delta T_x = (A_{n1} + A_{e1})/2 + (A_{n2} + A_{e2})/2 \tag{7.2.10}$$

(4) 测量频率的新方法

① 多周期同步

用通用计数器来测量频率和周期时，都存在"±1"误差，使得测量低频信号频率时测频精度很低。为了解决这个问题，可采用多周期同步测量方法，用这种测量技术，可以在全频段均实现同样的测量精度。

多周期同步计数器的测量原理图，如图 7.2.6 所示。由图 7.2.6 看出，用 Z、X 两个寄存器在同一闸门时间 T 内分别对被测信号 f_x 和钟脉冲 f_y 计数，于是闸门 A 通过被测信号的周期数为

$$X = f_x T$$

而闸门 B 通过时钟脉冲的周期数为

$$X = f_y T$$

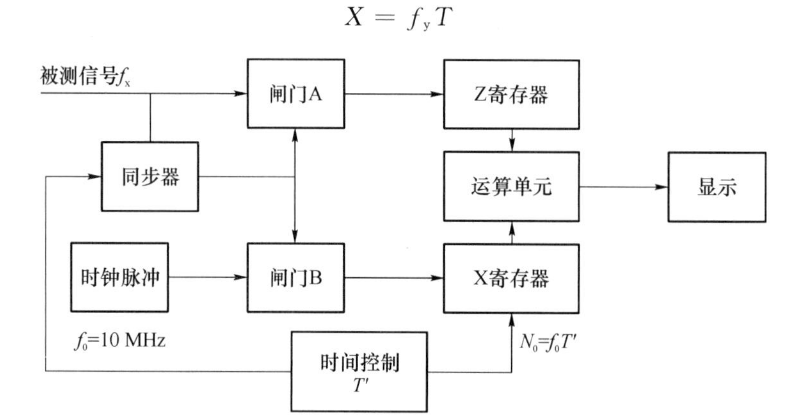

图 7.2.6 多周期同步测量原理图

并将所计的数 $X=f_xT$ 和 $X=f_yT$ 寄存下来，再通过运算电路算出 $Xf_y=f_x$，而后显示出来。

通过对 f_y 进行分频产生控制脉冲，其特定时间 T' 秒，这里 T' 之值选得很接近开门周期 T，但略小于 T。这样，利用被测信号周期对 T' 同步，使同步电路的输出门控脉冲周期 T 准确地等于被测周期的整倍数。

例如，被测信号频率 $f_x=114.159\,2$ Hz，在 1 s 时，已有 114 个输入被测信号通过。因为，闸门开放时间间隔正好等于输入被测信号的 115 个整周期（$T=1.007\,365$ s），这时，寄存器 A 寄存的数 $X=f_xT=115$，而寄存器 B 寄存的数为 $Y=f_0T$。由于同步控制即闸门与被测信号同步，$X=115$ 是严格的，故不存在±1 误差。该系统里采用高稳定的时钟脉冲信

号,其误差很小。这样,频率显示值 $f_x=(X/Y)f_y=114.1592\ \mathrm{Hz}$,其误差 $Y=f_yT$ 的 ±1 误差。

由此表明,该法的测量精度基本上与被测输入频率 f_x 无关,无论是高频或低频,都可以实现高精度的测量。

② 模拟内插技术

内插法是减少量化误差、提高测时分辨力的有效措施。内插器也称为时间数字变换器(Time to Digital Converter,TDC)。模拟内插法是基于时间-电压-数字变换的内插技术,其核心由模拟电路构成,虽然复杂程度较大,难以集成,但其具有测量范围大、线性好、测量精度非常高的优点,所以其综合性能较好,可采用模拟内插计数方法来测量。

时间-数字变换器的基本组成如图 7.2.7 所示,它主要由输入端(Start/Stop 信号、Clock 信号)、整形输入通道、时间-电压-数字变换单元以及微处理器组成。

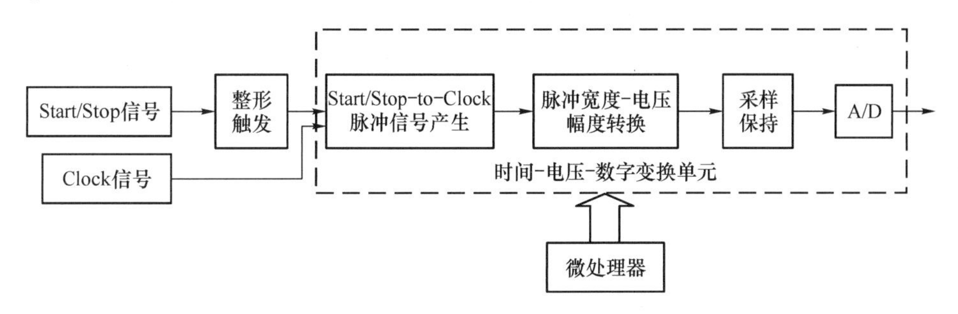

图 7.2.7　时间-数字变换器组成框图

模拟内插法的原理,如图 7.2.8 所示。首先,用一个恒流源对脉冲宽度-电压幅度转换单元内的一个精密电容快速充电,使电容两端的电压保持一个固定值,在被测的 Start-to-Clock 脉冲上升沿到来时,开始以恒定的电流放电,到被测的 Start-to-Clock 脉冲下降沿时,放电终止。这样便在 Start-to-Clock 脉冲与放电后的电容电压之间建立起一个线性的函数关系。通过测量电容上的电压,并结合上述的函数关系,就可以推算得到被测 Start-to-Clock 脉冲宽度的准确值 t_{st},同样的方法可以得出 Stop-to-Clock 脉冲宽度 t_{sp} 的准确值。

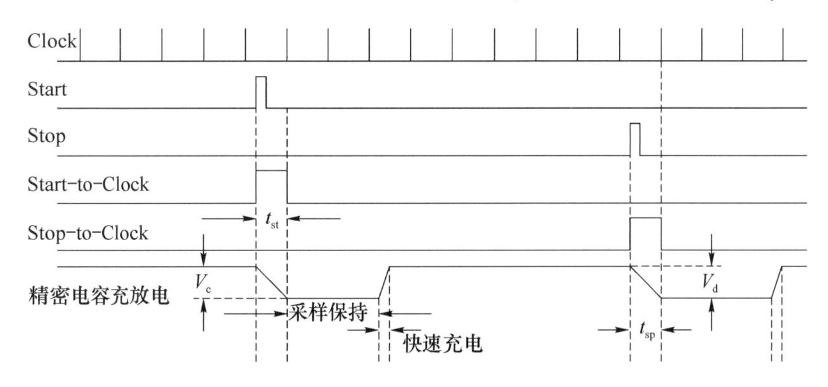

图 7.2.8　模拟内插法工作原理

$$t_{st}=\frac{V_c\cdot T_0}{V_0}$$

$$t_{sp}=\frac{V_d\cdot T_0}{V_0}$$

式中，V_0是 A/D 的电压分辨力，T_0是时间一数字变换器的时间分辨力，即电容放电 V_0所用的时间。

模拟内插计数法的时序图，如图 7.2.9 所示。STARTA 上升沿与 STOPA 上升沿之间是待测量的时间间隔 T，将 STARTA 与 STOPA 异或可以得到主计数器的计数使能区间亦即待测时间间隔。主计数器时间段的前后两个不大于主计数器时钟周期的时间区间分别送入两路 TDC 做精确时间量化，分别得到 t_{st}和 t_{sp}。主计数器时钟周期为 T_c，计数结果为 N_c，则待测时间间隔 T 可以由下式表示。

$$T=t_{st}-t_{sp}+N_cT_c$$

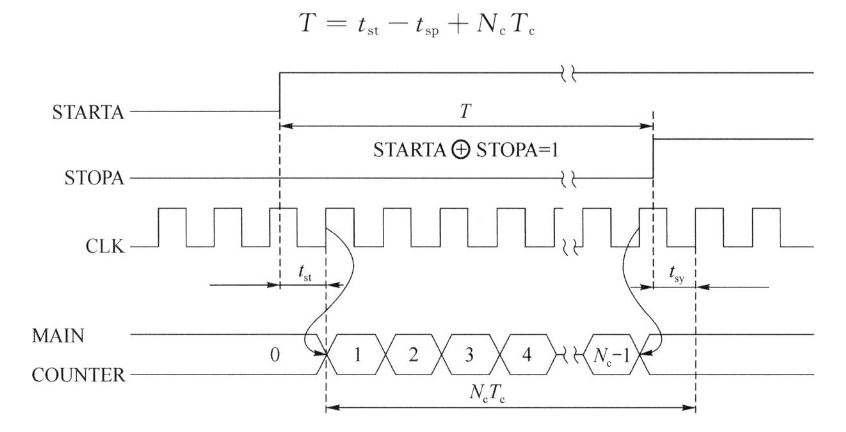

图 7.2.9　内插计数法时序图

3. 实验设备及器件

SA1000 数字频率特性测试仪(可测量 S 参数)、通用计数器、DDS 合成信号发生器、超高频毫伏表、连接线(BNC)、微波电路设计软件。

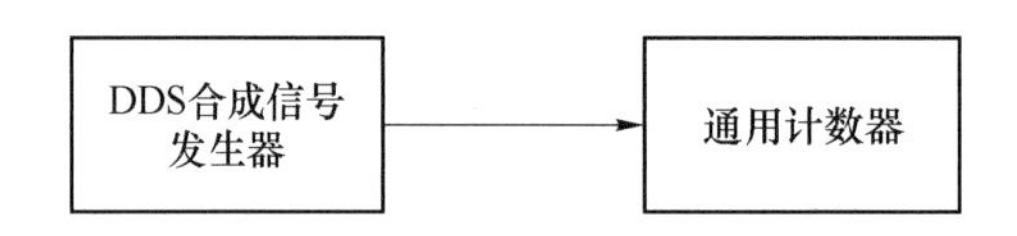

图 7.2.10　测量频率的测试框图

4. 实验步骤

(1) 测量频率

① 按照图 7.2.10 进行连接。

② 通用计数器工作在测频状态，调节闸门时间为 1 s 时，测量 DDS 合成信号发生器输出 100 Hz～100 MHz 频率值，将测量数据列入表 7.2.1 内。

表 7.2.1　用通用计数器测量频率测量数据

输出频率	100 Hz	1 kHz	10 kHz	100 kHz	1 MHz	10 MHz	50 MHz	100 MHz
测得频率								

（2）测量周期

① 按图 7.2.10 连接。

② 通用计数器工作在测周期状态，调节时标为 0.1 μs 时，测量 DDS 合成信号发生器输出 10 Hz～1 MHz 周期值，将测量数据列入表 7.2.2 内，其中 N 为周期倍乘数。

表 7.2.2　用通用计数器测量信号周期的测量数据

输出频率		10 Hz	50 Hz	100 Hz	500 Hz	1 kHz	10 kHz	100 kHz	1 MHz
测周期	$N=1$								
	$N=10$								
	$N=100$								

（3）通用计数器的指标测试

① 测量通用计数器的灵敏度

按图 7.2.11 连接；通用计数器工作在测频状态，调节“DDS 合成信号发生器”输出频率，同时输出幅度由大变小，当输出幅度达到某一是出幅度时，计数器测不准时，可确定计数器的测量灵敏度。

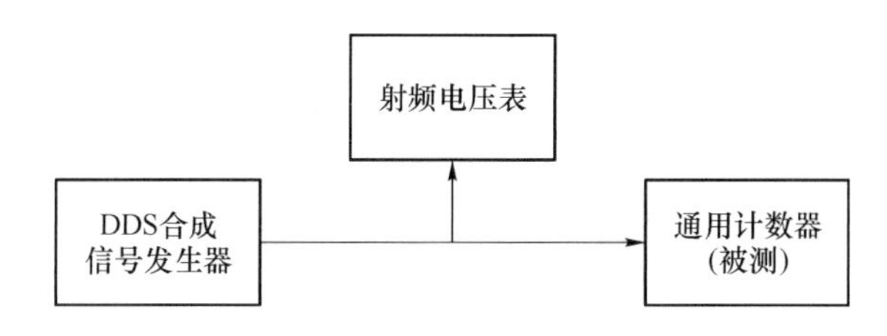

图 7.2.11　测量通用计数器的灵敏度测量框图

② 频率测量的检定

按图 7.2.11 连接，将计数器功能开关置于“频率”位置，“闸门时间”置于 1 s 或 10 s。将频率合成器的信号加到计数器的频率测量输入端，如表 7.2.3 列出的检定点，在信号电压调到计数器的频率测量输入灵敏度（如 10 mV）时，将计数器三次显示数据，并取其平均值，按下式计算频率测量的相对误差 σf 即

$$\sigma f = (f_A - f_{01})/f_{01} \tag{7.2.11}$$

式中，σf 为频率测量的相对误差；f_A 为计数器显示的频率平均值，$f_A=(f_{x1}+f_{x2}+f_{x3})/3$；$f_{01}$ 为频率合成器（或标准频率源）输出的信号频率。

表 7.2.3　计数器的频率测量的检定时选定频率参考检定点

计数器测频上限	频率参考检定点
10 MHz	10 Hz、50 Hz、100 Hz、1 kHz、10 kHz、100 kHz、1 MHz、10 MHz
100 MHz	10 Hz、50 Hz、100 Hz、1 kHz、10 kHz、100 kHz、1 MHz、10 MHz、50 MHz、80 MHz、100 MHz
300 MHz	10 Hz、50 Hz、100 Hz、1 kHz、10 kHz、100 kHz、1 MHz、10 MHz、100 MHz、200 MHz、250 MHz、300 MHz

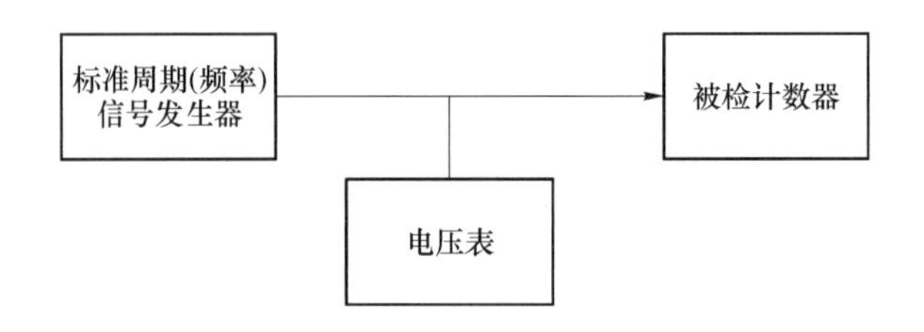

图 7.2.12 周期测量范围及测量误差的测试框图

③ 周期测量的检定

按图 7.2.12 所示的连接。将计数器的功能开关置“周期”位置，周期“倍乘”置于“1”位置，“时标”置于最短时间位置（如 0.1 μs）。周期测量输入端如带有衰减器，则将衰减量调到最小位置。将标准周期（频率）信号发生器的信号加到计数器的周期测量输入端，检定点选在 0.1 μs、1 μs、10 μs、0.1 ms、1 ms、10 ms、0.1 s、10 s。在信号调到计数器规定的输入灵敏度和 1 V 时，将计数器 10 次显示的数据记入，按下式计算周期测量的相对误差 σT_1：

$$\sigma T_1 = (T_{x1} - T_{01})/T_{01} \pm 3\sigma \tag{7.2.12}$$

式中，σT_1 为周期测量的相对误差，T_{01} 为标准周期信号发生器输出的信号周期，T_{x1} 为计数器显示的周期平均值，σ 为周期测量的均方偏差。

5. 实验结果处理

(1) 用通用计数器测量频率的测量原理，并进行测量精度分析。

(2) 用通用计数器测量周期的测量原理，并进行测量精度分析。

(3) 对“通用计数器”测量频率和周期的检定进行分析。

6. 结论

对频率和周期测量的原理和测量精度进行分析，并对测试结果作评价。

7.3 选频网络的研究

1. 实验目的

(1) 掌握 LC 串并联谐振回路的选频特性。

(2) 熟悉 LC 低通滤波器，集中选择性滤波器的选频特性。

(3) 熟悉有源滤波器的设计方法。

(4) 掌握常用高频仪表的使用方法。

2. 实验仪器

示波器、稳压电源、频谱分析仪、高频毫伏表、万用表。

3. 实验原理

选频即指选出需要的频率分量的信号，滤除其他频率分量。选频网络由振荡回路和滤波器回路构成。振荡回路包括单振荡回路以及耦合振荡回路；各种滤波器包括 LC 集中滤波器、石英晶体滤波器、陶瓷滤波器、声表面波滤波器等。

由电感线圈和电容器组成的单个振荡电路称为单振荡回路。按连接方式分，通常有串联振荡回路和并联振荡回路。

信号源与电容和电感串接，就构成串联振荡回路，其阻抗在某一特定频率上具有最小值，而偏离该频率阻抗将迅速增大。单振荡回路的这种特性称为谐振特性；谐振回路具有选频和滤波作用。理论上分析，串联振荡电路，电感线圈与电容器两端的电压模值相等，且等于外加电压的 Q 倍；Q 值一般可以达到几十或者几百，电容或者电感两端的电压可以是信号电压的几十或者几百倍。

对于信号源内阻和负载比较大的情况，采用并联谐振回路。结构：电感线圈、电容 C、外加信号源相互并联的振荡回路。其中由于外加信号源内阻很大，为了分析方便，采用恒流源进行分析。

（1）串、并联谐振回路

如图 7.3.1(a)(b)所示，分别给出串、并联谐振回路的原理图，根据图解分析，得到串、并联谐振电路的特性，总结如表 7.3.1 所示。

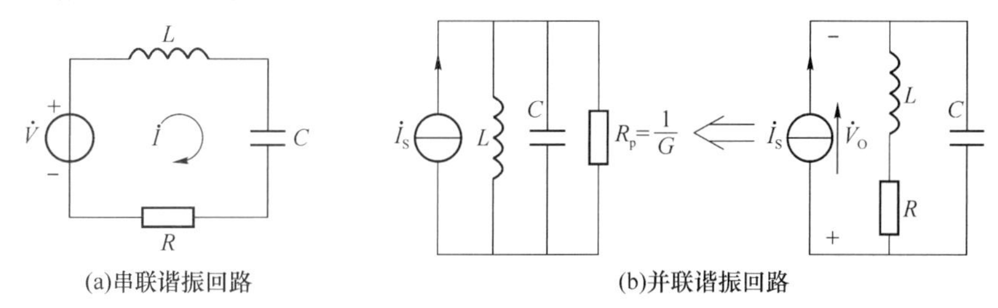

(a)串联谐振回路　　(b)并联谐振回路

图 7.3.1　谐振回路

表 7.3.1　串并联谐振电路特性

	串联谐振回路	并联谐振回路
阻抗或导纳	$z=R+\mathrm{j}x=R+\mathrm{j}\left(\omega L-\frac{1}{\omega c}\right)=\lvert z\rvert \mathrm{e}^{\mathrm{j}\varphi_z}$	$Y=\frac{1}{z}=\frac{CR}{L}+\mathrm{j}\left(\omega C-\frac{1}{\omega L}\right)=G+\mathrm{j}B$
谐振频率	$\omega_o=\frac{1}{\sqrt{LC}},\quad f_o=\frac{1}{2\pi\sqrt{LC}}$	$\omega_p=\frac{1}{\sqrt{LC}},\quad f_p=\frac{1}{2\pi\sqrt{LC}}$
品质因数 Q	$Q=\frac{\omega_o L}{R}=\frac{1}{\omega_o R}=\frac{\rho}{r}=\frac{1}{R}\cdot\sqrt{\frac{L}{C}}$	$Q_P=\frac{\omega_p L}{R}=\frac{R_p}{\omega_p L}=\frac{R_p}{\rho}=R_p\cdot\sqrt{\frac{C}{L}}$
广义失谐系数 ξ	$\xi=\frac{(\text{失谐时的电抗})X}{R}=\frac{\omega L-\frac{1}{\omega C}}{R}$ $=\frac{\omega_o L}{R}\left(\frac{\omega}{\omega_o}-\frac{\omega_o}{\omega}\right)=Q_o\left(\frac{\omega}{\omega_o}-\frac{\omega_o}{\omega}\right)$	$\xi=\frac{B(\text{失谐时的电纳})}{G(\text{谐振时的电导})}=\frac{\omega C-\frac{1}{\omega L}}{G}$ $=\frac{\omega_p C}{G}\left(\frac{\omega}{\omega_o}-\frac{\omega_o}{\omega}\right)=Q_p\left(\frac{\omega}{\omega_o}-\frac{\omega_o}{\omega}\right)$
谐振曲线	$N(f)$　$N(f)=\frac{\dot{I}}{\dot{I}_0}$　$\frac{1}{\sqrt{2}}$　Q_2　Q_1　ω_1 ω_1 ω_2 ω_2　$\omega(f)$　$\omega_0(f_0)$　$Q_1>Q_2$	$N(f)$　$N(f)=\frac{\dot{V}}{\dot{V}_0}$　$\frac{1}{\sqrt{2}}$　Q_2　Q_1　ω_1 ω_1 ω_2 ω_2　$\omega(f)$　$\omega_0(f_0)$　$Q_1>Q_2$

续表

	串联谐振回路	并联谐振回路
通频带	$B=2\Delta f_{0.7}=\frac{f_0}{Q_0}$	$2\Delta f_{0.7}=\frac{f_p}{Q_p}=B$
相频特性曲线		
失谐时阻抗特性	$\omega>\omega_0$，$x>0$ 回路呈感性 $\omega<\omega_0$，$x<0$ 回路呈容性	$\omega>\omega_p$，$B>0$ 回路呈容性 $\omega<\omega_p$，$B<0$ 回路呈感性
谐振电阻	最小	最大
有载 Q 值	$Q_L=\frac{\omega_0 L}{R+R_s+R_L}$	$Q_L=\frac{Q_p}{1+\frac{R_p}{R_s}+\frac{R_p}{R_L}}$

(2) 有源滤波器电路

对信号的频率具有选择性的电路称为滤波电路，可以分为低通滤波器(LPF)、高通滤波器(HPF)、带通滤波器(BPF)和带阻滤波器(BEF)，如图 7.3.2 所示为理想滤波电路的幅频特性。

① RC 有源低通滤波器

RC 有源低通滤波器的实验原理如图 7.3.3 所示。

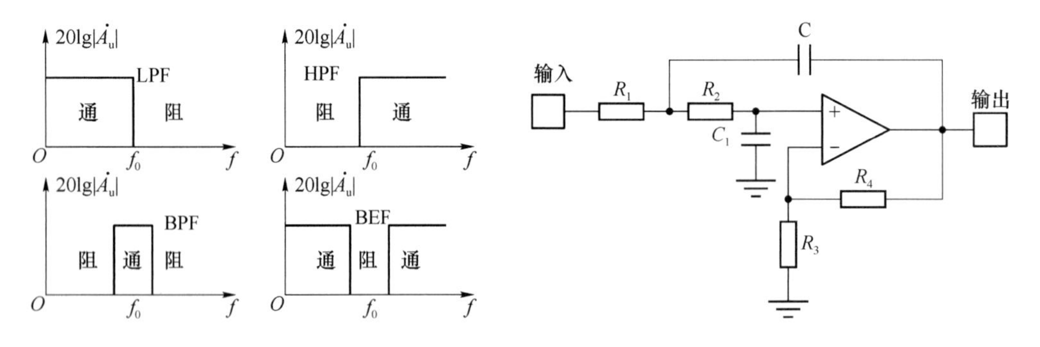

图 7.3.2 理想滤波电路的幅频特性　　图 7.3.3 RC 有源低通滤波器

理论上，截止频率 $f_c=\frac{1}{2\pi\sqrt{R_1R_2CC_1}}$，增益 $A_V=1+\frac{R_4}{R_3}$。 (7.3.1)

② RC 有源高通滤波器

RC 有源高通滤波器的实验原理如图 7.3.4 所示。

截止频率 $f_c=\dfrac{1}{2\pi\sqrt{R_1R_2C^2}}$，增益 $A_V=1+\dfrac{R_4}{R_3}$。 (7.3.2)

③ RC 有源带通滤波器

RC 有源带通滤波器的实验原理如图 7.3.5 所示。

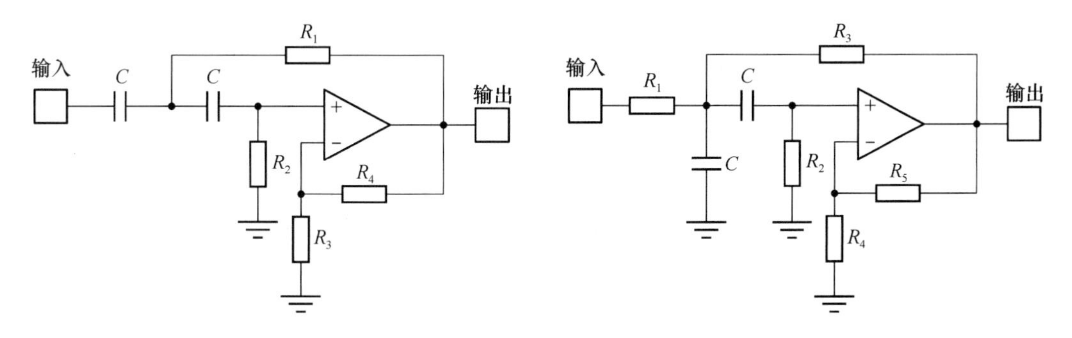

图 7.3.4 RC 有源高通滤波器　　　　图 7.3.5 RC 有源带通滤波器

带宽 $B_W=\dfrac{1}{C}\left(\dfrac{1}{R_1}+\dfrac{2}{R_2}-\dfrac{R_5}{R_3R_4}\right)$，增益 $A_V=\dfrac{R_4+R_5}{R_4R_1CB_W}$。 (7.3.3)

④ RC 有源带阻滤波器

RC 有源带阻滤波器的实验原理如图 7.3.6 所示。

当满足条件：

$$\frac{1}{R_3}=\frac{1}{R_1}+\frac{1}{R_2}$$

带宽 $B_W=\dfrac{2}{R_2C}$，增益 $A_V=1$。(7.3.4)

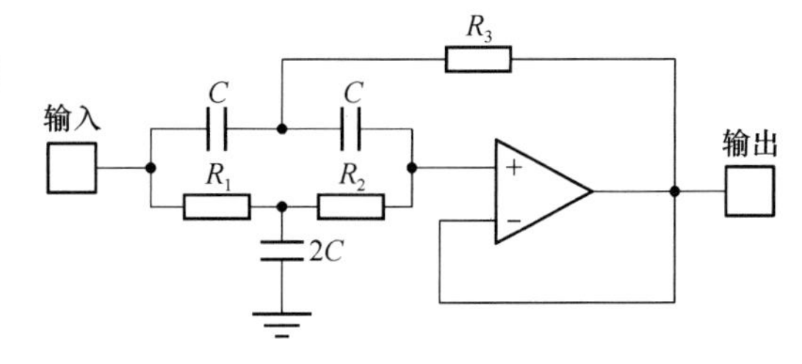

图 7.3.6 RC 有源带阻滤波器

(3) 石英晶体滤波器

石英是矿物质硅石的一种，化学成分 SiO_2，其形状为结晶的六角锥体。图 7.3.7(a)表示自然结晶体，图 7.3.7(b)表示晶体的横截面，图 7.3.8 表示石英晶体的等效电路。

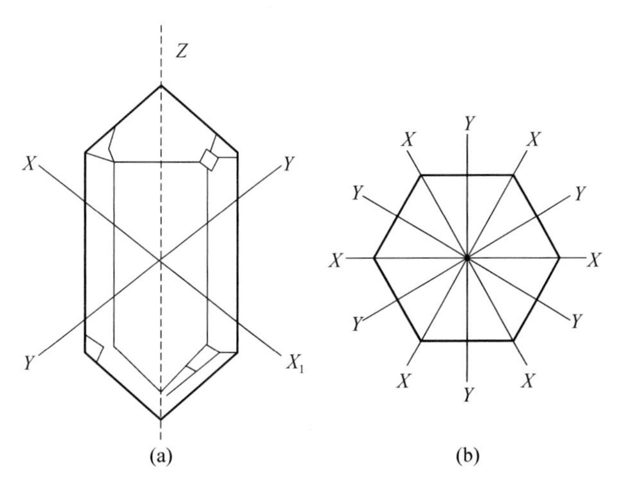

图 7.3.7 石英晶体及其横截面

石英晶体具有正、反两种压电效应。当石英晶体沿某一电轴受到交变电场作用时，就能沿机械轴产生机械振动，反过来，当机械轴受力时，就能在电轴方向产生电场。石英晶体和其他弹性体一样，具有惯性和弹性，因而存在着固有振动频率，当晶体片的固有频率与外加电源频率相等时，晶体片就产生谐振，晶体在谐振频率，换能效率最高。

如图 7.3.8 所示石英的基频等效电路，其相当一个串联谐振电路，可用集中参数 L_q、C_q、r_q 来模拟，L_q 为晶体的质量(惯性)，C_q为等效弹性模数，r_q为机械振动中的摩擦损耗。电容 C_0称为石英谐振器的静电容。主要决定于石英片尺寸和电极面积。由于 $C_0 \gg C_q$，等效电路中的接入系数很小，外电路影响很小。另外石英晶体的 Q 值很大，一般为几万到几百万。所以石英晶体可构成工作频率稳定度高、阻带衰减特性陡峭、通带衰减很小的滤波器。本实验采用的石英晶体滤波器中心频率为 10.7 MHz。

(4) 陶瓷滤波器

陶瓷滤波器是指利用某些陶瓷材料的压电效应构成的滤波器，它常用锆钛酸铅[Pb(zrTi)O_3]压电陶瓷材料(简称 PZT)制成。优点是容易焙烧，可制成各种形状，适于小型化，耐热耐湿性好。等效品质因数 Q 介于石英晶体和 LC 之间。其等效电路如图 7.3.9 所示。

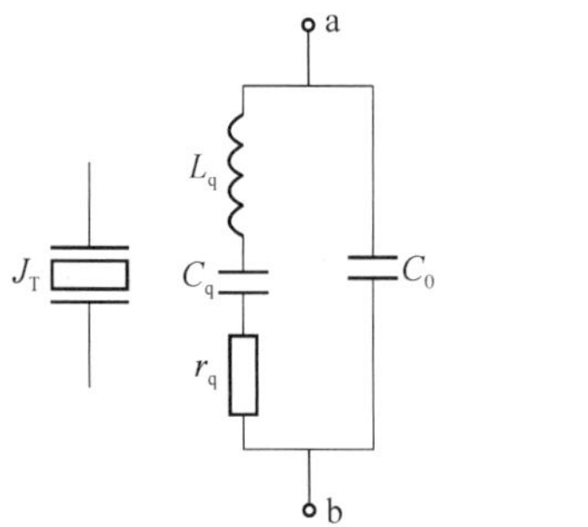

图 7.3.8 石英晶体基频等效电路

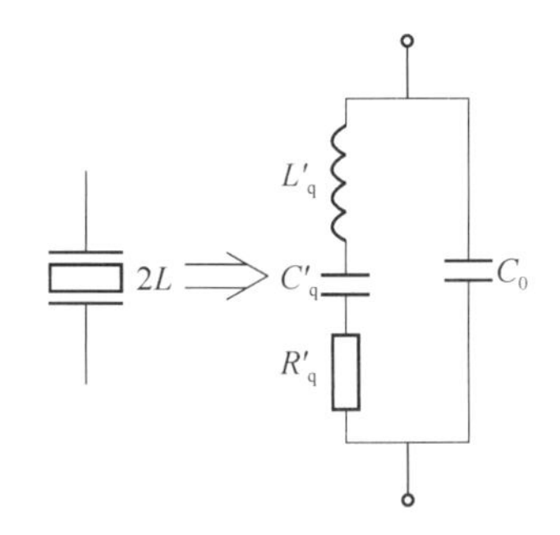

图 7.3.9 陶瓷滤波器的等效电路

(5) 声表面波滤波器

声表面波滤器(Surface Acoustic Wave Filter，SAWF)是一种以铌酸锂、石英或锆钛酸铅等压电材料为衬底(基体)的一种电声换能元件。其在经过研磨抛光的极薄的压电材料基片上，用蒸发、光刻、腐蚀等工艺制成两组叉指状电极。它的特点是工作频率高，中心频率在 10 MHz～1 GHz 之间，且频带宽，抗辐射能力强，温度稳定性好。声表面波滤器的滤波特性，如中心频率、频带宽度、频响特性等一般由叉指换能器的几何形状和尺寸决定。

声表面波滤波器的符号如图 7.3.10(a)所示，图 7.3.10(b)为它的等效电路。

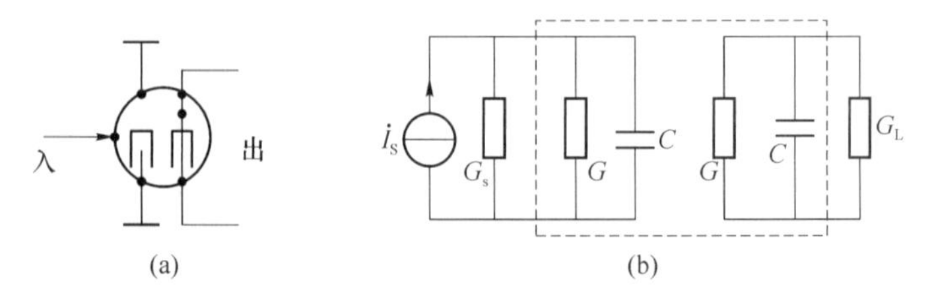

图 7.3.10 声表面波滤波器及其等效电路

4. 实验步骤

(1) *LC* 串联谐振回路

连接实验电路如图 7.3.11 所示。测试 *LC* 串联谐振回路的频率特性曲线，频率特性曲线可通过扫频法和逐点法获得。扫频法即用扫频仪直接测试，逐点法即用外置专用信号源作扫频源，用信号源输出幅度相同频率逐步变化的信号作为谐振回路的输入，逐点记录相应输出信号的大小，然后描绘出放大器的频率特性曲线。

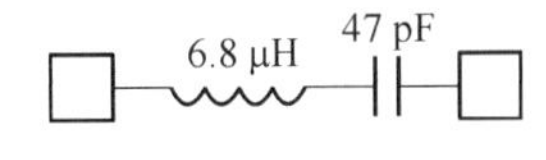

图 7.3.11　*LC* 串联谐振回路

扫频法：即用频谱分析仪直接测试。测试时，频谱分析仪的输出接放大器的输入，放大器的输出接频谱分析仪的输入。在分析仪上观察并记录频率特性曲线。

逐点法：又称逐点测量法，就是测试电路在不同频率点下对应的信号大小，利用得到的数据，做出信号大小随频率变化的曲线，根据绘出的谐振曲线，利用定义得到通频带。

具体测量方法如下：

① 用外置专用信号源作扫频源，正弦输入信号的幅度选择适当的大小，并保持不变；

② 示波器同时监测输入、输出波形，确保电路工作正常(电路无干扰、无自激、输出波形无失真)；

③ 改变输入信号的频率，使用毫伏表测量不同频率时输出电压的有效值；

④ 根据所测得的数值描绘出放大器的频率特性曲线。

(2) *LC* 并联谐振回路

① 连接实验电路；

② 测试 *LC* 并联谐振回路的频率特性曲线。

用扫频法或逐点法测试谐振回路的频率特性曲线，从曲线上读取谐振回路的通频带和矩形系数。调节 T_1，观察谐振回路频率特性曲线的变化情况。

(3) *LC* 低通滤波器

① 连接实验电路；

② 测试 *LC* 低通滤波器的频率特性曲线。

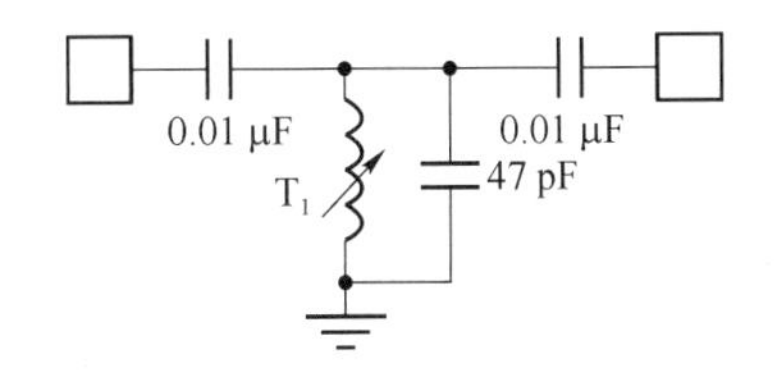

图 7.3.12　*LC* 并联谐振回路

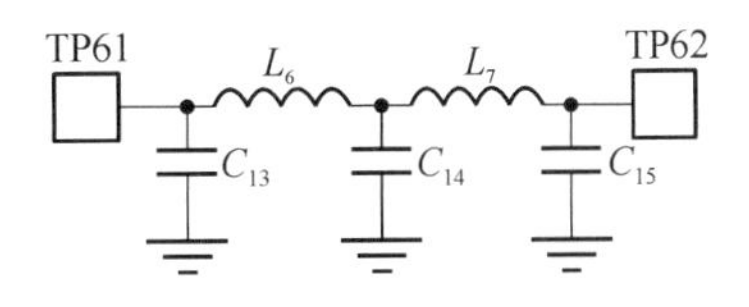

图 7.3.13　*LC* 低通滤波器

(4) *LC* 集中选择性滤波器

① 连接实验电路；

② 测试 *LC* 集中选择性滤波器的频率特性曲线。

(5) *RC* 有源低通滤波器

① 连接电源，搭建电路；

参考图 7.3.3，结合模块上的备选元件，搭建一个 *RC* 有源低通滤波器。参考电路参数：

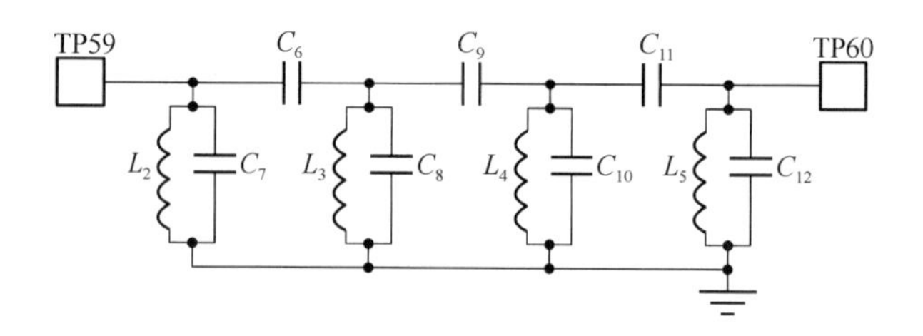

图 7.3.14 *LC* 集中选择性滤波器

$R_1=3.3\ \text{k}\Omega$，$R_2=12\ \text{k}\Omega$，$R_3=R_4=20\ \text{k}\Omega$，$C=C_1=0.01\ \mu\text{F}(103)$，其中，20 kΩ 电阻可以通过调节 100 kΩ 电位器获得。

② 测量 *RC* 有源低通滤波器的幅频特性曲线

滤波器输入端输入频率 f_0 为 500 Hz，峰峰值 V_{ipp} 为 5 V 的正弦波信号(由低频信号源或外置专用信号源提供)，用示波器在滤波器的输出端测量并记录输出信号的峰峰值 V_{opp}。保持滤波器输入端信号的峰峰值不变，逐渐增大输入信号的频率 f_0，测量并记录滤波器输出端相应信号的峰峰值 V_{opp}。绘制出滤波器的幅频特性曲线，并从所绘制的曲线上读取滤波器的截止频率和增益，同时根据图 7.3.2 计算滤波器的理论截止频率和增益。

(6) *RC* 有源高通滤波器

① 搭建电路

参考图 7.3.4，结合模块上的备选元件，设计一个 *RC* 有源高通滤波器。参考电路参数：$R_1=12\ \text{k}\Omega$，$R_2=3.3\ \text{k}\Omega$，$R_3=R_4=10\ \text{k}\Omega$，$C=0.01\ \mu\text{F}(103)$，其中，10 kΩ 电阻可以通过调节 100 kΩ 电位器获得。

② 测量 *RC* 有源高通滤波器的幅频特性曲线

滤波器输入端输入频率 f_0 为 1 kHz，峰峰值 V_{ipp} 为 5 V 的正弦波信号(由低频信号源或外置专用信号源提供)，用示波器在滤波器的输出端测量并记录输出信号的峰峰值 V_{opp}。保持滤波器输入端信号的峰峰值不变，逐渐增大输入信号的频率 f_0，测量并记录滤波器输出端相应信号的峰峰值 V_{opp}。绘制出滤波器的幅频特性曲线，并从所绘制的曲线上读取滤波器的截止频率和增益。

(7) *RC* 有源带通滤波器

① 搭建电路

参考图 7.3.5，结合模块上的备选元件，设计一个 *RC* 有源带通滤波器。参考电路参数：$R_1=150\ \text{k}\Omega$，$R_2=24\ \text{k}\Omega$，$R_3=12\ \text{k}\Omega$，$R_4=R_5=47\ \text{k}\Omega$，$C=0.01\ \mu\text{F}(103)$，其中，47 kΩ 电阻可以通过调节 100 kΩ 电位器获得。

② 测量 *RC* 有源带通滤波器的幅频特性曲线

滤波器输入端输入频率 f_0 为 200 Hz，峰峰值 V_{ipp} 为 5 V 的正弦波信号(由低频信号源或外置专用信号源提供)，用示波器在滤波器的输出端测量并记录输出信号的峰峰值 V_{opp}。保持滤波器输入端信号的峰峰值不变，逐渐增大输入信号的频率 f_0，测量并记录滤波器输出端相应信号的峰峰值 V_{opp}。绘制出滤波器的幅频特性曲线，并从所绘制的曲线上读取滤波器的截止频率、带宽和增益。

（8）*RC* 有源带阻滤波器

① 搭建电路

参考图 7.3.6，结合模块上的备选元件，设计一个 *RC* 有源带阻滤波器。参考电路参数：$R_1=R_2=3.3\ \text{k}\Omega$，$R_3=1.6\ \text{k}\Omega$，$C=0.0047\ \mu\text{F}$(472)，$2C=0.01\ \mu\text{F}$(103)，其中，1.6 kΩ 电阻可以通过调节 100 kΩ 电位器获得。

② 测量 *RC* 有源带阻滤波器的幅频特性曲线

滤波器输入端输入频率 f_0 为 1 kHz，峰峰值 V_{ipp} 为 5 V 的正弦波信号，用示波器在滤波器的输出端测量并记录输出信号的峰峰值 V_{opp}。保持滤波器输入端信号的峰峰值不变，逐渐增大输入信号的频率 f_0，测量并记录滤波器输出端相应信号的峰峰值 V_{opp}。绘制出滤波器的幅频特性曲线，并从曲线上读取滤波器的截止频率、带宽和增益。

（9）用扫频法测量石英晶体、陶瓷、声表面波滤波器的频率特性曲线

扫频法即用扫频仪直接测试，分别对石英晶体滤波器、陶瓷滤波器、声表面波滤波器进行测量。分别比较这几种滤波器带宽和滤波特性。

5．思考题

比较石英晶体、陶瓷、声表面波几种滤波器带宽和滤波特性，指出其各自特点。

第 8 章

设计型实验

8.1 单调谐回路谐振放大器

1. 实验要求

(1) 本实验应具备的知识点：放大器静态工作点、LC 并联谐振回路、单调谐放大器幅频特性。

(2) 本实验所用到的仪器：双踪示波器(模拟)、电源、高频信号发生器、万用表。

2. 实验目的

(1) 熟悉电子元器件和高频电子线路实验系统。

(2) 掌握单调谐回路谐振放大器的基本工作原理。

(3) 熟悉放大器静态工作点的测量方法。

(4) 熟悉放大器静态工作点和集电极负载对单调谐放大器幅频特性(包括电压增益、通频带、Q 值)的影响。

(5) 掌握测量放大器幅频特性的方法。

3. 实验内容

(1) 用万用表测量晶体管各点(对地)电压 V_B、V_E、V_C，并计算放大器静态工作点。

(2) 用示波器测量单调谐放大器的幅频特性。

(3) 用示波器观察静态工作点对单调谐放大器幅频特性的影响。

(4) 用示波器观察集电极负载对单调谐放大器幅频特性的影响。

4. 基本原理

(1) 单调谐回路谐振放大器原理

小信号谐振放大器是通信接收机的前端电路，主要用于高频小信号或微弱信号的线性放大和选频。单调谐回路谐振放大器原理电路如图 8.1.1 所示。图中，R_{b1}、R_{b2}、R_e 用以保证晶体管工作于放大区域，从而放大器工作于甲类。C_e 是 R_e 的旁路电容，C_b、C_c 是输入、输出耦合电容，L、C 是谐振回路，R_c 是集电极(交流)电阻，它决定了回路 Q 值、带宽。为了减轻晶体管集电极电阻对回路 Q 值的影响，采用了部分回路接入方式。

(2) 单调谐回路谐振放大器实验电路

单调谐回路谐振放大器实验电路如图 8.1.2所示。其基本部分与图 8.1.1 相同。图中,C_2 用来调谐,K_{02}用来改变集电极电阻,以观察集电极负载变化对谐振回路(包括电压增益、带宽、Q 值)的影响。R_{W01}用以改变基极偏置电压,以观察放大器静态工作点变化对谐振回路(包括电压增益、带宽、Q 值)的影响。VT_{02}为射极跟随器,主要用于提高带负载能力。

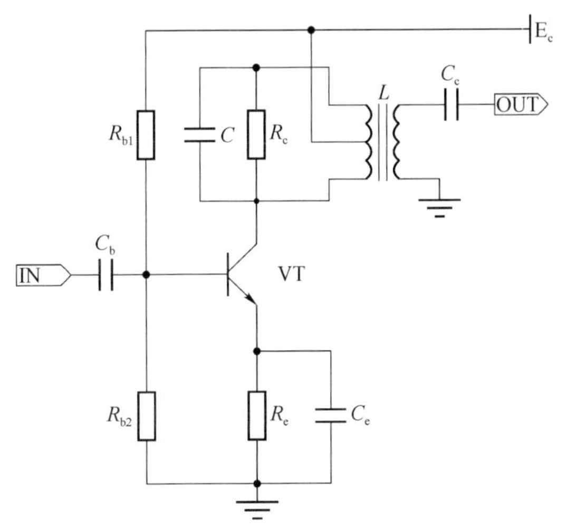

图 8.1.1 单调谐回路放大器原理电路

5. 实验准备

(1) 把元件库板中的双联电容元件插入到“CM_{11}”位置上。把“0.33 μH 1 μH”电感对元件插入到“LM_{11}”位置上。把“3DG12”三极管元件插入到“VTM_{11}”位置上。用元件库板上的短路块连接 R_{15} 电阻(1 kΩ)对地。

(2) 打开稳压电源,并调节为直流+12 V 左右。关掉电源。

(3) 把电源夹子线连接到实验板“电源输入电路”中的“GND”和“+12 V_IN”上。注意不能接反。

(4) 打开稳压电源开关,按下实验板上“S_{11}”开关,点亮 D13 灯,上电成功。

(5) 用万用表测量三极管基极电压,调整 R_{W11} 使 VTM_{11} 的基极直流电压为 2.5 V 左右,此时放大器工作于放大状态。

(6) 使用信号发生器产生 10.7 MHz、100 mV 的正弦波信号,信号由“CH_1 输出”,用电缆线连接至实验板“J_{11}”上。

(7) 示波器连接到实验板“TP_{13}”上,正确调整示波器,使有波形观察。

(8) 调节 CM_{11} 双联可调电容,使示波器上得到的波形最大。(回路谐振在 10.7 MHz)

(9) 使用信号发生器产生一个扫频信号,开始频率为 8 MHz,终止频率为 13 MHz,时间为 10 ms,幅度为 100 mV 信号,由“CH_1 输出”,用电缆线连接至实验板“J_{11}”上。

(10) 示波器连接到实验板“TP_{13}”上,正确调整示波器,使有波形观察。

6. 实验步骤

(1) 单调谐回路谐振放大器幅频特性测量

测量幅频特性通常有两种方法,即扫频法和点测法。扫频法简单直观,可直接观察到单调谐放大特性曲线,但需要扫频仪,本实验采用扫频信号和示波器代替扫频仪功能(但为时域分析,请注意)。

① 将扫频信号调整到“开始”按键上,通过旋转信号发生器的旋钮,分别把起始频率调到 8 MHz、8.2 MHz 等频率点上,读出此点在示波器上的上点和下点之间的峰值(读较高频率时,请把开始频率恢复到 8 MHz 起始点,用“终止”按键,反方向读取),记录到表 8.1.1中。

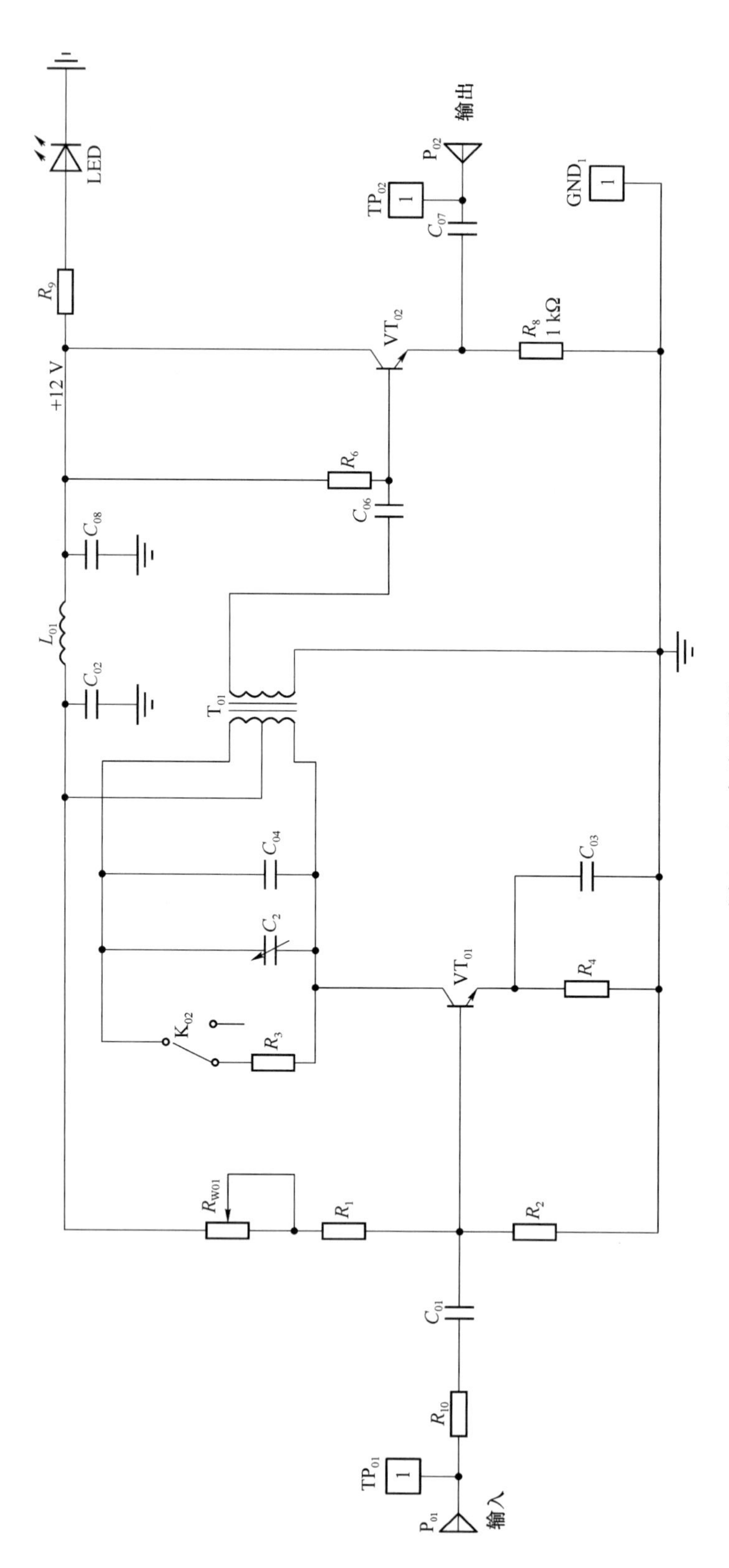
LED
R_9
+12 V
VT_{02}
R_8
1 kΩ
TP_{02}
1
C_{07}
P_{02}
输出
GND_1
1
R_6
C_{06}
C_{08}
L_{01}
C_{02}
T_{01}
C_{04}
C_2
C_{03}
VT_{01}
R_4
K_{02}
R_3
R_{W01}
R_1
R_2
C_{01}
R_{10}
TP_{01}
1
P_{01}
输入

图 8.1.2 实验电路图

表 8.1.1 测试数据表格

信号频率 f/MHz	8.0	8.2	8.5	8.8	9.0	9.2	9.4	9.6	9.8	10.0	10.2	10.4	10.5	10.6
输出电压幅值 U/mV														
信号频率 f/MHz	10.7	10.8	10.9	11.0	11.2	11.4	11.6	11.8	12.0	12.2	12.4	12.6	12.8	
输出电压幅值 U/mV														

② 参照示波器上的波形，根据上述表格中的数据，X 轴为频率，Y 轴为电压，作图。

③ 输入信号幅度为 100 mV，比较此时输入输出幅度大小，并算出放大倍数。

④ 计算最大幅度下降至 0.707 倍时的两个点，找出这两点所对应的频率，计算回路的通频带及带宽。假设谐振点的峰峰值为 2 V，0.707 * 2 V=1.414 V，则在谐振点前后有两个频率点对应的幅度为 1.414 V。通过设置扫频信号的开始频率找到前点频率，通过设置扫频信号的终止频率找到后点频率。

(2) 观察静态工作点对单调谐放大器幅频特性的影响

顺时针调整 R_{W11}(此时 R_{W11} 阻值增大)，使 VTM_{11} 基极直流电压为 1.2 V，从而改变静态工作点。按照上述幅频特性的测量方法，测出幅频特性曲线。逆时针调整 R_{W11}(此时 R_{W11} 阻值减小)，使 VTM_{11} 基极直流电压为 4.5 V，重新测出幅频特性曲线。根据测量结果得出结论。

(3) 观察集电极负载对单调谐放大器幅频特性的影响

把元件库中的可调电位器模块插到实验板 RM_{11} 处，把基极电压调至 2.5 V，步骤同上。首先把可调电位器顺时针调至最大。后逆时针逐渐减小电位器，仔细观察幅频特性曲线的变化情况。根据测量结果得出结论。

7. 实验报告要求

(1) 对实验数据进行分析，说明静态工作点变化对单调谐放大器幅频特性的影响，并画出相应的幅频特性。写出实验结论。

(2) 对实验数据进行分析，说明集电极负载变化对单调谐放大器幅频特性的影响，并画出相应的幅频特性。写出实验结论。

(3) 总结由本实验获得的体会。

8.2 双调谐回路谐振放大器

1. 实验要求

(1) 本实验应具备的知识点：双调谐回路、电容耦合双调谐回路谐振放大器、放大器动态范围。

（2）本实验所用到的仪器：双踪示波器（模拟）、电源、高频信号发生器、万用表。

2. 实验目的

（1）熟悉电子元器件和高频电子线路实验系统。

（2）熟悉耦合电容对双调谐回路放大器幅频特性的影响。

（3）了解放大器动态范围的概念和测量方法。

3. 实验内容

（1）采用扫频测量双调谐放大器的幅频特性。

（2）用示波器观察耦合电容对双调谐回路放大器幅频特性的影响。

（3）用示波器观察放大器动态范围。

4. 基本原理

（1）双调谐回路谐振放大器原理

顾名思义，双调谐回路是指有两个调谐回路：一个靠近“信源”端（如晶体管输出端），称为初级；另一个靠近“负载”端（如下级输入端），称为次级。两者之间，可采用互感耦合或电容耦合。与单调谐回路相比，双调谐回路的矩形系数较小，即：它的谐振特性曲线更接近于矩形。电容耦合双调谐回路谐振放大器原理如图 8.2.1 所示。

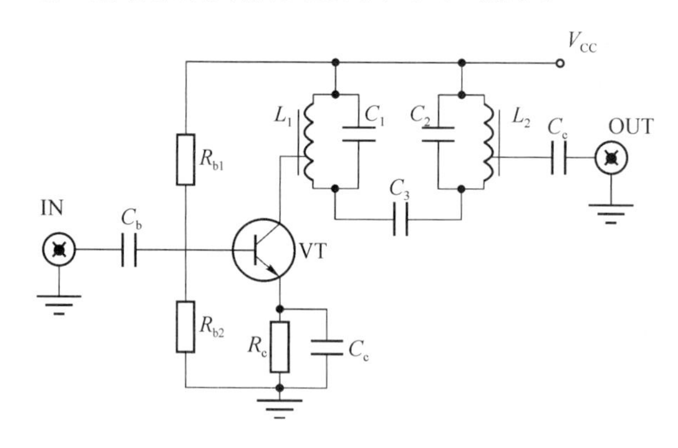

图 8.2.1 双调谐回路放大器原理电路

与图 8.1.1 相比，两者都采用了分压偏置电路，放大器均工作于甲类，但图 8.2.1 中有两个谐振回路：L_1、C_1 组成了初级回路，L_2、C_2 组成了次级回路；两者之间并无互感耦合（必要时，可分别对 L_1、L_2 加以屏蔽），而是由电容 C_3 进行耦合，故称为电容耦合。

（2）双调谐回路谐振放大器实验电路（典型原理示意电路）

双调谐回路谐振放大器实验电路如图 8.2.2 所示，其基本部分与图 8.2.1 相同。图中，C_{04}、C_{11} 用来对初、次级回路调谐；K_{02} 用以改变耦合电容数值，以改变耦合程度；K_{01} 用以改变集电极负载。

5. 实验准备

（1）把元件库板中的双联电容元件插入到“CM_{21}”和“CM_{22}”位置上。把“0.33 μH　1 μH”电感对元件插入到“LM_{22}”位置上。把“0.33 μH　1.8 μH”电感对元件插入到“LM_{21}”位置上。把“3DG12”三极管元件插入到“QM_{21}”位置上。把 51 pF 电容元件插入到“CM_{23} 位置上”。用元件库板上的短路块连接 R_{24} 电阻（1 kΩ）对地，电位器 R_{W22} 转到最小。

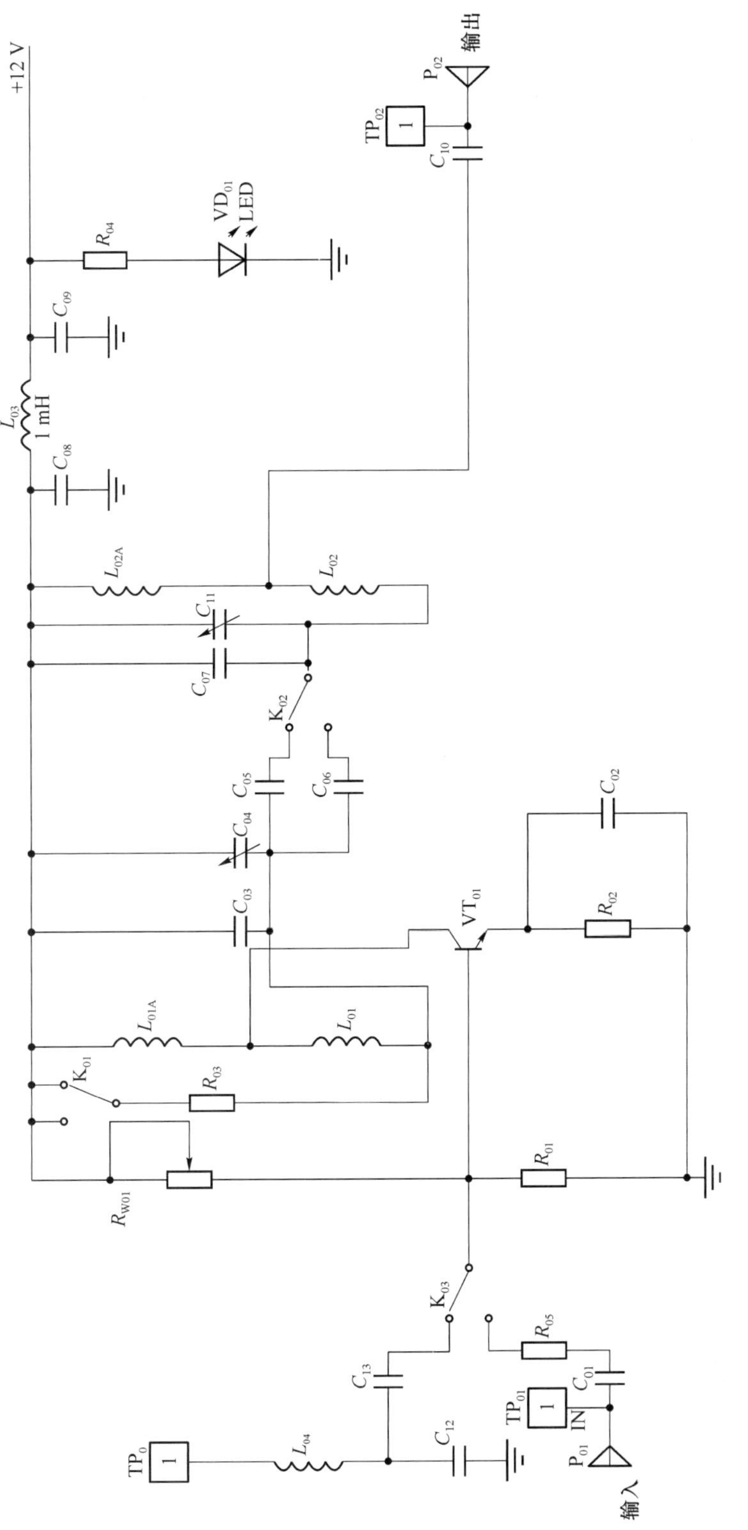

图 8.2.2　双调谐回路谐振放大器实验电路（典型原理示意图）

(2) 打开稳压电源,并调节为直流+12 V左右。关掉电源。

(3) 把电源夹子线连接到实验板"电源输入电路"中的"GND"和"+12 V_IN"上。注意不能接反。

(4) 打开稳压电源开关,按下实验板上"S_{21}"开关,点亮VD_{21}灯,上电成功。

(5) 用万用表测量三极管基极电压,调整R_{W11}使VTM_{11}的基极直流电压为4.2 V左右,此时放大器工作于放大状态。

(6) 使用信号发生器产生10.7 MHz、100 mV的正弦波信号,信号由"CH_1 输出",用电缆线连接至实验板"J_{21}"上。

(7) 示波器连接到实验板"TP_{24}"上,正确调整示波器,使有波形观察。

(8) 联动调整双联电容CM_{21}、CM_{22},使输出波形最大。使示波器上得到的波形最大。(回路谐振在10.7 MHz)

(9) 使用信号发生器产生一个扫频信号,起始频率为7 MHz、终止频率为15 MHz,时间为10 ms,幅度为100 mV,信号由"CH_1 输出",用电缆线连接至实验板"J_{21}"上。

(10) 示波器连接到实验板"TP_{24}"上,正确调整示波器,使有波形观察。

(11) 联动调整双联电容CM_{21}、CM_{22},使输出波形最大。使示波器上得到的波形,两峰对称,并使10.7 MHz在中间凹点附近。

6. 实验步骤

(1) 双调谐回路谐振放大器幅频特性测量

本实验仍采用扫频法测量出频率相对应的双调谐放大器的输出幅度,然后描述出频率与幅度的关系曲线,该曲线即为双调谐回路放大器的幅频特性。

① 记录不同频率点对应的电压值。扫频信号调整到"开始"按键上,通过旋转信号发生器的旋钮,分别把开始频率调到7 MHz、7.2 MHz等频率点上,读出此点在示波器上的上点和下点之间的峰值,写到表8.2.1中。(读较高频率时,请把起始频率恢复到8 MHz起始点,用"终止"按键,反方向读取)

表8.2.1 测试数据表格

信号频率 f/MHz	7	7.2	7.5	7.8	8	8.2	8.4	8.6	8.8	9	9.2	9.4	9.6	9.8	10
输出电压幅值 U/mV															
信号频率 f/MHz	10.2	10.4	10.6	10.7	10.8	11	11.2	11.4	11.6	11.8	12	12.4	12.8	13	
输出电压幅值 U/mV															

② 测出两峰之间凹陷点的频率大致是多少。

③ 以横轴为频率,纵轴为幅度,参照示波器上的图形,画出双调谐放大器的幅频特性曲线。

④ 测量两峰值下降至0.707倍点的频率,计算通频带。

⑤ 测量两峰值下降至0.1倍点的频率，计算调谐回路的矩形系数。

（2）回路耦合电容对回路特性的影响

① 断开 S_{21} 开关，取下 CM_{23} 上的51 pF电容放入到元件库中，把元件库中的10 pF电容元件插到 CM_{23} 上。打开 S_{21} 开关加电，其他实验参数保持不变，记录观察到的波形。

② 把10 pF电容换成39 pF电容，记录观察到的波形。

③ 把39 pF电容换成75 pF、100 pF电容，记录观察到的波形。

④ 同理，把固定电容换成双联可调电容，将电容从小到大调节，观察波形变化，综合上述现象，得出结论。

7. 实验报告要求

（1）画出耦合电容为10 pF、39 pF、51 pF、75 pF情况下的幅频特性，计算幅值从最大值下降到0.707时的带宽，并由此说明其优缺点。比较单调谐和双调谐在特性曲线上有何不同？

（2）画出放大器电压放大倍数与输入电压幅度之间的关系曲线。

（3）总结由本实验获得的体会。

（4）把3DG12晶体管换成9018三极管。重复上述实验，对比两种晶体管对电路的影响。

8.3 集成选频放大器电路

1. 实验目的

（1）熟悉电子元器件和高频电子线路实验系统。

（2）掌握宽频放大器的使用方法。

2. 实验仪器

本实验所用到的仪器：双踪示波器（模拟）、电源、高频信号发生器、万用表。

3. 实验内容

（1）陶瓷滤波器性能测量。

（2）放大器增益调节和自动增益控制。

4. 基本原理

随着电子技术的不断发展，高频电子线路目前也从分立元件向集成化发展。目前线性集成电路可靠性高，性能好，体积小，用途广泛。本实验所用MC1350是一个宽带射极耦合放大器。

本实验电路由 F_{31} 陶瓷滤波器组成谐振回路，以MC1350为其基组合放大器，输出经过TL082后可进行增益控制和提高负载能力。

5. 实验准备

（1）打开稳压电源，并调节为直流＋12 V左右。关掉电源。

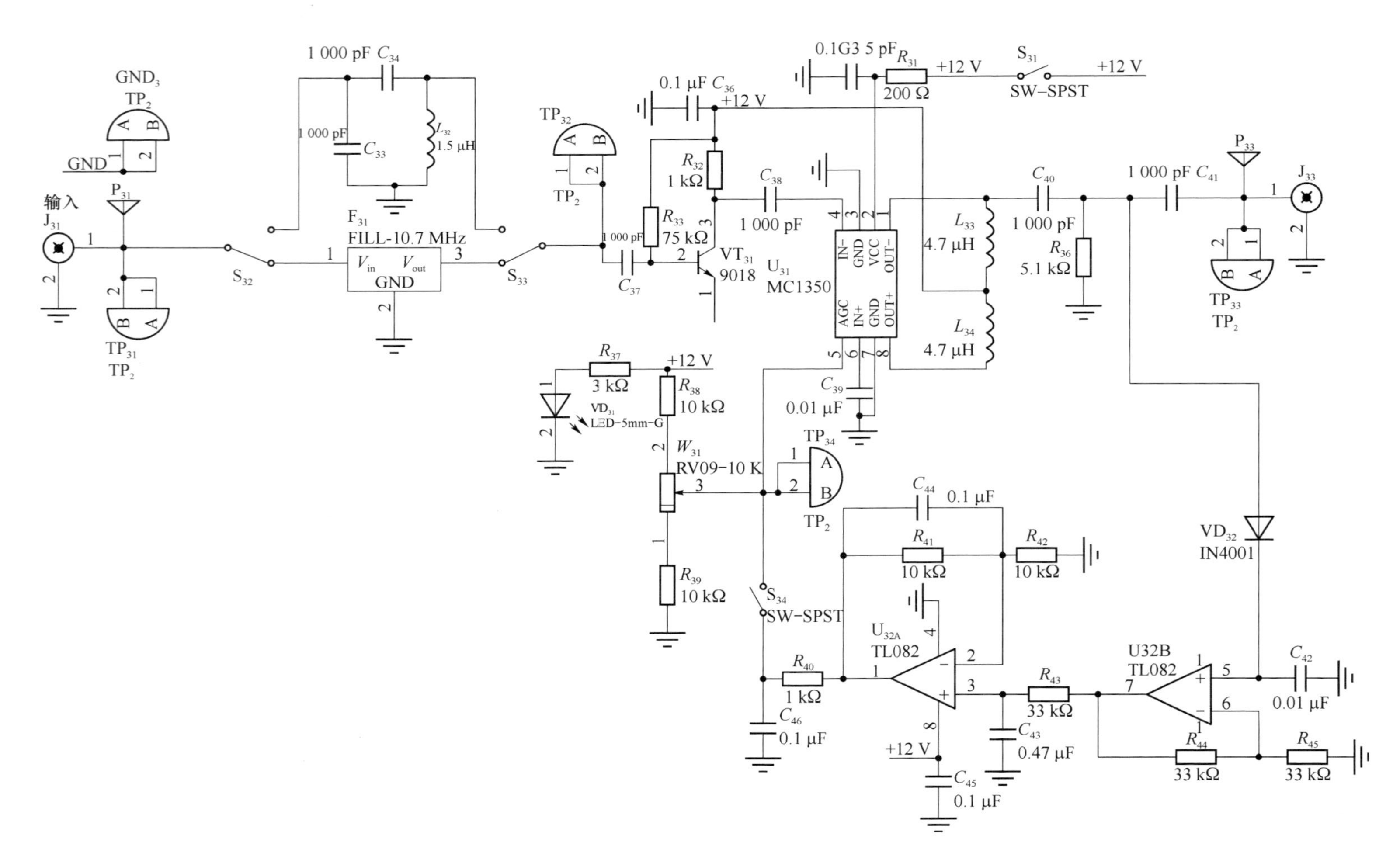

图 8.3.1 集成选频放大器实验电路

(2) 把电源夹子线连接到实验板“电源输入电路”中的“GND”和“+12 V_IN”上。注意不能接反。

(3) 打开稳压电源开关,按下实验板上的“S_{11}”开关,点亮 VD_{31}灯,上电成功。

(4) 用短路块连接 S_{32}、S_{33}下面的节点,接通 F_{31},连接 S_{34}。

(5) 使用信号发生器产生一个扫频信号,起始频率为 8 MHz、终止频率为 12 MHz,时间为 10 ms,幅度为 100 mV,信号由“CH_1 输出”,用电缆线连接至实验板“J_{31}”上。

(6) 示波器连接到实验板“TP_{33}”上,正确调整示波器,使有波形观察。

6. 实验步骤

(1) 本实验用扫频法测量出频率相对应的放大器的输出幅度,然后描述出频率与幅度的关系曲线,该曲线即为集成选频放大器的幅频特性。

扫频信号调整到“开始”按键上,通过旋转信号发生器的旋钮,分别把开始频率调到 8 MHz、8.2 MHz 等频率点上,读出此点在示波器上的上点和下点之间的峰值,写到表8.3.1 中。(读较高频率时,请把起始频率恢复到 8 MHz 起始点,用“终止”按键,反方向读取)

表 8.3.1 测试数据表格

信号频率 f/MHz	7	7.2	7.5	7.8	8	8.2	8.4	8.6	8.8	9	9.2	9.4	9.6	9.8	10
输出电压幅值 U/mV															
信号频率 f/MHz	10.2	10.4	10.6	10.7	10.8	11	11.2	11.4	11.6	11.8	12	12.4	12.8	13	
输出电压幅值 U/mV															

(2) 测出两峰之间凹陷点的频率大致是多少。

(3) 以横轴为频率,纵轴为幅度,参照示波器上的图形,画出双调谐放大器的幅频特性曲线。

(4) 测量两峰值下降至 0.707 倍点的频率,计算通频带。

(5) 测量两峰值下降至 0.1 倍点的频率,计算调谐回路的矩形系数。

7. 实验报告要求

(1) 对实验数据进行分析,对比双调谐回路的实验结果。同为双调谐回路,观察集成器件的实验效果,比分立元件电路有哪些性能的提高。

(2) 总结由本实验获得的体会。

8.4 电容三点式 *LC* 振荡器

1. 实验要求

(1) 本实验应具备的知识点:三点式 *LC* 振荡器;西勒和克拉泼电路;电源电压、耦合电容、反馈系数、等效 Q 值对振荡器工作的影响。

(2) 本实验所用到的仪器：双踪示波器(模拟)、电源、万用表。

2. 实验目的

(1) 熟悉电子元器件和高频电子线路实验系统。

(2) 掌握电容三点式 LC 振荡电路的基本原理，熟悉其各元件功能。

(3) 熟悉静态工作点、耦合电容、反馈系数、等效 Q 值对振荡器振荡幅度和频率的影响。

(4) 熟悉负载变化对振荡器振荡幅度的影响。

3. 基本原理

(1) 概述

LC 振荡器实质上是满足振荡条件的正反馈放大器。LC 振荡器是指振荡回路是由 LC 元件组成的。从交流等效电路可知：由 LC 振荡回路引出三个端子，分别接振荡管的三个电极，而构成反馈式自激振荡器，因而又称为三点式振荡器。如果反馈电压取自分压电感，则称为电感反馈 LC 振荡器或电感三点式振荡器；如果反馈电压取自分压电容，则称为电容反馈 LC 振荡器或电容三点式振荡器。

在几种基本高频振荡回路中，电容反馈 LC 振荡器具有较好的振荡波形和稳定度，电路形式简单，适于在较高的频段工作，尤其是以晶体管极间分布电容构成反馈支路时其振荡频率可高达几百 MHz 至 GHz。

(2) LC 振荡器的起振条件

一个振荡器能否起振，主要取决于振荡电路自激振荡的两个基本条件，即：振幅起振平衡条件和相位平衡条件。

(3) LC 振荡器的频率稳定度

频率稳定度表示在一定时间或一定温度、电压等变化范围内振荡频率的相对变化程度，常用表达式 $\Delta f_0/f_0$ 来表示(f_0 为所选择的测试频率；Δf_0 为振荡频率的频率误差，$\Delta f_0 = f_{02} - f_{01}$；$f_{02}$ 和 f_{01} 为不同时刻的 f_0)。

频率相对变化量越小，表明振荡频率的稳定度越高。由于振荡回路的元件是决定频率的主要因素，所以要提高频率稳定度，就要设法提高振荡回路的标准性，除了采用高稳定和高 Q 值的回路电容和电感外，其振荡管可以采用部分接入，以减小晶体管极间电容和分布电容对振荡回路的影响，还可采用负温度系数元件实现温度补偿。

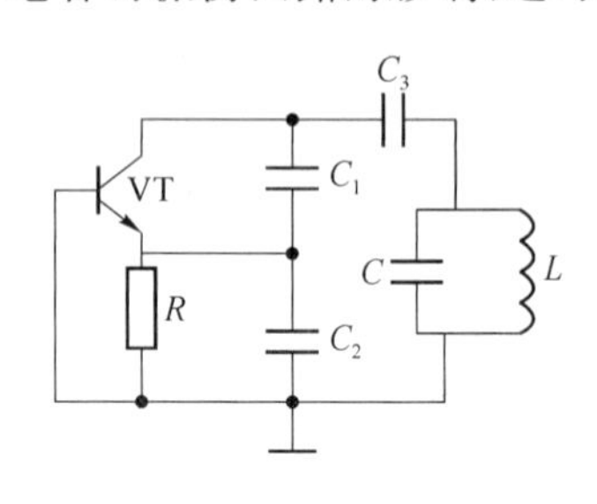

图 8.4.1 电容三点式 LC 振荡器交流等效电路

(4) LC 振荡器的调整和参数选择

以实验采用改进型电容三点振荡电路(西勒电路)为例，交流等效电路如图 8.4.1 所示。

① 静态工作点的调整

合理选择振荡管的静态工作点，对振荡器工作的稳定性及波形的好坏，有一定的影响，偏置电路一般采用分压式电路。

当振荡器稳定工作时，振荡管工作在非线性状态，通常是依靠晶体管本身的非线性实现稳幅。若选择晶体管进入饱和区来实现稳幅，则将使振荡回路的等效 Q 值降低，输出波形变差，频率稳定度降低。因此，一般在小功率振荡器中总是使静态工作点远离饱和区，靠近截止区。

② 振荡频率 f 的计算

$$f=\frac{1}{2\pi\sqrt{L(C+C_T)}}$$

式中，C_T 为 C_1、C_2 和 C_3 的串联值，因 C_1(300 pF)≫C_3(75 pF)、C_2(1 000 pF)≫C_3(75 pF)，故 $C_T \approx C_3$，所以振荡频率主要由 L、C 和 C_3 决定。

③ 反馈系数 F 的选择

$$F=\frac{C_1}{C_2}$$

反馈系数 F 不宜过大或过小，一般经验数据 $F\approx 0.1\sim 0.5$，本实验取 $F=\frac{300}{1\ 000}=0.3$。

(5) 克拉泼和西勒振荡电路

图 8.4.2 为串联改进型电容三点式振荡电路——克拉泼振荡电路。图 8.4.3 为并联改进型电容三点式振荡电路——西勒振荡电路。

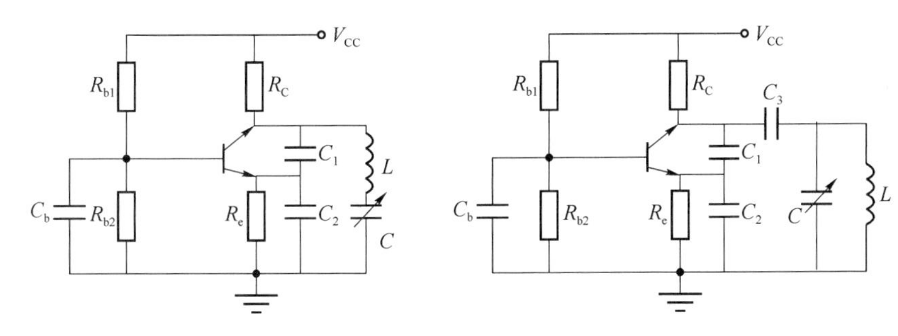

图 8.4.2 克拉泼振荡电路　　　　图 8.4.3 西勒振荡电路

(6) 电容三点式 LC 振荡器实验电路

电容三点式 LC 振荡器实验电路如图 8.4.4 所示。图中 K_{05} 打到“S”位置(左侧)时，为改进型克拉泼振荡电路，打到“P”位置(右侧)时，为改进型西勒振荡电路。K_{01}、K_{02}、K_{03}、K_{04} 控制回路电容的变化。调整 R_{W01} 可改变振荡器三极管的电源电压。VT_{02} 为射极跟随器。TP_{02} 为输出测量点，TP_{01} 为振荡器直流电压测量点。R_{W02} 用来改变输出幅度。

(7) 波段覆盖系数

波段覆盖即调谐振荡器的频率范围，此范围的大小通常以波段覆盖系数 K 表示，即

$$K=\frac{f_{max}}{f_{min}}$$

波段覆盖系数的测量方法：根据测量的幅频特性，以输出电压最大点的频率为基准，即为一边界频率，再找出输出电压下降至二分之一处的频率，即为另一边界频率，如图 8.4.5 所示，再由公式求出 K。

4. 实验内容

(1) 用示波器观察振荡器输出波形，测量振荡器电压峰峰值 V_{PP}，并以频率计测量振荡频率。

(2) 测量振荡器的幅频特性。

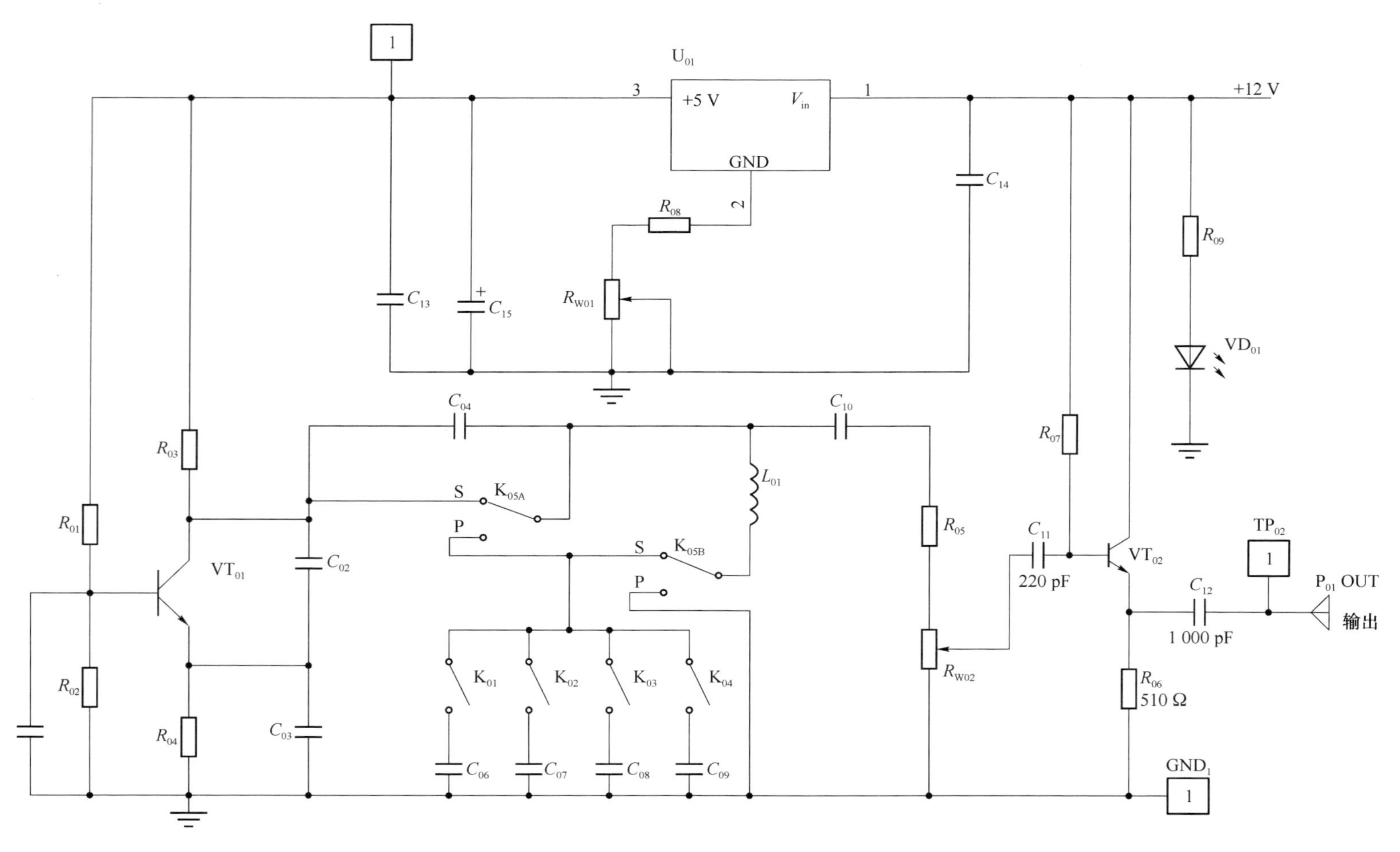

图 8.4.4 LC振荡器实验电路

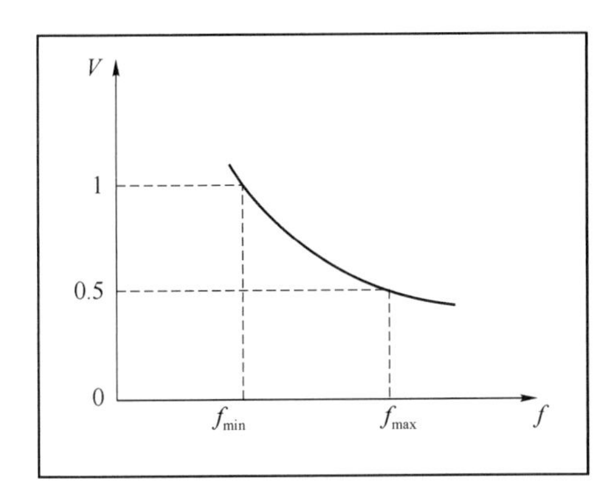

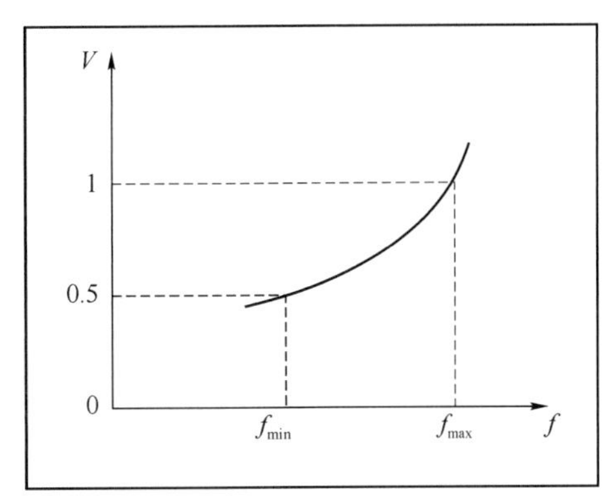

图 8.4.5 波段覆盖系数

(3) 测量电源电压变化对振荡器频率的影响。

5. 实验步骤

(1) 克拉泼振荡器电路

① 实验准备

把元件库板中的 100 pF 电容元件插入到“CM_{12}”位置上。把 1.8 μH 电感元件插入到“LM_{11}”位置上。直流电源调节为+12 V 左右。把电源连接到实验板“电源输入电路”中的“GND”和“+12 V_IN”上。注意不能接反。电位器 R_{W11} 顺时针转到最大,使电压输出为 9.5 V 左右。R_{W13} 顺时针转到最大,波形输出最大。

用万用表测量三极管(VT_{11})基极电压,调整 R_{W12} 使 VT_{11} 的基极直流电压为 2.5 V 左右,这样放大器工作于放大状态。

将示波器连接到实验板“TP_{13}”上,正确调整示波器,使有波形观察。

② 实验内容

根据电路连接关系,判断此振荡器为克拉泼振荡还是西勒振荡电路。

改变振荡器电容,测量振荡频率。列表计算此振荡器调节电容时,频率的改变范围。并测量波段覆盖系数。

表 8.4.1 测试数据

电容 C/pF	100	110	139	151	双联可调电容(由小到大,观察趋势)
振荡频率 f/MHz					
输出电压 V_{pp}/V					

(2) 西勒振荡器电路

① 实验准备

把元件库板中的 100 pF 电容元件插入到“CM_{12}”位置上。把 1.8 μH 电感元件插入到“LM_{11}”位置上。把 10 pF 电容插入到 CM_{14} 处。打开直流电源,同时调节为直流+12 V 左右。把电源连接到实验板“电源输入电路”中的“GND”和“+12 V_IN”上。注意不能接反。电位器 R_{W11} 顺时针转到最大,使电压输出为 9.5 V 左右。R_{W13} 顺时针转到最大,波形输出最大。

用万用表测量三极管(VT_{11})基极电压,调整 R_{W12} 使 VT_{11} 的基极直流电压为 2.5 V 左右,这样放大器工作于放大状态。将示波器连接到实验板"TP_{13}"上,正确调整示波器,使有波形观察。

② 实验内容

根据电路连接关系,判断此振荡器为克拉泼振荡还是西勒振荡电路。改变振荡器电容,测量振荡频率。按照表电容的变化测出与电容相对应的振荡频率和输出电压(峰峰值 V_{pp}),并将测量结果记于表 8.4.2 中。西勒振荡器电路是克拉泼振荡器电路的改进型,比较电容改变时,两种电路的频率改变范围,结合理论知识简述现象。(注:如果在开关转换过程中使振荡器停振无输出,可调整 R_{W11},使之恢复振荡。)

表 8.4.2 测试数据

电容 C/pF	10	39	51	75	75+10	51+39	75+39	75+51
振荡频率 f/MHz								
输出电压 V_{pp}/V								
电容 C/pF	双联可调电容(由小到大,观察趋势)							
振荡频率 f/MHz	39+双联电容:变化现象				75+双联电容:变化现象			

6. 实验报告

(1) 根据测试数据,分别绘制西勒振荡器,克拉泼振荡器的幅频特性曲线,并进行分析比较。

(2) 根据测试数据,计算频率稳定度,分别绘制克拉泼振荡器、西勒振荡器的 $\frac{\Delta f}{f_0}-E_C$ 曲线。

(3) 对实验中出现的问题进行分析判断。

(4) 总结由本实验获提的体会。

8.5 石英晶体振荡器

1. 实验要求

(1) 本实验应具备的知识点:石英晶体振荡器;串联型晶体振荡器;静态工作点、微调电容、负载电阻对晶体振荡器工作的影响。

(2) 本实验所用到的仪器:双踪示波器(模拟)、电源、万用表。

2. 实验目的

(1) 熟悉电子元器件和高频电子线路实验系统。

(2) 掌握石英晶体振荡器、串联型晶体振荡器的基本工作原理,熟悉其各元件功能。

(3) 熟悉静态工作点、负载电阻对晶体振荡器工作的影响。

(4) 掌握晶体振荡器频率稳定度高的特点，了解晶体振荡器工作频率微调的方法。

3. 实验内容

(1) 用万用表进行静态工作点测量。

(2) 用示波器观察振荡器输出波形，测量振荡电压峰峰值 V_{pp}，并以频率计测量振荡频率。

(3) 观察并测量静态工作点、负载电阻等因素对晶体振荡器振荡幅度和频率的影响。

4. 基本原理

(1) 晶体振荡器工作原理

一种晶体振荡器的交流通路如图 8.5.1 所示。图中，若将晶体短路，则 L_1、C_2、C_3就构成了典型的电容三点式振荡器(考毕兹电路)。因此，图 8.5.1 的电路是一种典型的串联型晶体振荡器电路(共基接法)。若取 $L_1=4.3\ \mu H$、$C_2=820$ pF、$C_3=180$ pF，则可算得 LC 并联谐振回路的谐振频率 $f_0\approx 6$ MHz，与晶体工作频率相同。图中，C_5是耦合(隔直流)电容，R_5是负载电阻。很显然，R_5越小，负载越重，输出振荡幅度将越小。

(2) 晶体振荡器电路

晶体振荡器电路如图 8.5.2 所示。图中，R_{03}、C_{02}为去耦元件，C_{01}为旁路电容，并构成共基接法。R_{W01}用以调整振荡器的静态工作点(主要影响起振条件)。C_{05}为输出耦合电容。VT_{02}为射随器，用以提高带负载能力。实际上，图 8.5.2 电路的交流通路即为图 8.5.1 所示的电路。

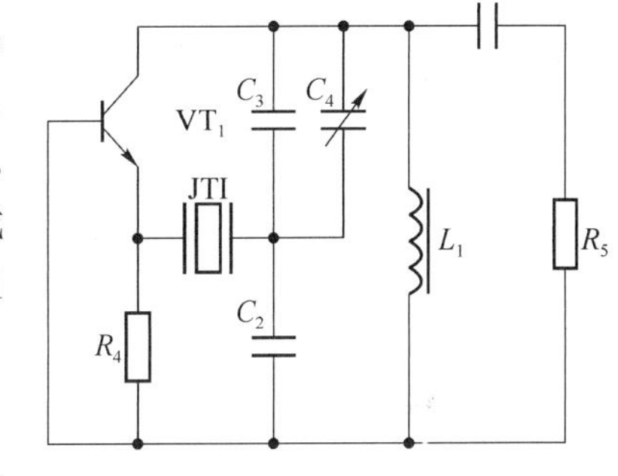

图 8.5.1 晶体振荡器交流通路

5. 实验准备

(1) 把元件库板中的 6 MHz 晶体元件插入到"JM_{21}"位置上。

(2) 打开直流电源，同时调节为直流+12 V 左右。关掉电源。

(3) 把电源夹子线连接到实验板"电源输入电路"中的"GND"和"+12 V_IN"上。注意不能接反。

(4) 打开稳压电源开关，按下实验板上"S_{21}"开关，点亮 VD_{21}灯，上电成功。

(5) 调整电位器 R_{W21}，使 VT_{21}基极电压为 3.3 V 左右。

(6) 示波器连接到实验板"TP_{22}"上，正确调整示波器，使有波形观察。

6. 实验内容

(1) 静态工作点测量(串联型晶体振荡器)

改变电位器 R_{W21}，可改变 VT_{21}的基极电压 V_B，并改变其发射极电压 V_E。记下 V_E的最大、最小值，并计算相应的 I_{Emax}、I_{Emin}值(发射极电阻 $R_{22}=1\ k\Omega$)。

(2) 静态工作点变化对振荡器工作的影响

① 调节实验初始条件：$V_{EQ}=2.5$ V(调 R_{W21}达到)。

② 调节电位器 R_{W21}以改变晶体管静态工作点 I_E，使其分别为表 8.5.1 所示各值，且把

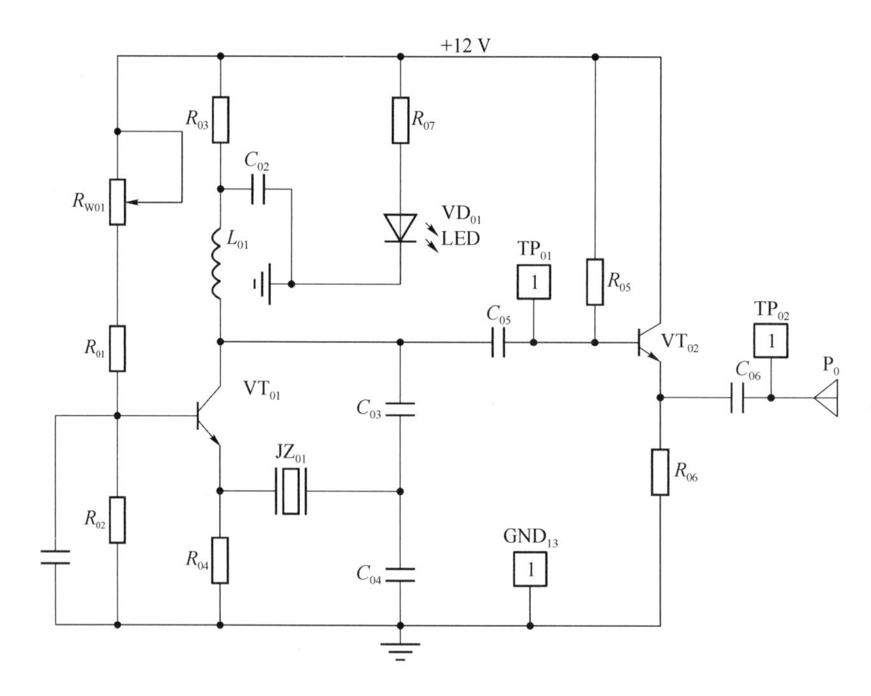

图 8.5.2 晶体振荡器实验电路

示波器探头接到 TP_{22} 端，观察振荡波形，测量相应的振荡电压峰峰值 V_{pp}，并以频率计读取相应的频率值，填入表 8.5.1。

表 8.5.1 测试数据表格

V_{EQ}/V	2.0	2.2	2.4	2.6	2.8	3.0
f/MHz						
V_{pp}/V						

(3) 自行设计皮尔斯晶体振荡电路(频率为 10.7 MHz)

7. 实验报告要求

(1) 根据实验测量数据，分析静态工作点(I_{EQ})对晶体振荡器工作的影响。

(2) 对实验结果进行分析，总结静态工作点、负载电阻等因素对晶体振荡器振荡幅度和频率的影响，并阐述缘由。

(3) 对晶体振荡器与 LC 振荡器之间在静态工作点影响、带负载能力方面作一比较，并分析其原因。

(4) 总结由本实验获得的体会。

第 9 章

综合型实验

9.1　集成乘法器幅度调制电路

1. 实验要求

(1) 本实验应具备的知识点：幅度调制、用模拟乘法器实现幅度调制、MC1496 四象限模拟相乘器。

(2) 本实验所用到的仪器：双踪示波器、万用表、直流稳压电源、高频信号源。

2. 实验目的

(1) 通过实验了解振幅调制的工作原理。

(2) 掌握用 MC1496 来实现 AM 和 DSB 的方法，并研究已调波与调制信号，载波之间的关系。

(3) 掌握用示波器测量调幅系数的方法。

3. 实验内容

(1) 模拟相乘调幅器的输入失调电压调节。

(2) 用示波器观察正常调幅波(AM)波形，并测量其调幅系数。

(3) 用示波器观察平衡调幅波(抑制载波的双边带波形 DSB)波形。

(4) 用示波器观察调制信号为方波、三角波的调幅波。

4. 基本原理

所谓调幅就是用低频调制信号去控制高频振荡(载波)的幅度，使其成为带有低频信息的调幅波。目前由于集成电路的发展，集成模拟相乘器得到广泛的应用，为此本实验采用价格较低廉的 MC1496 集成模拟相乘器来实现调幅之功能。

(1) MC1496 简介

MC1496 是一种四象限模拟相乘器，其内部电路以及用作振幅调制器时的外部连接如图 9.1.1 所示。

由图可见，电路中采用了以反极性方式连接的两组差分对($VT_1 \sim VT_4$)，且这两组差分对的恒流源管(VT_5、VT_6)又组成了一个差分对，因而亦称为双差分对模拟相乘器。其典型用法是：

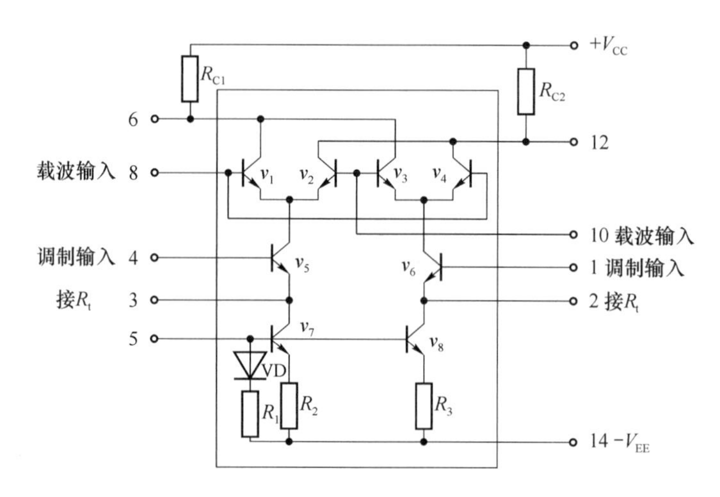

图 9.1.1 MC1496 内部电路及外部连接

8、10 脚间接一路输入(称为上输入 v_1),1、4 脚间接另一路输入(称为下输入 v_2),6、12 脚分别经由集电极电阻 R_c 接到正电源+12 V 上,并从 6、12 脚间取输出 v_o。

2、3 脚间接负反馈电阻 R_t。5 脚到地之间接电阻 R_B,它决定了恒流源电流 I_7、I_8 的数值,典型值为 6.8 kΩ。14 脚接负电源−8 V。7、9、11、13 脚悬空不用。由于两路输入 v_1、v_2 的极性皆可取正或负,因而称之为四象限模拟相乘器。可以证明:

$$v_o = \frac{2R_c}{R_t} v_2 \cdot \text{th}\left(\frac{v_1}{2v_T}\right)$$

因而,仅当上输入满足 $v_1 \leqslant v_T$(26 mV)时,方有:

$$v_o = \frac{R_c}{R_t v_T} v_1 \cdot v_2$$

这样才是真正的模拟相乘器,本实验即为此例。

(2) MC1496 组成的调幅器实验电路

R_{W32}用来调节 1、4 端之间的平衡,R_{W33}用来调节 8、10 端之间的平衡。K_{31} 开关控制 1 端是否接入直流电压,短路下方时,1496 的 1 端接入直流电压,其输出为正常调幅波(AM),调整 R_{W31} 电位器,可改变调幅波的调制度。当不接时,其输出为平衡调幅波(DSB)。晶体管 VT_{31} 为随极跟随器,以提高调制器的带负载能力。

5. 实验准备

(1) 按前述实验步骤接好电源。

(2) 调制信号源。采用低频信号源中的函数发生器,其参数调节如下(示波器监测):频率范围为 1 kHz;波形选择为正弦波;输出峰峰值为 300 mV;CH_2 输出。

(3) 载波源:采用高频信号源,其参数调节如下(示波器监测):工作频率为 2 MHz,用频率计测量;输出幅度(峰峰值)为 400 mV,用示波器观测;CH_1 输出。

6. 实验步骤

(1) 输入失调电压的调整(交流馈通电压的调整)

集成模拟相乘器在使用之前必须进行输入失调调零,也就是要进行交流馈通电压的调整,其目的是使相乘器调整为平衡状态。因此在调整 K_{31} 不接,以切断其直流电压。交流馈通电压指的是相乘器的一个输入端加上信号电压，而另一个输入端不加信号时的输出电压，这个电压越小越好。

① 载波输入端输入失调电压调节

把调制信号源输出的音频调制信号加到音频输入端(J_{32})，而载波输入端不加信号。用示波器监测相乘器输出端(TP_{33})的输出波形，调节电位器 R_{W33}，使此时输出端(TP_{33})的输出信号(称为调制输入端馈通误差)最小。

② 调制输入端输入失调电压调节

把载波源输出的载波信号加到载波输入端(J_{31})，而音频输入端不加信号。用示波器监测相乘器输出端(TP_{33})的输出波形。调节电位器 R_{W32} 使此时输出(TP_{33})的输出信号(称为载波输入端馈通误差)最小。

(2) AM(常规调幅)波形测量

① AM 正常波形观测

在保持输入失调电压调节的基础上，接通 K_{31}，即转为正常调幅状态。载波频率仍设置为 2 MHz(幅度 400 mV)，调制信号频率 1 kHz(幅度 300 mV)。示波器 CH_1 接 TP_{32}、CH_2 接 TP_{33}，即可观察到正常的 AM 波形。调整 R_{W31} 使波形正常，如图 9.1.3 所示。

调整电位器 R_{W31}，可以改变调幅波的调制度。在观察输出波形时，改变音频调制信号的频率及幅度，输出波形应随之变化。

② 不对称调制度的 AM 波形观察

在 AM 正常波形调整的基础上，改变 R_{W33}，可观察到调制度不对称的情形。最后仍调制到调制度对称的情形。

③ 过调制时的 AM 波形观察

在上述实验的基础上，即载波 2 MHz(幅度 200 mV)，音频调制信号 1 kHz(幅度 300 mV)，示波器 CH_1 接 TP_{32}、CH_2 接 TP_{33}。调整 R_{W31} 使调制度为 100%，然后增大音频调制信号的幅度，可以观察到过调制时 AM 波形，并与调制信号波形作比较。

④ 增大载波幅度时的调幅波观察

保持调制信号输入不变，逐步增大载波幅度，并观察输出已调波。可以发现：当载波幅度增大到某值时，已调波形开始有失真；而当载波幅度继续增大时，已调波形包络出现模糊。最后把载波幅度复原(200 mV)。

⑤ 调制信号为三角波和方波时的调幅波观察

保持载波源输出不变，但把调制信号源输出的调制信号改为三角波(峰峰值 200 mV)或方波(200 mV)，并改变其频率，观察已调波形的变化，调整 R_{W31}，观察输出波形调制度的变化。

(3) 调制度 m_a 的测试

我们可以通过直接测量调制包络来测出 m_a。将被测的调幅信号加到示波器 CH_1 或 CH_2，并使其同步。调节时间旋钮使荧光屏显示几个周期的调幅波波形，如图 9.1.4 所示。根据 m_a 的定义，测出 A、B，即可得到 m_a。

$$m_a=\frac{A-B}{A+B}\times 100\%$$

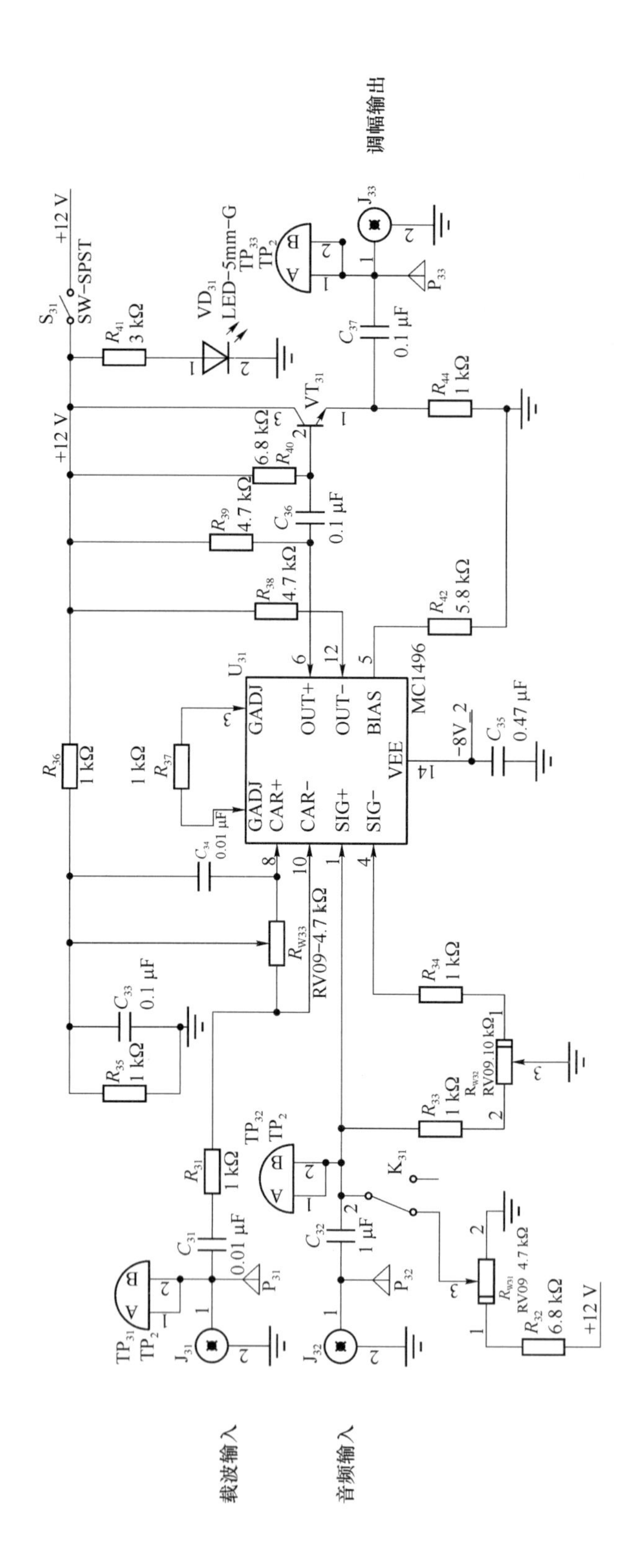

图 9.1.2 MC1496 组成的调幅器实验电路

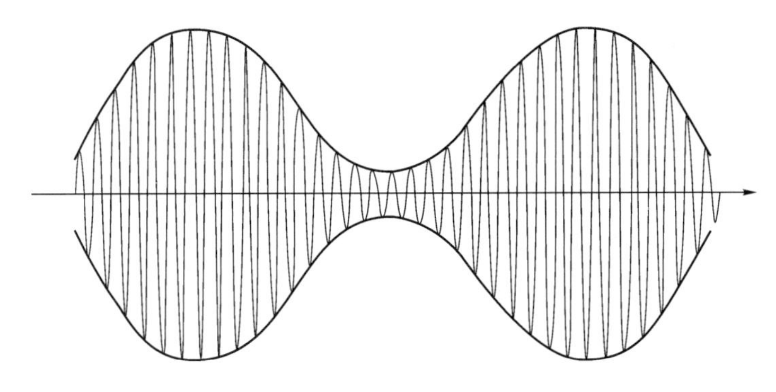

图 9.1.3 AM波形

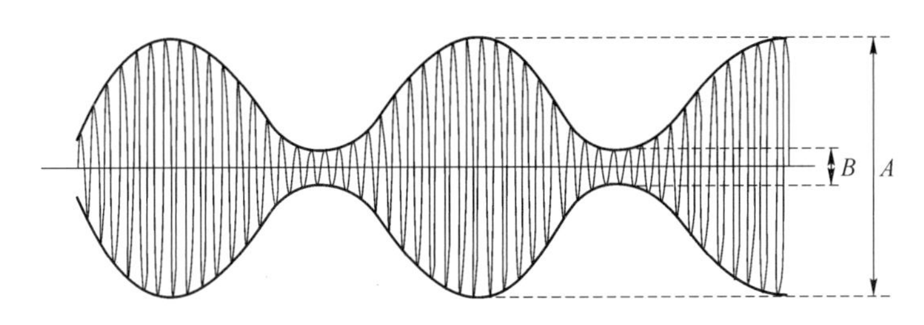

图 9.1.4 调制度测量

7. 实验报告要求

(1) 整理按实验步骤所得数据,绘制记录的波形,并作出相应的结论。

(2) 画出DSB波形和 $m_a=100\%$ 时的AM波形,比较两者的区别。

(3) 总结由本实验获得的体会。

9.2 高频功率放大及调幅电路

1. 实验要求

(1) 本实验应具备的知识点:谐振功率放大器的基本工作原理(基本特点,电压、电流波形),谐振功率放大器的三种工作状态,集电极负载变化对谐振功率放大器工作的影响。

(2) 本实验所用到的仪器:双踪示波器、万用表、直流稳压电源、高频信号源。

2. 实验目的

(1) 通过实验,加深对丙类功率放大器基本工作原理的理解,掌握丙类功率放大器的调谐特性。

(2) 掌握输入激励电压,集电极电源电压及负载变化对放大器工作状态的影响。

(3) 通过实验进一步了解调幅的工作原理。

3. 实验内容

(1) 观察高频功率放大器丙类工作状态的现象,并分析其特点。

（2）测试丙类功放的调谐特性。

（3）测试负载变化时三种状态(欠压、临界、过压)的余弦电流波形。

（4）观察激励电压、集电极电压变化时余弦电流脉冲的变化过程。

（5）观察功放基极调幅波形。

4. 基本原理

（1）丙类调谐功率放大器基本工作原理

放大器按照电流导通角 θ 的范围可分为甲类、乙类及丙类等不同类型。功率放大器电流导通角 θ 越小，放大器的效率则越高。丙类功率放大器的电流导通角 $\theta < 90°$，效率可达 80%，通常作为发射机末级功放以获得较大的输出功率和较高的效率。为了不失真地放大信号，它的负载必须是 LC 谐振回路。

由于丙类调谐功率放大器采用的是反向偏置，在静态时，管子处于截止状态。只有当激励信号 u_b 足够大，超过反偏压 E_b 及晶体管起始导通电压 u_i 之和时，管子才导通。这样，管子只有在一周期的一小部分时间内导通。所以集电极电流是周期性的余弦脉冲，波形如图 9.2.1所示。

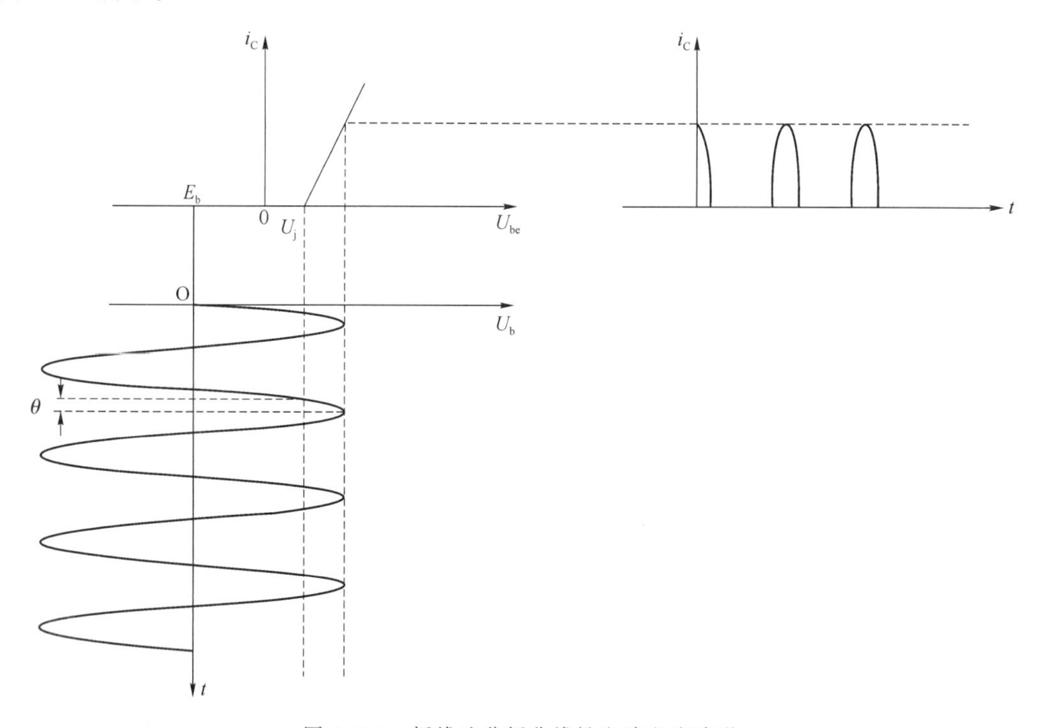

图 9.2.1 折线法分析非线性电路电流波形

根据调谐功率放大器在工作时是否进入饱和区，可将放大器分为欠压、过压和临界三种工作状态。若在整个周期内，晶体管工作不进入饱和区，也即在任何时刻都工作在放大区，称放大器工作在欠压状态；若刚刚进入饱和区的边缘，称放大器工作在临界状态；若晶体管工作时有部分时间进入饱和区，则称放大器工作在过压状态。放大器的这三种工作状态取决于电源电压 E_c、偏置电压 E_b、激励电压幅值 U_{bm} 以及集电极等效负载电阻 R_c。

① 激励电压幅值 U_{bm} 变化对工作状态的影响

当调谐功率放大器的电源电压 E_c、偏置电压 E_b 和负载电阻 R_c 保持恒定时，激励振幅

U_{bm}变化对放大器工作状态的影响如图 9.2.2 所示。

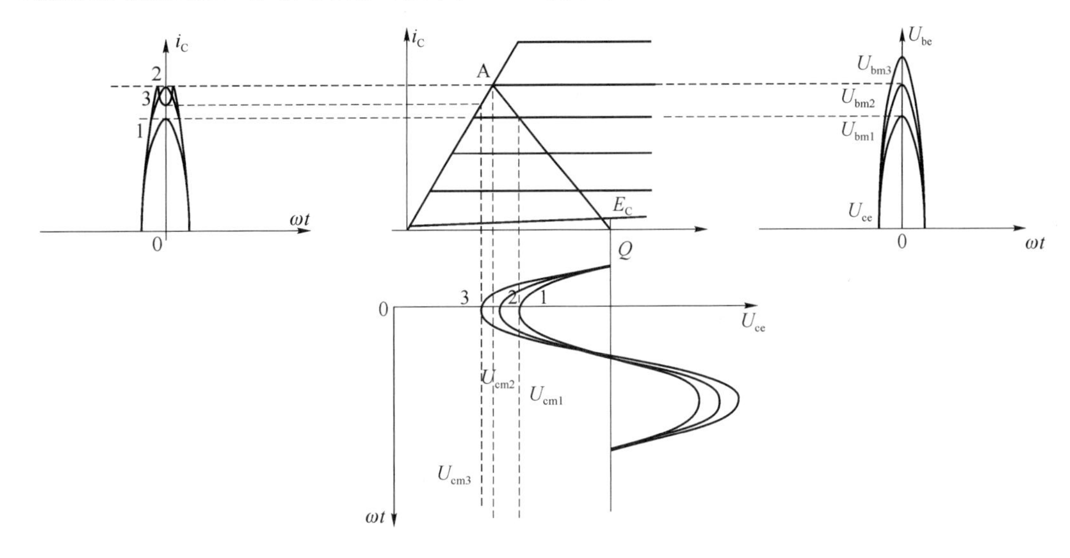

图 9.2.2 U_{bm}变化对工作状态的影响

由图可以看出，当 U_{bm} 增大时，i_{cmax}、U_{cm} 也增大；当 U_{bm} 增大到一定程度，放大器的工作状态由欠压进入过压，电流波形出现凹陷，但此时 U_{cm} 还会增大（如 U_{cm3}）。

② 负载电阻 R_c 变化对放大器工作状态的影响

当 E_C、E_b、U_{bm} 保持恒定时，改变集电极等效负载电阻 R_c 对放大器工作状态的影响，如图 9.2.3 所示。

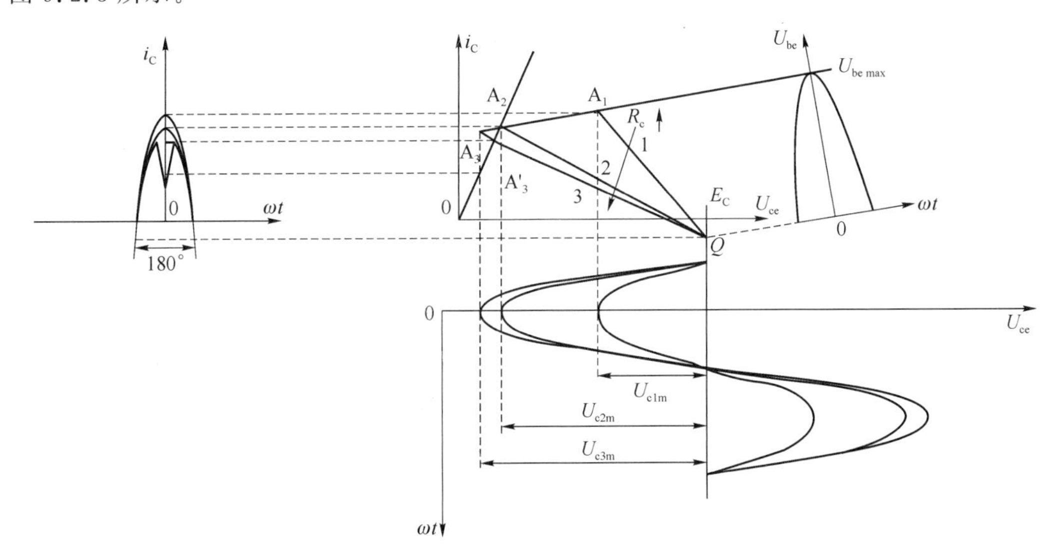

图 9.2.3 不同负载电阻时的动态特性

图 9.2.3 表示在三种不同负载电阻 R_c 时，做出的三条不同动态特性曲线 QA_1、QA_2、$AQ_3A'_3$。其中 QA_1 对应于欠压状态，QA_2 对应于临界状态，$AQ_3A'_3$ 对应于过压状态。QA_1 相对应的负载电阻 R_c 较小，U_{cm} 也较小，集电极电流波形是余弦脉冲。随着 R_c 增加，动态负载线的斜率逐渐减小，U_{cm} 逐渐增大，放大器工作状态由欠压到临界，此时电流波形仍为余弦脉冲，只是幅值比欠压时略小。当 R_c 继续增大，U_{cm} 进一步增大，放大器进入过压

状态,此时动态负载线 A_3Q 与饱和线相交,此后电流 i_c 随 U_{cm} 沿饱和线下降到 A'_3,电流波形顶端下凹,呈马鞍形。

③ 电源电压 E_C 变化对放大器工作状态的影响

在 E_b、U_{bm}、R_C 保持恒定时,集电极电源电压 E_C 变化对放大器工作状态的影响如图 9.2.4所示。

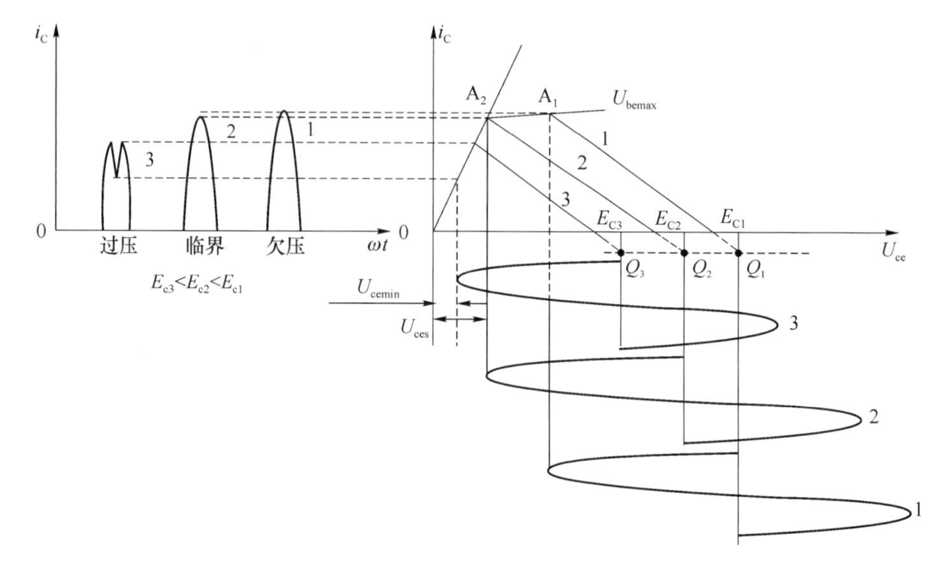

图 9.2.4 E_C 改变时对工作状态的影响

由图可见,E_C 变化,U_{cemin} 也随之变化,使得 U_{cemin} 和 U_{ces} 的相对大小发生变化。当 E_C 较大时,U_{cemin} 具有较大数值,且远大于 U_{ces},放大器工作在欠压状态。随着 E_C 减小,U_{cemin} 也减小,当 U_{cemin} 接近 U_{ces} 时,放大器工作在临界状态。E_C 再减小,U_{cemin} 小于 U_{ces} 时,放大器工作在过压状态。图 9.2.4 中,$E_C>E_{C2}$ 时,放大器工作在欠压状态;$E_C=E_{C2}$ 时,放大器工作在临界状态;$E_C<E_{C2}$ 时,放大器工作在过压状态。即当 E_C 由大变小时,放大器的工作状态由欠压进入过压,i_C 波形也由余弦脉冲波形变为中间凹陷的脉冲波。

(2) 高频功率放大器实验电路

高频功率放大器实验电路如图 9.2.5 所示。

本实验单元由两级放大器组成,VT_{11} 是前置放大级,工作在甲类线性状态,以适应较小的输入信号电平。TP_{12}、TP_{14} 为该级输入、输出测量点。由于该级负载是电阻,对输入信号没有滤波和调谐作用,因而既可作为调幅放大,也可作为调频放大。VT_{12} 为丙类高频功率放大电路,其基极偏置电压为零,通过发射极上的电压构成反偏。因此,只有在载波的正半周且幅度足够大时才能使功率管导通。其集电极负载为 LC 选频谐振回路(CM_{11}、LM_{11}),谐振在载波频率上以选出基波,因此可获得较大的功率输出。本实验功放谐振频率由学生设计,当进行基极调幅实验时选择 10.7 MHz 频率,当进行谐振放大器实验时,选择 4 MHz 频率,此时可用于测量三种状态(欠压、临界、过压)下的电流脉冲波形,因频率较低时测量效果较好。RM_{11} 用于负载电阻的接通与否,电位器用来改变负载电阻的大小。R_{W11} 用来调整功放集电极电源电压的大小(谐振回路频率为 4 MHz 左右时)。J_{13} 为音频信号输入口,加入音频信号时可对功放进行基极调幅。TP_{16} 为功放集电极测试点,TP_{15} 为发射极测试点,可在该点测量电流脉冲波形。

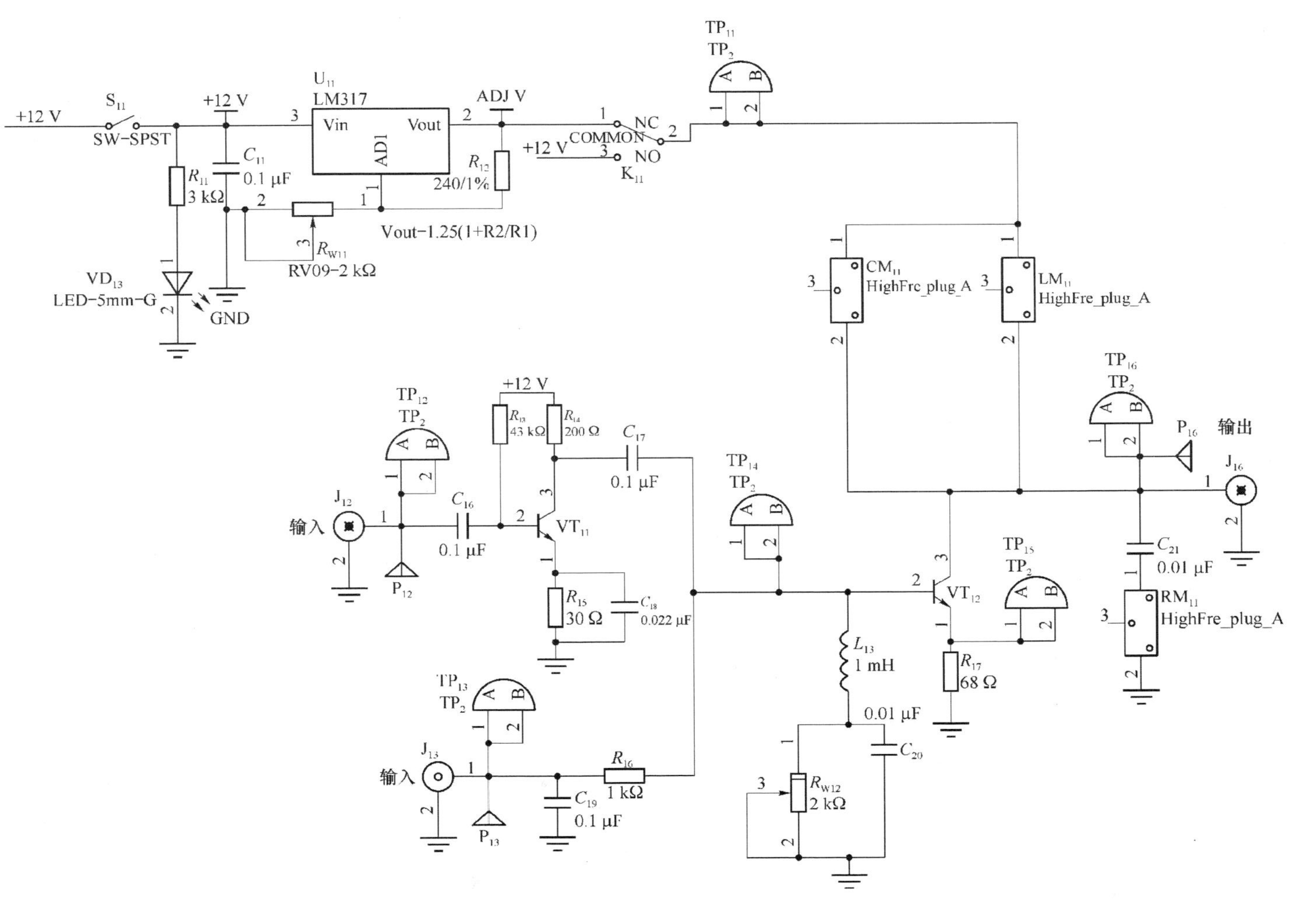

图 9.2.5 高频功率放大与发射实验图

5. 实验准备

(1) 把元件库板中的 100 pF 电容元件插入到“CM_{11}”位置上。把“10 μH”电感元件插入到“LM_{11}”位置上。用短路块连接 K_{11} 上端，接入可调电压源，并调整 R_{W11} 使 TP_{11} 处的电压为 6 V，把电位器元件调节为 8 kΩ 插入到 RM_{11} 处。

(2) 打开稳压电源，并调节为直流+12 V 左右。关掉电源。

(3) 把电源夹子线连接到实验板“电源输入电路”中的“GND”和“+12 V_IN”上。注意不能接反。

(4) 打开稳压电源开关，按下实验板上“S_{11}”开关，点亮 VD_{13} 灯，上电成功。

(5) 使用信号发生器产生 4 MHz，50 mV 的正弦波信号，信号由“CH_1 输出”，用电缆线连接至实验板“J_{12}”上。

(6) 示波器连接到实验板“TP_{16}”上，正确调整示波器，使有波形观察。

(7) 调整双联电容 CM_{11}，使输出波形最大，不失真。(回路谐振在 4 MHz)

6. 实验步骤

(1) 激励电压、电源电压及负载变化对丙类功放工作状态的影响

① 激励电压 U_b 对放大器工作状态的影响

保持集电极电源电压 E_c=6 V(用万用表测 TP_{11} 直流电压，调 R_{W11} 等于 6 V)，负载电阻 R_L=8 kΩ 不变。高频信号源频率 4 MHz 左右，幅度 40 mV(峰峰值)，连接至功放模块输入端(J_{12})。示波器 CH_1 接 TP_{15}。改变信号源幅度，即改变激励信号电压 U_b，观察 TP_{15} 电压波形。信号源幅度变化时，应观察到欠压、临界、过压脉冲波形。其波形如图 9.2.6 所示。如果波形不对称，应微调高频信号源频率(3.8 MHz)。

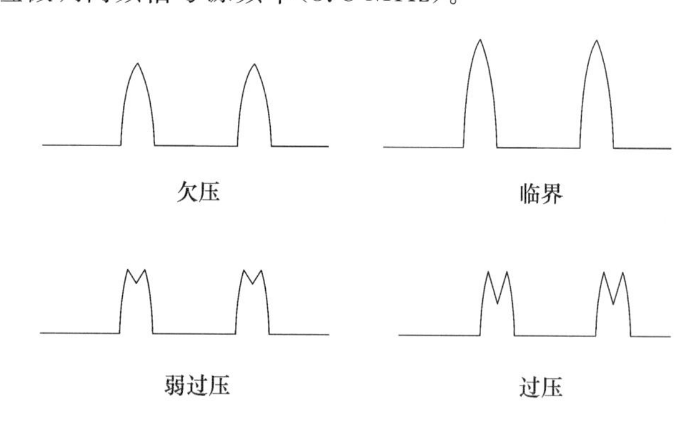

图 9.2.6 三种状态下的电流脉冲波形

② 集电极电源电压 E_c 对放大器工作状态的影响

保持激励电压 U_b 为 8～100 mV 峰峰值、负载电阻 R_L=8 kΩ 不变，改变功放集电极电压 E_c(调整 R_{W11} 电位器，使 E_c 为 5～10 V 变化)，观察 TP_{15} 电压波形。调整电压 E_c 时，仍可观察到图 9.2.6 的波形(调整时要细心，波形不意观察)，但此时欠压波形幅度比临界时稍大。

③ 负载电阻 R_L 变化对放大器工作状态的影响

保持功放集电极电压 E_c=2.5 V，激励电压(100 mV 峰峰值)不变，改变负载电阻 R_L(调整 RM_{11} 电位器)，观察 TP_{04} 电压波形。同样能观察到图 9.2.6 的脉冲波形，但欠压时波

形幅度比临界时大。测出欠压、临界、过压时负载电阻的大小。

(2) 功放调谐特性测试

CM_{11} 接入双联可调电容，LM_{11} 接入 1 μH 电感，RM_{11} 不接。K_{11} 短路模块接入下方 12 V。

在 J_{12} 处输入起始频率为 8 MHz、终止频率为 13 MHz、时间为 10 ms、幅度为 200 mV 的扫频信号。示波器接 TP_{16} 处，调节 CM_{11} 电容，使回路谐振于 10.7 MHz。按照表 9.2.1 进行测试，并作谐振曲线图。

表 9.2.1　测试数据表格

f/MHz	8	9	10	10.2	10.4	10.6	10.7	10.8
V_C/V_{PP}								
f/MHz	11	11.2	11.4	11.6	12	13		
V_C/V_{pp}								

(3) 功放调幅波的观察

CM_{11} 接入双联可调电容，LM_{11} 接入 1 μH 电感，RM_{11} 不接。K_{11} 短路模块接入下方 12 V。在 J_{12} 处输入 10.7 MHz、幅度 200 mV 的正弦波信号。示波器接 TP_{16} 处，调节 CM_{11} 电容，使回路谐振于 10.7 MHz。(信号源 CH_1 通道输出)

信号源产生一个 2 kHz、幅度 500 mV 的正弦波信号，由 CH_2 通道输出，接入到 TP_{13} 上用示波器观察 TP_{16} 的波形。此时该点波形应为调幅波，改变音频信号的幅度，输出调幅波的调制度应发生变化。改变调制信号的频率，调幅波的包络亦随之变化。

7. 实验报告

(1) 认真整理实验数据，对实验参数和波形进行分析，说明输入激励电压、集电极电源电压，负载电阻对工作状态的影响。

(2) 用实测参数分析丙类功率放大器的特点。

(3) 总结由本实验获得的体会。

9.3　变容二极管调频器

1. 实验要求

(1) 本实验应具备的知识点：频率调制、变容二极管调频、静态调制特性、动态调制特性。

(2) 本实验所用到的仪器：双踪示波器(模拟)、电源、高频信号发生器、万用表。

2. 实验目的

(1) 熟悉电子元器件和高频电子线路实验系统。

(2) 掌握用变容二极管调频振荡器实现 FM 的方法。

(3) 理解静态调制特性、动态调制特性概念和测试方法。

3. 实验内容

(1) 用示波器观察调频器输出波形,考察各种因素对于调频器输出波形的影响。

(2) 变容二极管调频器静态调制特性测量。

(3) 变容二极管调频器动态调制特性测量。

4. 基本原理

(1) 变容二极管调频器实验电路

变容二极管调频器实验电路如图 9.3.1 所示。图中,VT_{11}本身为电容三点式振荡器,它与VD_{15}、VD_{16}(变容二极管)一起组成了直接调频器。VT_{12}为放大器,VT_{13}为射极跟随器。R_{W11}用来调节变容二极管偏压。

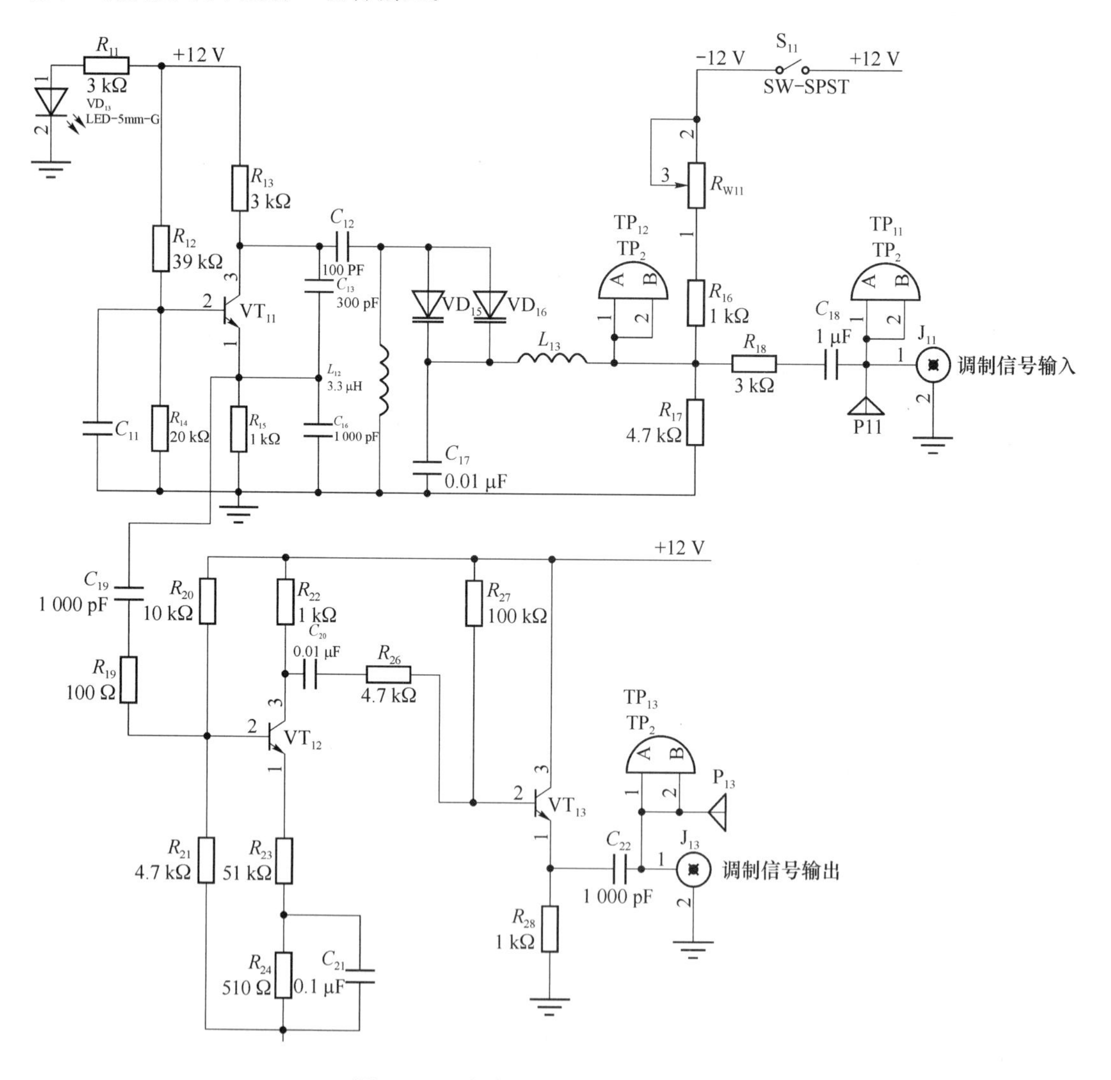

图 9.3.1 变容二极管调频器实验电路

(2) 变容二极管调频器工作原理

由图 9.3.1 可见,加到变容二极管上的直流偏置就是+12 V 经由R_{16}、R_{W11}和R_{17}分压后，从 R_{17} 得到的电压，因而调节 R_{W11} 即可调整偏压。由图可见，该调频器本质上是一个电容三点式振荡器（共基接法），由于电容 C_{17} 对高频短路，因此变容二极管实际上与 L_{12} 相并。调整电位器 R_{W11}，可改变变容二极管的偏压，也即改变了变容二极管的容量，从而改变其振荡频率。因此变容二极管起着可变电容的作用。

对输入音频信号而言，L_{13} 短路，C_{17} 开路，从而音频信号可加到变容二极管 VD_{15}、VD_{16} 上。当变容二极管加有音频信号时，其等效电容按音频规律变化，因而振荡频率也按音频规律变化，从而达到了调频的目的。

5. 实验步骤

（1）静态调制特性测量

输入端先不接音频信号，将示波器接到调频输出（TP_{13}），调整 R_{W11} 使得振荡频率 $f_0=$ 8.5 MHz，用万用表测量此时 TP_{12} 点电位值，填入表 9.3.1 中。然后重新调节电位器 R_{W11}，使 TP_{12} 的电位在 2～9 V 范围内变化，并把相应的频率值填入表 9.3.1。

表 9.3.1 测试数据表格

V_{TP12}/V			2	3	4	5	6	7	8	9
f_0/MHz		8.5								

（2）动态调制特性测量

① 接通+12 V 电源。

② 调整 R_{W11} 使得振荡频率 $f_0=8.5$ MHz。

③ 信号源输出频率 $f=1$ kHz、峰峰值 $V_{pp}=300$ mV（用示波器监测）的正弦波。加入到调频器单元的音频输入端 J_{11}，便可在调频器单元的 TP_{13} 端上观察到 FM 波。

6. 实验报告要求

（1）根据实验数据，在坐标纸上画出静态调制特性曲线，说明曲线斜率受哪些因素影响。

（2）说明 R_{W11} 对于调频器工作的影响。

（3）总结由本实验所获得的体会。

9.4 锁相环频率调制器

1. 实验要求

（1）本实验应具备的知识点：锁相环的基本工作原理、4046 的组成、4046 组成的频率调制器工作原理。

（2）本实验所用到的仪器：双踪示波器（模拟）、电源、高频信号发生器、万用表。

2. 实验目的

（1）熟悉 4046 单片集成电路的组成和应用。

(2) 加深锁相环基本工作原理的理解。

(3) 掌握用 4046 集成电路实现频率调制的原理和方法。

(4) 了解调频方波的基本概念。

3. 实验内容

(1) 不接调制信号时,观测调频器输出波形,并测量其频率。

(2) 测量锁相环的同步带和捕捉带。

(3) 输入调制信号为正弦波时的调频方波的观测。

(4) 输入调制信号为方波时的调频方波的观测。

4. 基本原理

(1) 4046 锁相环芯片介绍

4046 锁相环功能框图如图 9.4.1 所示。外引线排列管脚功能简要介绍如下:

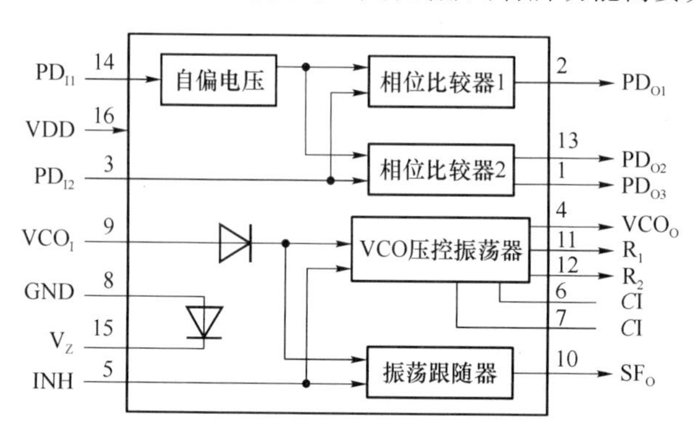

图 9.4.1 4046 锁相环逻辑框图

第 1 引脚(PD_{O3}):相位比较器 2 输出的相位差信号,为上升沿控制逻辑。

第 2 引脚(PD_{O1}):相位比较器 1 输出的相位差信号,它采用异或门结构,即鉴相特性为 $PD_{O1}=PD_{I1}\oplus PD_{I2}$。

第 3 引脚(PD_{I2}):相位比较器输入信号,通常 PD 为来自 VCO 的参考信号。

第 4 引脚(VCO_O):压控振荡器的输出信号。

第 5 引脚(INH):控制信号输入,若 INH 为低电平,则允许 VCO 工作和源极跟随器输出:若 INH 为高电平,则相反,电路将处于功耗状态。

第 6 引脚(CI):与第 7 引脚之间接一电容,以控制 VCO 的振荡频率。

第 7 引脚(CI):与第 6 引脚之间接一电容,以控制 VCO 的振荡频率。

第 8 引脚(GND):接地。

第 9 引脚(VCO_I):压控振荡器的输入信号。

第 10 引脚(SF_O):源极跟随器输出。

第 11 引脚(R_1):外接电阻至地,分别控制 VCO 的最高和最低振荡频率。

第 12 引脚(R_2):外接电阻至地,分别控制 VCO 的最高和最低振荡频率。

第 13 引脚(PD_{O2}):相位比较器输出的三态相位差信号,它采用 PD_{I1}、PD_{I2} 上升沿控制逻辑。

第 14 引脚(PD_{I1}):相位比较器输入信号,PD_{I1} 输入允许将 0.1 V 左右的小信号或方波信号在内部放大再经过整形电路后,输出至相位比较器。

第15引脚(V_Z):内部独立的齐纳稳压二极管负极,其稳压值$V\approx 5\sim 8$ V,若与TTL电路匹配时,可以用来作为辅助电源用。

第16引脚(VDD):正电源,通常选+5 V或+10 V或+15 V。

(2) 锁相环的基本组成

图9.4.2是锁相环的基本组成方框图,它主要由鉴相器(PD)、环路滤波器(LF)和压控振荡器(VCO)组成。

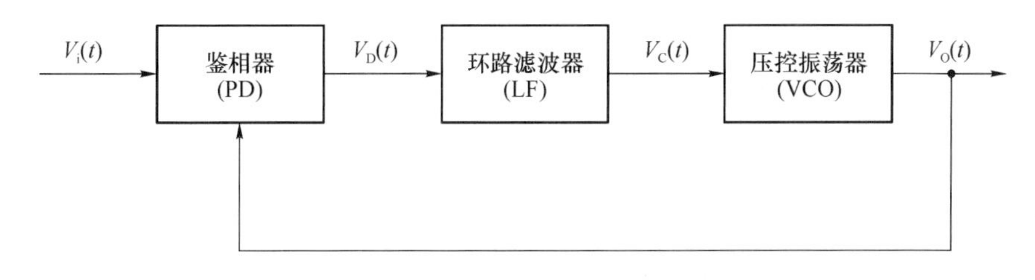

图9.4.2 基本锁相环组成框图

① 压控振荡器(VCO)

VCO是本控制系统的控制对象,被控参数通常是其振荡频率,控制信号为加在VCO上的电压。所谓压控振荡器就是振荡频率受输入电压控制的振荡器。

② 鉴相器(PD)

PD是一个相位比较器,用来检测输出信号$V_O(t)$与输入信号$V_i(t)$之间的相位差$\theta(t)$,并把$\theta(t)$转化为电压$V_d(t)$输出,$V_d(t)$称为误差电压,通常$V_d(t)$作为一直流分量或一低频交流量。

③ 环路滤波器(LF)

LF作为一低通滤波电路,其作用是滤除因PD的非线性而在$V_d(t)$中产生的无用组合频率分量及干扰,产生一个只反映$\theta(t)$大小的控制信号$V_C(t)$。

4046锁相环芯片包含鉴相器(相位比较器)和压控振荡器两部分,而环路滤波器由外接阻容元件构成。

(3) 锁相环锁相原理

锁相环是一种以消除频率误差为目的反馈控制电路,它的基本原理是利用相位误差电压去消除频率误差。按照反馈控制原理,如果由于某种原因使VCO的频率发生变化使得与输入频率不相等,这必将使$V_O(t)$与$V_i(t)$的相位差$\theta(t)$发生变化,该相位差经过PD转换成误差电压$V_d(t)$。此误差电压经过LF滤波后得到$V_c(t)$,由$V_c(t)$去改变VCO的振荡频率,使其趋近于输入信号的频率,最后达到相等。环路达到最后的这种状态就称为锁定状态。当然由于控制信号正比于相位差,即$V_d(t)$正比于$\theta(t)$,因此在锁定状态,$\theta(t)$不可能为零,换言之,在锁定状态$V_O(t)$与$V_i(t)$仍存在相位差。虽然有剩余相位误差存大,但频率误码可以降低到零,因此环路锁定时,压控振荡器输出频率f_O与外加基准频率(输入信号频率)f_i相等,即压控振荡器的频率被锁定在外来参考频率上。

(4) 同频带与捕捉带

同步带是指从环路锁定开始,改变输入信号的频率f_i(向高或向低两个方向变化),直到环路失锁(由锁定到失锁),这段频率范围称为同步带。

捕捉带是指锁相环处于一定的固有振荡频率 f_V,即处于失锁状态,当慢慢减小外加输入信号频率 f_i(初始频率设置较高),直到环路锁定,此时外加输入信号频率 f_{imax}就是同步带的最高频率。环路失锁时,当慢慢增加外加输入信号频率(初始频率设置较低),直到环路锁定,此时外加输入信号频率 f_{imin}就是捕捉带的最低频率。捕捉带为 $f_{imax}-f_{imin}$。

(5) 4046 锁相环组成的频率调制器

4046 锁相环组成的频率调制器实验电路如图 9.4.3 所示。

图中 J_{31}为外加输入信号连接点,是在测试 4046 锁相环同步带、捕捉带时用的,R_{37}、C_{32}和 R_{40}构成环路滤波器。J_{32}为音频调制信号输入口,调制信号由 J_{32}输入,通过 4046 的第 9 脚控制其 VCO 的振荡频率。由于此时的控制电压为音频信号,因此 VCO 的振荡频率也会按照音频的规律变化,即达到了调频。调频信号由 J_{33}输出。TP_{32}为音频输入信号测试点,TP_{33}为调频信号测试点。改变 R_{W31}可以改变压控振荡器的中心频率,由于振荡器输出的是方波,因此本实验输出的是调频非正弦波。

5. 实验步骤

(1) 测量 4046 锁相环输出的频率范围

不接调制信号,示波器接 TP_{33},改变 R_{W31},观测 4046 频率调制器的输出波形及其频率范围。

(2) 同步带和捕捉带的测量

做此项实验时需要几百千赫兹的函数发生器,以产生所需的外加基准频率(方波),或用锁相环鉴频器模块产生的方波(TP_{42}作为外加基准频率信号)。方法如下:双踪示波器 CH_1接 TP_{31},CH_2 接 TP_{33},外加基准信号接 J_{31}。

首先调整 R_{W31}电位器,使调频输出频率为 250 kHz 左右,再调整外加基准频率 f_i,(f_i= 250 kHz 左右,幅度 200 mV,偏移 2.5 V),使环路处于锁定状态,即 TP_{31}与 TP_{33}的波形频率一致。然后慢慢减小基准频率,用双踪示波器仔细观察相位比较器两输入信号之间的关系,当两输入信号波形不一致时,表示环路已失锁,此时基准频率 f_i 就是环路同步带的下限频率 f_1';慢慢增加基准频率 f_i,当发现两输入信号由不同步变为同步,且 $f_i=f_o$,表示环路已进入到锁定状态。此时 f_i 就是捕捉带的下限频率 f_1,继续增加 f_i,此时压控振荡器 f_o 将随 f_i 而变。但当 f_i 增加到 f_2'时,f_o 不再随 f_i 而变,这个 f_2'就是环路同步带的上限频率。然后再逐步降低 f_i,直至环路锁定,此时 f_i 就是捕捉带的最高频率 f_2,从而可求出:捕捉带 $\Delta f=f_2-f_1$,同步带 $\Delta f'=f_2'-f_1'$。

(3) 观察调频波波形

① 高频信号发生器产生一正弦波作为调制信号加入到本实验模块的输入端 J_{32},用示波器观察输出的调频方波信号(TP_{33})。在观察调频方波时,可调整音频调制信号的幅度,电压幅值由零慢慢增加时,调频输出波形由清晰慢慢变模糊,或出现波形疏密不一致,才表明是调频。

② 将函数发生器输出的方波(频率 $F=2$ kHz,幅度 2.3 V)作为调制信号,用示波器再作观察和记录。

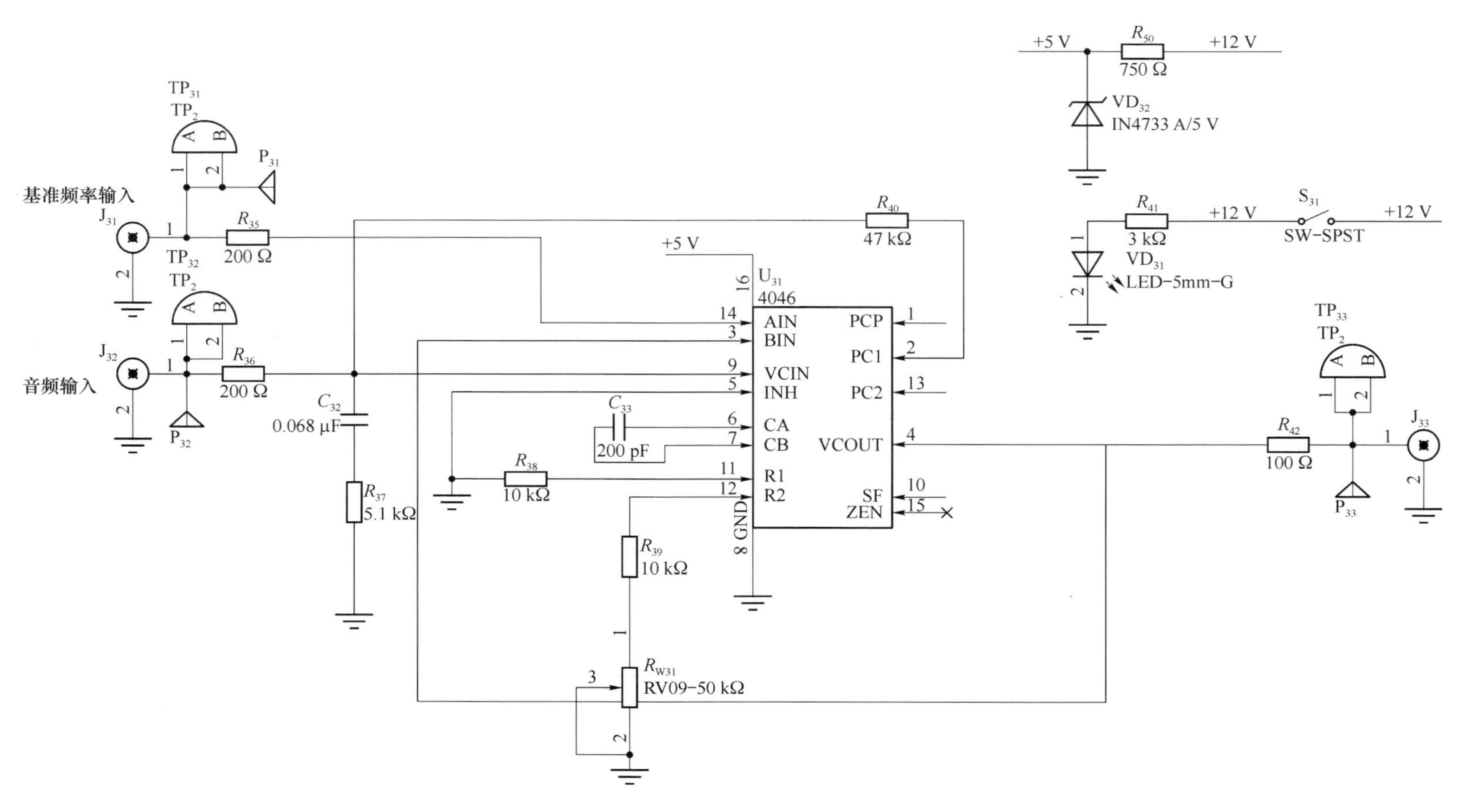

图 9.4.3　4046 锁相环频率调制器实验电路

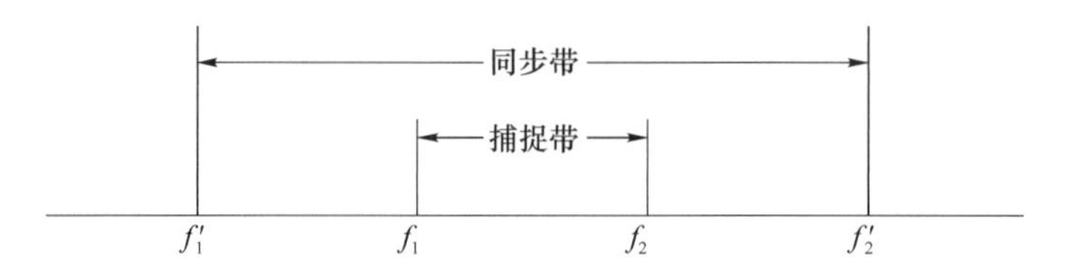

图 9.4.4 同步带与捕捉带

6. 实验报告要求

(1) 测量并计算锁相环同步带和捕捉带。

(2) 观察并画出锁相环锁定后的典型波形。

(3) 大致画出正弦波和方波调制时的调频波,并说明调频的概念。

9.5 振幅解调器

1. 实验要求

(1) 本实验应具备的知识点:振幅解调、二极管包络检波、模拟乘法器实现同步检波。

(2) 本实验所用到的仪器:双踪示波器、万用表、直流稳压电源、高频信号源。

2. 实验目的

(1) 熟悉电子元器件和高频电子线路实验系统。

(2) 掌握用包络检波器实现 AM 波解调的方法,了解滤波电容数值对 AM 波解调影响。

(3) 理解包络检波器只能解调 $m_a \leqslant 100\%$ 的 AM 波,而不能解调 $m_a > 100\%$ 的 AM 波以及 DSB 波的概念。

(4) 掌握用 MC1496 模拟乘法器组成的同步检波器来实现 AM 波和 DSB 波解调的方法。

(5) 了解输出端的低通滤波器对 AM 波解调、DSB 波解调的影响。

(6) 理解同步检波器能解调各种 AM 波以及 DSB 波的概念。

3. 实验内容

(1) 用示波器观察包络检波器解调 AM 波、DSB 波时的性能。

(2) 用示波器观察同步检波器解调 AM 波、DSB 波时的性能。

(3) 用示波器观察普通调幅波(AM)解调中的对角切割失真和底部切割失真的现象。

4. 基本原理

振幅解调的方法有包络检波和同步检波两种。

(1) 二极管包络检波

二极管包络检波器是包络检波器中最简单、最常用的一种电路。它适合于解调信号电平较大(俗称大信号,通常要求峰-峰值为 1.5 V 以上)的 AM 波。它具有电路简单,检波线性好,易于实现等优点。本实验电路主要包括二极管、RC 低通滤波器和低频放大部分,如图 9.5.1 所示。

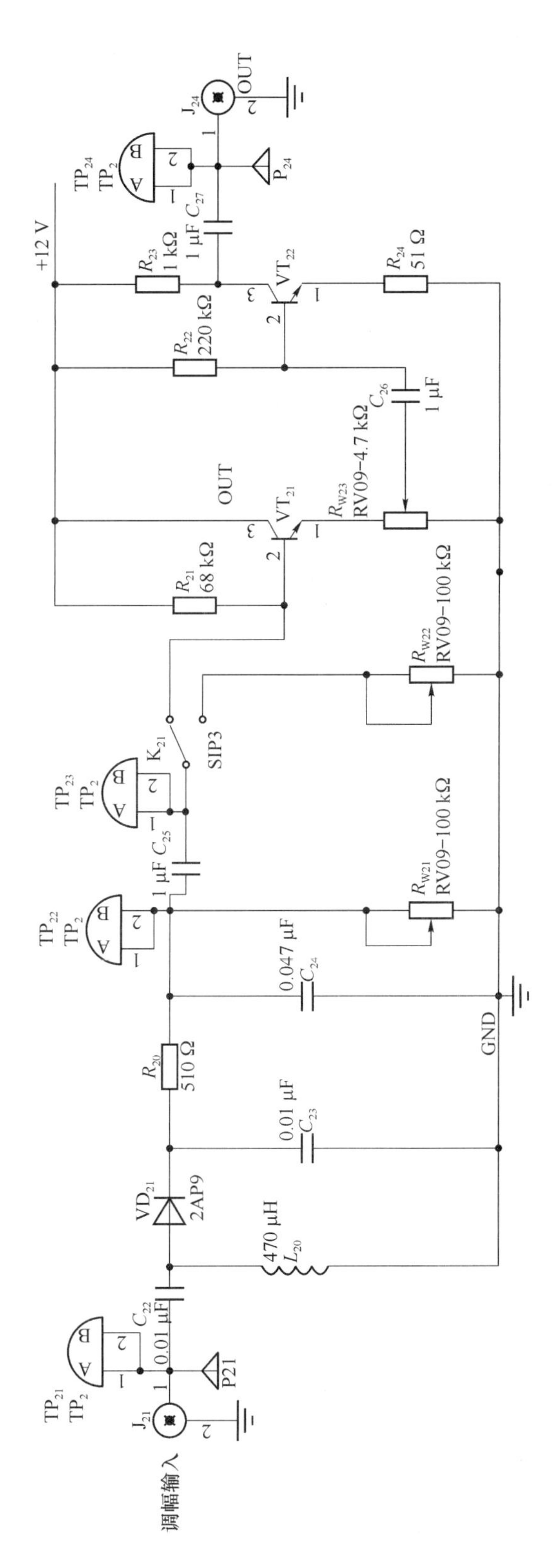

图 9.5.1　二极管包络检波电路

图中，VD_{21} 为检波管，C_{23}、R_{20}、C_{24} 构成低通滤波器，R_{W21} 为二极管检波直流负载，R_{W21} 用来调节直流负载大小，R_{W22} 相串构成二极管检波交流负载，R_{W22} 用来调节交流负载大小。开关 K_{21} 是为二极管检波交流负载的接入与断开而设置的，短路下方时为接入交流负载，全不接入为断开交流负载。短路上方为接入后级低放。调节 R_{W23} 可调整输出幅度。图中，利用二极管的单向导电性使得电路的充放电时间常数不同(实际上，相差很大)来实现检波，所以 RC 时间常数的选择很重要。RC 时间常数过大，则会产生对角切割失真(又称惰性失真)。RC 常数太小，高频分量会滤不干净。综合考虑要求满足下式：

$$RC\Omega \ll \frac{\sqrt{1-m_a^2}}{m_a}$$

其中，m_a 为调幅系数，Ω 为调制信号角频率。

当检波器的直流负载电阻 R 与交流负载电阻 R_Ω 不相等，而且调幅度 m_a 又相当大时会产生底边切割失真(又称负峰切割失真)，为了保证不产生底边切割失真，应满足 $m_a < \frac{R_\Omega}{R}$。

(2) 同步检波

同步检波又称相干检波。它利用与已调幅波的载波同步(同频、同相)的一个恢复载波与已调幅波相乘，再用低通滤波器滤除高频分量，从而解调出调制信号。本实验采用 MC1496 集成电路来组成解调器，如图 9.5.2 所示。图中，恢复载波 v_c 先加到输入端 P_{01} 上，再经过电容 C_{01} 加在 8、10 脚之间。已调幅波 vamp 先加到输入端 P_{02} 上，再经过电容 C_{02} 加在 1、4 脚之间。相乘后的信号由 6 脚输出，再经过由 C_{04}、C_{05}、R_{06} 组成的Π型低通滤波器滤除高频分量后，在解调输出端(P_{03})提取出调制信号。

需要指出的是，在图 9.5.2 中对 1496 采用了单电源(+12 V)供电，因而 14 脚需接地，且其他脚亦应偏置相应的正电位，恰如图中所示。

5. 实验步骤

(1) 二极管包络检波

① m_a=30%的 AM 波的解调

AM 波(载波频率 2 MHz、幅度 2 V、调制信号频率 1 kHz、调制度 30%)可由高频信号源(见高频信号源的使用)或者由丙类功率放大器实验中的基极调幅电路产生。

• AM 波的包络检波器解调

先断开检波器交流负载(K_{21} 不接)，把上面得到的 AM 波加到包络检波器输入端(J_{21})，即可用示波器在 TP_{22} 观察到包络检波器的输出，并记录输出波形。为了更好地观察包络检波器的解调性能，可将示波器 CH_1 接包络检波器的输入 TP_{01}，而将示波器 CH_2 接包络检波器的输出 TP_{02}(下同)。调节直流负载的大小(调 R_{W21})，使输出得到一个不失真的解调信号，画出波形。

• 观察对角切割失真

保持以上输出，调节直流负载(调 R_{W21})，使输出产生对角失真，如果失真不明显可以加大调幅度，画出其波形，并记算此时的 m_a 值。

• 观察底部切割失真

当交流负载未接入前，先调节 R_{W211} 使解调信号不失真。然后接通交流负载(K_{21} 接下方短路)，示波器 CH_2 接 TP_{23}。调节交流负载的大小(调 R_{W22})，使解调信号出现割底失真，如

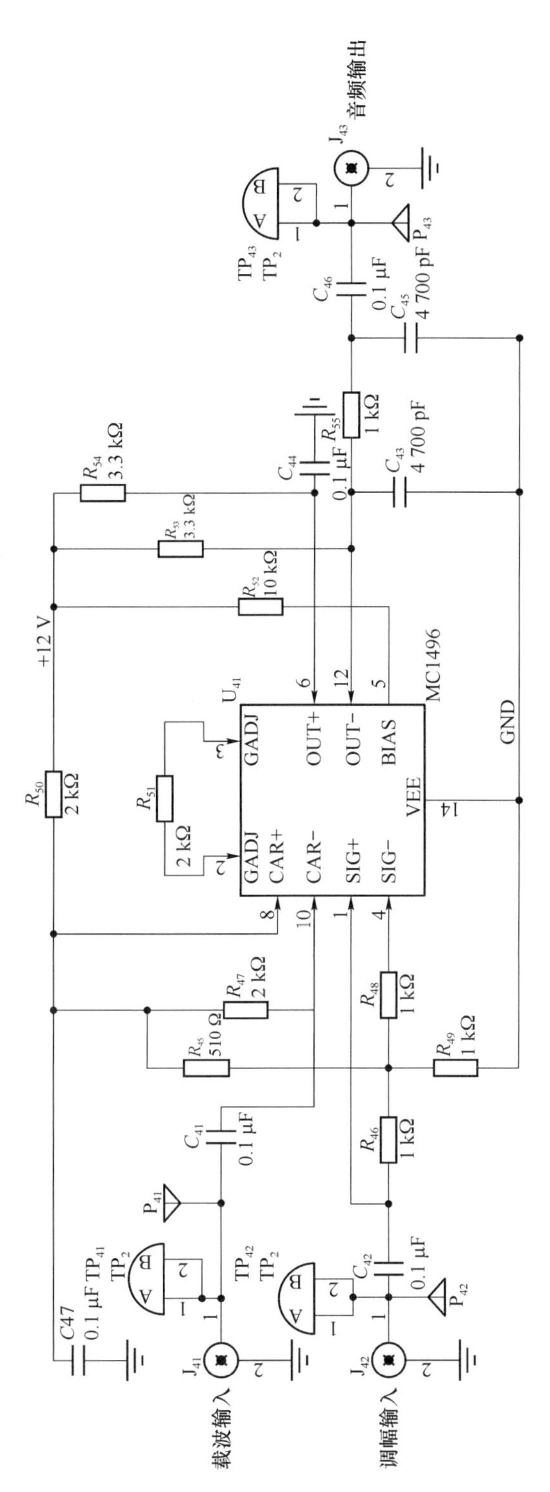

图 9.5.2　MC1496 组成的解调器实验电路

果失真不明显，可加大调制深度，画出其相应的波形，并计算此时的 m_a。当出现割底失真后，减小 m_a（减小音频调制信号幅度）使失真消失，并计算此时的 m_a。在解调信号不失真的情况下，将 K_{21} 短路上方，示波器 CH_2 接 TP_{24}，可观察到放大后音频信号，调节 R_{W23} 音频幅度会发生变化。

② $m_a=100\%$的 AM 波的解调

$m_a=100\%$，观察并记录检波器输出波形。

③ $m_a>100\%$的 AM 波的解调

$m_a>100\%$，观察并记录检波器输出波形。

④ 调制信号为三角波和方波的解调

观察并记录检波器输出波形。

(2) 集成电路(乘法器)构成的同步检波

① AM 波的解调

将集成调幅电路产生的调幅波输出接到幅度解调电路的调幅输入端(J_{42})。解调电路的恢复载波，可用铆孔线直接与调制电路中载波输入相连，即 P_{41} 与 P_{31} 相连。示波器 CH_1 接调幅信号 TP_{32}，CH_2 接同步检波器的输出 TP_{43}。分别观察并记录当调制电路输出为 $m_a=30\%$、$m_a=100\%$、$m_a>100\%$时三种 AM 的解调输出波形，并与调制信号作比较。

② DSB 波的解调

获得 DSB 波，并加入到幅度解调电路的调幅输入端，而其他连线均保持不变，观察并记录解调输出波形，并与调制信号作比较。改变调制信号的频率及幅度，观察解调信号有何变化。将调制信号改成三角波和方波，再观察解调输出波形。

6. 实验报告要求

(1) 由本实验归纳出两种检波器的解调特性，以“能否正确解调?”填入表 9.5.1 中。

表 9.5.1 测试数据表格

输入的调幅波	AM 波			DSB
	$m_a=30\%$	$m_a=100\%$	$m_a>100\%$	
包络检波				
同步检波				

(2) 观察对角切割失真和底部切割失真现象并分析产生的原因。

(3) 对实验中的两种解调方式进行总结。

9.6 电容耦合回路相位鉴频器

1. 实验要求

(1) 本实验应具备的知识点：FM 波的解调、电容耦合回路相位鉴频器。

(2) 本实验所用到的仪器：双踪示波器(模拟)、电源、高频信号发生器、万用表。

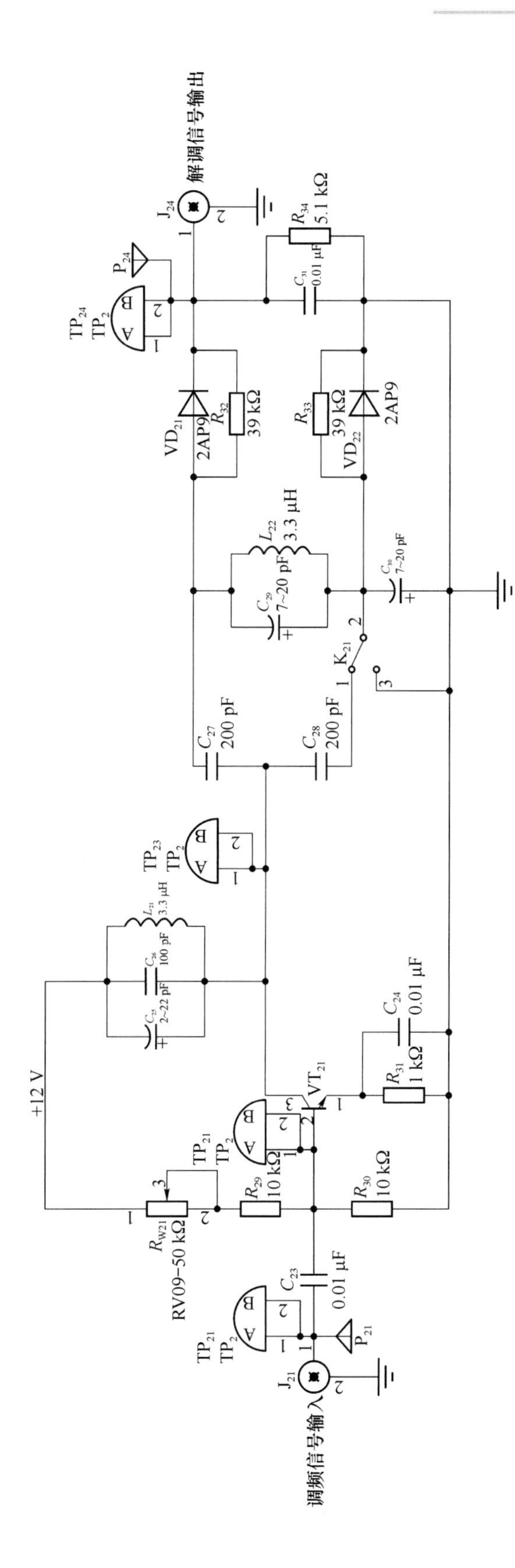

图 9.6.1　相位鉴频器实验电路

2. 实验目的

(1) 了解调频波产生和解调的全过程以及整机调试方法,建立起调频系统的初步概念。

(2) 了解电容耦合回路相位鉴频器的工作原理。

(3) 熟悉初、次级回路电容和耦合电容对于电容耦合回路相位鉴频器工作的影响。

3. 实验内容

(1) 调频-鉴频过程观察:用示波器观测调频器输入、输出波形,鉴频器输入、输出波形。

(2) 观察初级回路电容、次级回路电容和耦合电容变化对 FM 波解调的影响。

4. 基本原理

本实验采用平衡叠加型电容耦合回路相位鉴频器,实验电路如图 9.6.1 所示。

相位鉴频器由频相转换电路和鉴相器两部分组成。输入的调频信号加到放大器 VT_{01} 的基极上。放大管的负载是频相转换电路,该电路是通过电容 C_3 耦合的双调谐回路。初级和次级都调谐在中心频率 $f_0=8.5$ MHz 上。初级回路电压 U_1 直接加到次级回路中的串联电容 C_{04}、C_{05} 的中心点上,作为鉴相器的参考电压;同时,U_1 又经电容 C_3 耦合到次级回路,作为鉴相器的输入电压,即加在 L_{02} 两端用 U_2 表示。鉴相器采用两个并联二极管检波电路。检波后的低频信号经 RC 滤波器输出。

5. 实验步骤

(1) 调频-鉴频过程观察

① 以实验 9.3 中的方法产生 FM 波(示波器监视),并将调频器单元的输出连接到鉴频器单元的输入上。短路 K_{21} 的斜率鉴频选项。

用示波器观察鉴频输出波形,此时可观察到频率为 1 kHz 的正弦波。如果没有波形或波形不好,应调整 W_{21} 和 W_{11}。建议采用示波器作双线观察:CH_1 接调频器输入端 TP_{11},CH_2 接鉴频器输出端 TP_{24},并作比较。(调制信号的幅度增加至 1 V 左右)

② 若增大调制信号幅度,则鉴频器输出信号幅度亦会相应增大(在一定范围内)。

(2) 电容变化对 FM 波解调的影响

观察半可变电容 C_{25}、C_{29}、C_{30} 变化对于鉴频器输出端解调波形的影响。

6. 实验报告要求

(1) 画出调频-鉴频系统正常工作时的调频器输入、输出波形和鉴频器输入、输出波形。

(2) 根据实验数据,说明可变电容 C_{25}、C_{29}、C_{30} 变化对于鉴频器输出解调波形影响。

(3) 总结由本实验获得的体会。

9.7 锁相环鉴频器

1. 实验准备

(1) 本实验应具备的知识点:4046 芯片内部的构成、鉴频器的基本原理。

(2) 本实验所用到的仪器:双踪示波器(模拟)、电源、高频信号发生器、万用表。

2. 实验目的

(1) 加深锁相环工作原理的理解。

(2) 了解用 4046 集成电路实现频率解调的原理,并熟悉其方法。

(3) 掌握锁相环鉴频的测试方法。

3. 实验内容

(1) 锁相环鉴频器的调整。

(2) 调制信号为正弦波、三角波、方波时的调频波的解调。

(3) 构成系统时的通话实验。

4. 基本原理

锁相环由三部分组成,如图 9.7.1 所示。它由相位比较器(PD)、低通滤波器(LF)、压控振荡器(VCO)三个部分组成一个环路。

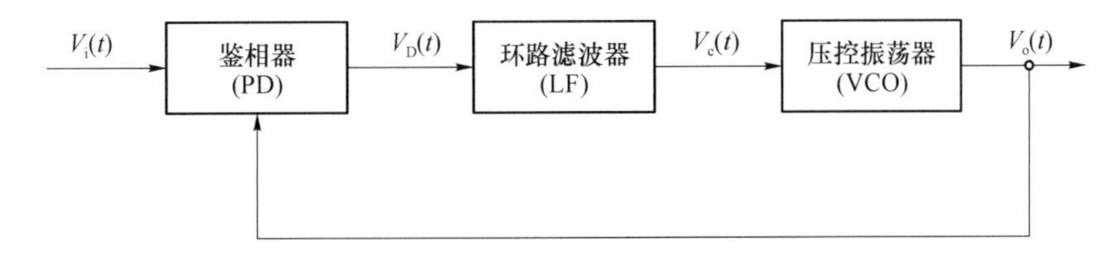

图 9.7.1 基本锁相环方框图

锁相环是一种以消除频率误差为目的反馈控制电路。当调频信号没有频偏时,若压控振荡器的频率与外来载波信号频率有差异时,通过相位比较器输出一个误差电压。这个误差电压的频率较低,经低通滤波器滤去所含的高频成分,再去控制压控振荡器,使振荡频率趋近于外来载波信号频率,于是误差越来越小,直至压控振荡频率和外来信号频率一样,压控振荡器的频率被锁定在外来信号相同的频率上,环路处于锁定状态。

当调频信号有频偏时,和原来稳定在载波中心频率上的压控振荡器相位比较的结果,相位比较器输出一个误差电压,以使压控振荡器向外来信号的频率靠近。由于压控振荡器始终想要和外来信号的频率锁定,为达到锁定的条件,相位比较器和低通滤波器向压控振荡器输出的误差电压必须随外来信号的载波频率偏移的变化而变化。也就是说这个误差控制信号就是一个随调制信号频率而变化的解调信号,即实现了鉴频。

4046 锁相环鉴频器实验电路如图 9.7.2 所示。图中 J_{41} 为调频信号输入口,TP_{41} 为调频波测试点,P_{43} 为解调输出口,TP_{43} 为解调信号测试点。调整 R_{W41} 可改变 VCO 的振荡频率。来自实验集成调频电路的调频波,通过 J_{41} 加到 4046 的 14 脚,当锁相环在调频波信号上锁定时,压控振荡器始终跟踪处来信号的变化,VCO 的输入电压是来自相位检测的经滤波的误差电压,它相当于解调输出,也即第 10 脚的输出应为解调的低频调制信号。

5. 实验步骤

(1) 锁相环路的调整

在进行解调之前,分别调整锁相环频率调制器和锁相环鉴频器的中心频率,使频率调制器和鉴频器的中心频率尽可能一致。其方法是:不加调制信号,用频率计测频率调制器输出信号(TP_{33})的频率,调 R_{W31} 电位器使频率为 200 kHz(也可以是其他频率),然后用频率计测鉴频器

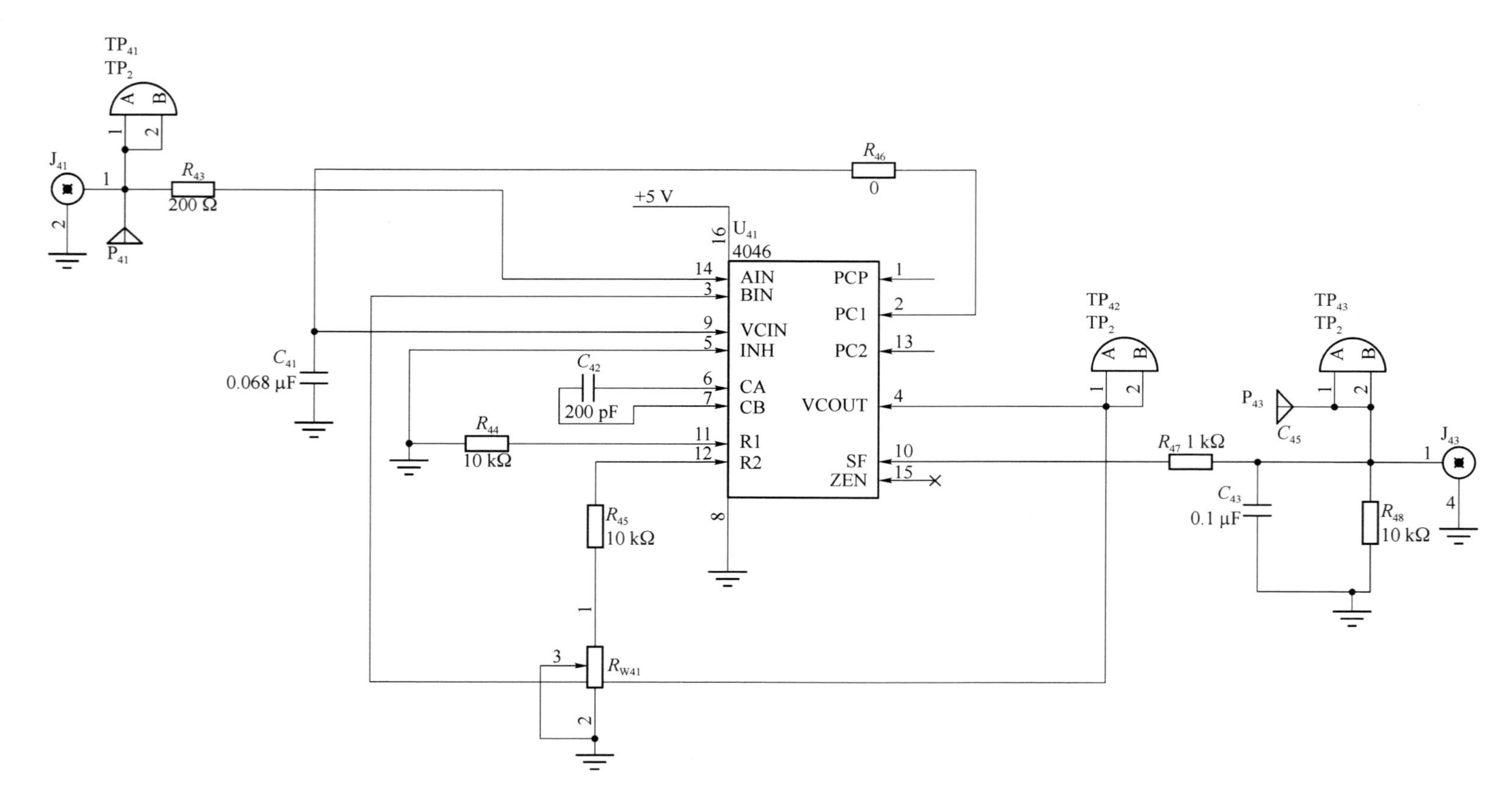

图 9.7.2　4046 锁相环鉴频器实验电路

TP_{42}的频率，调 R_{W41}使频率为 200 kHz。最后检查鉴频器能否正确跟踪，方法是：不加调制信号将调频器输出与鉴频器输入相连，示波器 CH_1 接 TP_{33}，示波器 CH_2 接 TP_{32}，观察两波形是否一致(相位可以不一致)，若不一致，可调整 R_{W31}或 R_{W41}。

(2) 调制信号为正弦波时的解调

① 先按前一实验的实验内容获得正弦波调制的调频方法。为此，高频信号源的输出设置为：波形选择正弦波，频率 2 kHz，峰峰值 0.5 V(注意加偏移 2.5 V)。将该调制信号送入调频单元的输入端(J_{32})，便可在锁相环频率调制器调频输出端获得正弦波调制的调频方波信号。

② 把锁相环调频单元输出的调频方波信号接入到锁相环鉴频单元的输入端，用双踪示波器的 CH_1 观察输入调制信号(TP_{32})，CH_2 观察鉴频单元解调输出(TP_{43})，如果解调无输出，应调整 R_{W31}或 R_{W41}。两者波形应一致。改变调制信号的频率和幅度，其两者波形也应随之变化。

(3) 调制信号为方波和三角波时的解调

按照上述方法，将函数发生器输出波形设置为方波和三角波，在鉴频器输出端便可解调出与调制信号相一致的方波和三角波。但应注意：调制信号幅度不应超过峰峰值 1 V，方波调制时，调制信号频率应在 1 kHz 以下，否则解调输出会有失真。

6. 实验报告

(1) 观察并记录解调后的波形。

(2) 画出锁相环调频器和鉴频器构成系统通信的电路示意图，并画出调制信号为正弦波时，调频器和鉴频器输入输出波形。

第 10 章

EDA 仿真实验

10.1　振荡器类电路仿真

1. 仿真分析任务

从原理上说，凡具有放大能力的集成器件或三极管都可用来组成振荡器。在电路形式上，高频段可选用 LC 振荡器，频率稳定度要求较高时，可选用石英晶体振荡器。振荡器的主要技术指标有（载波）振荡频率、振荡波形、输出幅度、频率稳定度、振幅稳定度等。

具体仿真分析任务如下：

(1) 设计并画出实际电路图（确定各元件参数、振荡频率及电源电压）。

(2) 选用相应虚拟仪器或信号源。

(3) 分析并记录输出电压波形。

(4) 分析并记录输出频谱图及振荡频率。

(5) 改变某些参数（如直流工作点、电感电容或负载等），重复任务(3)和任务(4)，并对仿真结果进行分析。

2. 仿真电路图

仿真电路一般应自行设计，也可用实际电路作参考，以下所列的仿真电路仅供参考。

(1) LC 电容三点式振荡器

图 10.1.1 是一个典型的克拉泼电路。其中 R_1、R_2、R_3、R_4 和 R_5 为直流偏置电阻，C_1、C_2、C_3 和 L_1 构成振荡回路。根据仿真分析任务，主要可做以下仿真分析工作：

① 观察并记录输出波形，确定振荡频率；改变电感 L_1，观察并记录输出频率的变化。验证理论计算值。

② 改变电容 C_2（相当于改变反馈系数），观察并记录振荡频率及幅度的变化，分析其原因。

③ 测试静态工作点，改变偏置电阻，分析静态工作点对振荡输出信号的影响，也可做失真度分析等。

(2) 晶体振荡电路

图 10.1.2 所示为串联型晶体振荡电路，晶体频率为 6 MHz，接入不同 R_L（110 kΩ、

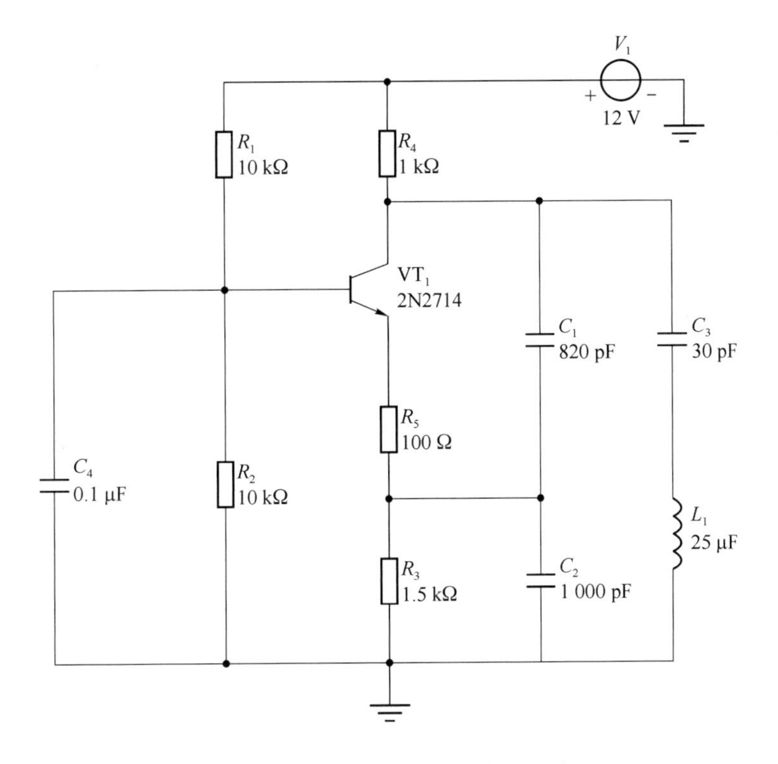

图 10.1.1 *LC* 振荡器仿真参考电路

10 kΩ、1 kΩ)可影响回路 Q 值,调整电位器 R_P 可改变电路静态工作点。根据技术指标及仿真分析任务,考察电路参数对振荡器输出信号的影响。

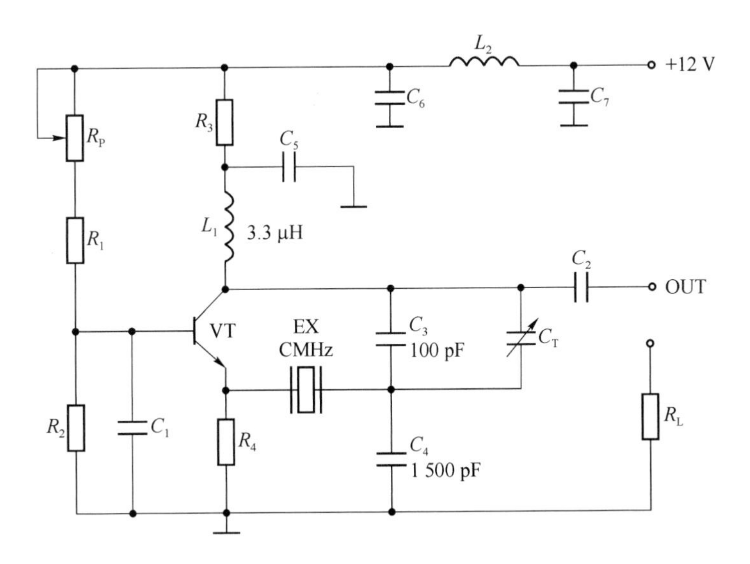

图 10.1.2 晶体振荡器仿真参考电路

10.2 变容二极管直接调频电路

1. 仿真分析任务

频率调制的实现方式有很多,如变容管直接调频、通过调相获得调频信号的间接调频及锁相调频等,其电路形式也多样。主要技术指标有调制特性、调制系数、调制灵敏度、线性范围等。

具体仿真分析任务如下:

(1) 设计并画出实际电路图(确定各元件参数、载波振荡频率及电源电压)。

(2) 选用相应虚拟仪器或信号源。

(3) 分析并记录输出电压波形和幅度。

(4) 分析并记录输出频谱图及振荡频率。

(5) 改变某些参数(如直流工作点、电感电容或负载等),重复任务(3)和任务(4),并对仿真结果进行分析。

2. 仿真电路图

仿真电路一般应自行设计,也可用实际电路作参考,以下所列的仿真电路仅供参考。

图 10.2.1 是一个变容二极管直接调频电路,图中 VT_1 为高频三极管 2N4289,VD_2 和 VD_3 为变容二极管 ZC836A,电路为共基极电容三点式振荡器,振荡回路由 L_1、C_1 和 C_2 及 VD_2 和 VD_3 构成,L_2、L_3 和 L_4 为高频扼流圈,C_5、C_6 和 C_7 为高频旁路电容。V_3 为变容管反向偏置电压,V_2 为调制信号。

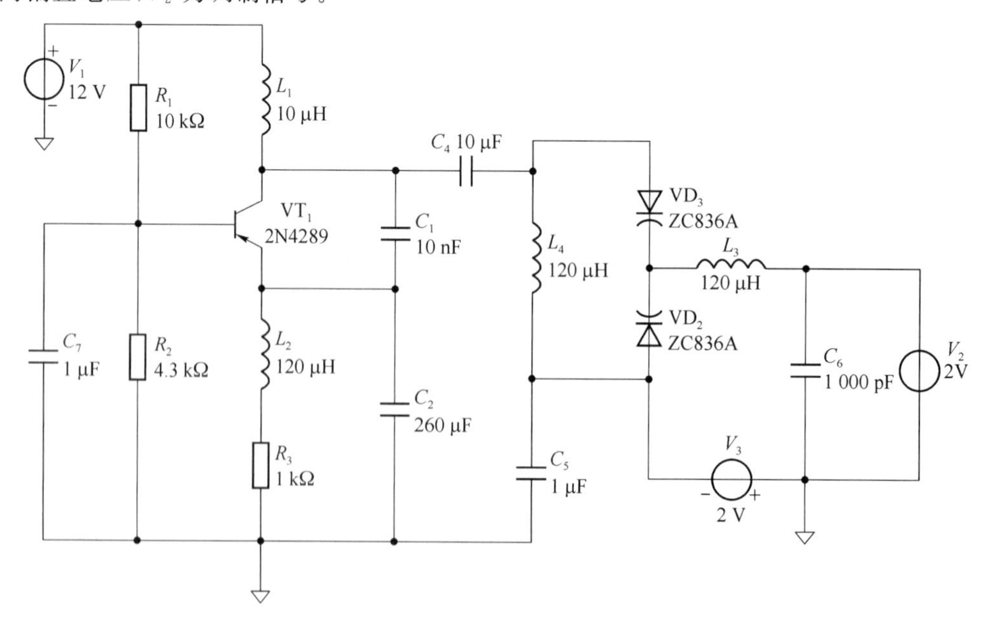

图 10.2.1 变容二极管直接调频仿真参考电路

根据仿真分析任务，主要可做以下仿真分析工作：

① 设计并画出实际电路图(确定各元件参数、自由振荡频率及电源电压)。提示：可选用三极管 2N3393，变容二极管 ZC836A。

② 不加压控电压时(压控电压为 0 时)，观察并记录输出电压波形。

③ 选用相应虚拟仪器或信号源，并可改变电路参数进一步做仿真分析。

④ 确定压控电压值，观察并记录输出电压波形和频谱，测量并记录输出频率值。

⑤ 改变压控电压值(正负电压等间隔各取 5 个)，观察并记录输出电压波形，测量并记录输出频率值。

⑥ 画出压控特性曲线并求压控灵敏度。

⑦ 对仿真结果进行分析总结。

10.3　锁相环电路仿真

1. 仿真分析任务

锁相环由鉴相器、环路滤波器和压控振荡器三部分电路组成，对锁相环电路的仿真可建立在对以上三部分电路仿真的基础上再连接成锁相环后进行。主要技术指标有锁定(或同步)范围等。

具体仿真分析任务如下：

(1) 模拟乘法鉴相器的仿真分析

① 确定模拟乘法器电路(如 1495/1496 乘法器内部电路图或乘法器模块电路)。

② 输入两个同频不同相的正弦信号(确定信号参数)。

③ 选用相应虚拟仪器，观察并记录输出电压波形，测量输出电压值。

④ 改变两个输入正弦信号的相位差(从 $-180^\circ \sim +180^\circ$，注意：在仿真电路中，$-30^\circ$ 相当于 $+330^\circ$)，测量并记录输出电压值，做出输出电压随相位差变化的关系曲线。

⑤ 对仿真结果进行分析。

(2) 环路滤波器仿真分析

① 确定环路滤波器电路形式，画出实际电路图(确定各元件参数)。

② 选用相应虚拟仪器或信号源，确定输入信号的频率与幅度。

③ 观察并记录输出电压波形，测量并记录输出电压值。

④ 保持输入信号幅度不变，改变输入信号频率，重复③。

⑤ 改变滤波器参数，重复④。

⑥ 对仿真结果进行分析。

(3) 压控振荡器仿真分析

参见调频电路仿真任务。

(4) 锁相环特性仿真分析

将锁相环各部分电路连接组成完整锁相环电路，考察锁定或同步范围。

2. 仿真电路图

(1) 1496 模拟乘法器电路

在通信电子电路中,很多功能的实现中都需要用到模拟乘法器,图 10.3.1 是 1496 集成模拟乘法器的片内电路,可用其实现信号相乘,进行鉴相、混频、调制及解调等仿真实验分析。根据技术指标及模拟乘法器鉴相仿真分析任务,考察其鉴相特性。

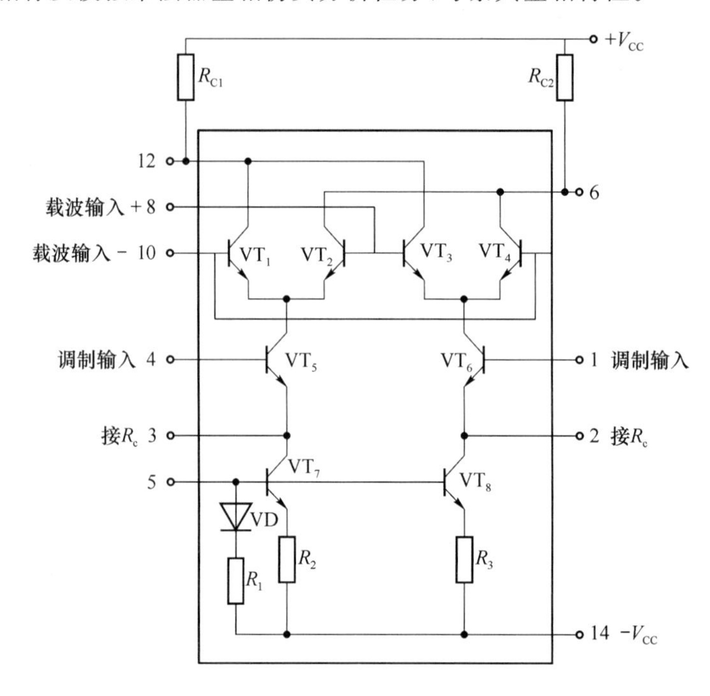

图 10.3.1 1496 集成模拟乘法器电路

(2) 仿真模块组成锁相环

仿真电路如图 10.3.2 所示。采用模拟乘法器 A_1 作为鉴相器,V_2 为压控振荡器,R_1 和 C_1 构成环路滤波,直流电压 V_1 用来调整压控振荡器的中心频率。VCO 的输出连接在模拟

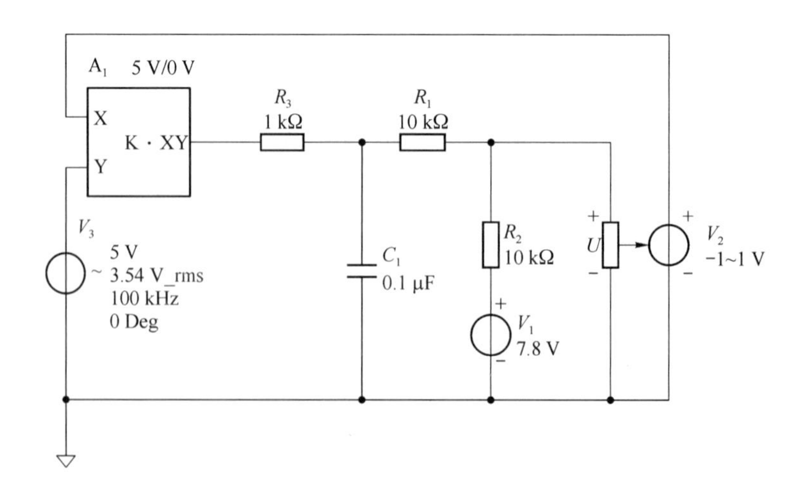

图 10.3.2 锁相环仿真参考电路

乘法器“X”输入。根据仿真分析任务,主要可做以下仿真分析工作:

① 调整 V_1 选定 VCO 的中心频率(可自行设置,图中为 200 kHz),当输入信号 V_3 的频率在 100～300 kHz 之间变化时,观测并记录输入、输出频率是否相同,考察锁相环的锁定与失锁,分析仿真结果。

② 当输入信号 V_3 的频率分别为 100 kHz 和 300 kHz 时,观察并记录环路滤波器的输出(电容 C_1 端)波形及 VCO 的输出波形,考察环路的捕捉过程及频率的牵引作用,分析仿真结果。

10.4 射频功率放大器仿真

1. 仿真分析任务

射频功率放大器有窄带放大和宽带放大电路形式,窄带放大器以 C 类功率放大器为代表,其负载为调谐回路,集电极直流馈电电路主要有并馈和串馈两种形式,基极主要采用自生反偏形式。电路的功率转换效率高,集电极电流为尖顶余弦脉冲状,根据电路工作状态的不同,其电流波形有所区别,输出电压波形与输入相同;C 类放大器还可以用作射频宽带功率放大器,大多工作在甲类状态,输入输出接有匹配电路。射频功率放大器的主要技术指标有输出功率、效率、阻抗匹配等。

具体仿真分析任务如下:

(1) 设计并画出实际电路图(确定各元件参数及电源电压)。

(2) 选用相应虚拟仪器或信号源,确定输入高频信号的频率与幅度。

(3) 观察并记录集电极电流波形和输出电压波形。

(4) 对集电极电流进行频谱分析,观察并记录频谱图。

(5) 测量输入、输出功率,计算功率增益。对仿真结果进行分析。

2. 仿真电路图

C 类谐振功率放大器参考仿真电路如图 10.4.1 所示,实际仿真时应加入相应的基极偏置电路和集电极直流馈电电路。图 10.4.1 中,输出为 LC 并联谐振回路,调整变压器 T_1 的电感量,使回路谐振频率为 1 MHz。R_2 的接入主要用于测量集电极电流波形(通过将电流转换成电压便于测量)。主要可做以下仿真分析工作:

(1) 调整输入偏置电压 V_2,使晶体管工作在 B 类或 C 类状态。观察并记录输出电压和集电极电流波形,验证理论分析结果。

(2) 分别改变 V_2、V_3 和回路谐振负载(改变 R_1),观察并记录电路在临界、欠压和过压三种状态下输出电压和集电极电流的波形,研究电路参数改变对输出电压、电流的影响。

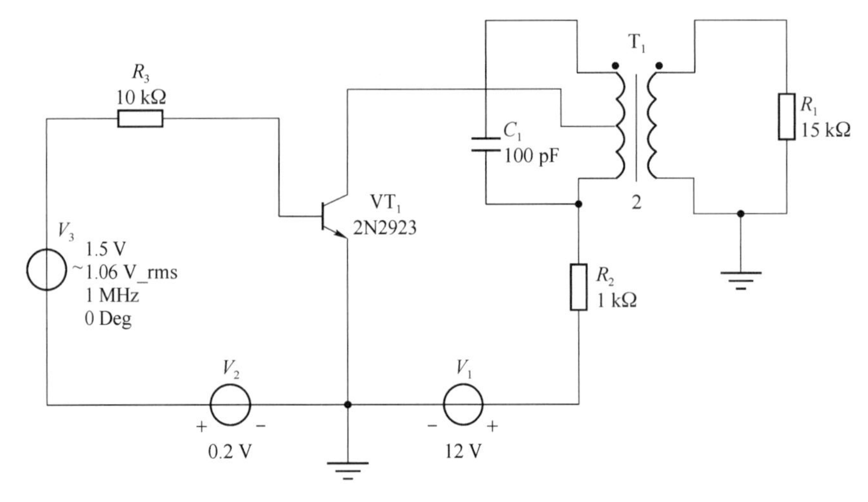

图 10.4.1 C类谐振功率放大器参考仿真电路

10.5 混频电路仿真

1. 仿真分析任务

混频电路是将输入信号的载波频率变换成固定的中频频率，但这种变换应该是不失真的，而且应该保留原载频已调波的调制方式不变，携带的信息也不变。混频电路的主要技术指标有中频频率、变频增益、选择性、失真与干扰、邻道及镜频抑制能力、工作稳定性等。

具体仿真分析任务如下：

(1) 设计并画出实际电路图(确定各元件参数、中频频率及电源电压)。

(2) 分析记录中频滤波器幅频特性。

(3) 选用相应虚拟仪器或信号源，分析并记录输出电压波形及频谱图，考察邻道及镜频抑制能力。

(4) 分析并记录电路增益。

(5) 改变输入射频和本振信号的频率及幅度，观察输出频谱变化。

(6) 改变某些参数(如直流工作点、滤波器参数、输入信号频率及幅度等)，重复任务(2)(3)(4)和(5)，并对仿真结果进行分析。

2. 仿真电路图

(1) 模拟乘法器混频电路

仿真电路如图 10.5.1 所示，为模拟乘法器混频电路。图中 L_1、C_1 和 R_3 构成中频滤波器，谐振频率(即中频)为 60 kHz(实际仿真时应将中频设计为几百 kHz 或几 MHz 数量级)。由于模拟乘法器的输出为非恒流源，故接入 R_2，用于改善滤波效果。主要可做以下仿真分析工作：

① 确定输入频率和本振频率，输入 AM 信号和载波信号，其中载波频率大于 AM 信号中心频率，观测并记录混频前后的波形及频谱。

② 保持中频频率不变,改变两个输入信号频率,重复以上步骤,记录并分析混频结果。

③ 分析并记录中频滤波器幅频特性,改变滤波器参数,观察对选择性的影响。

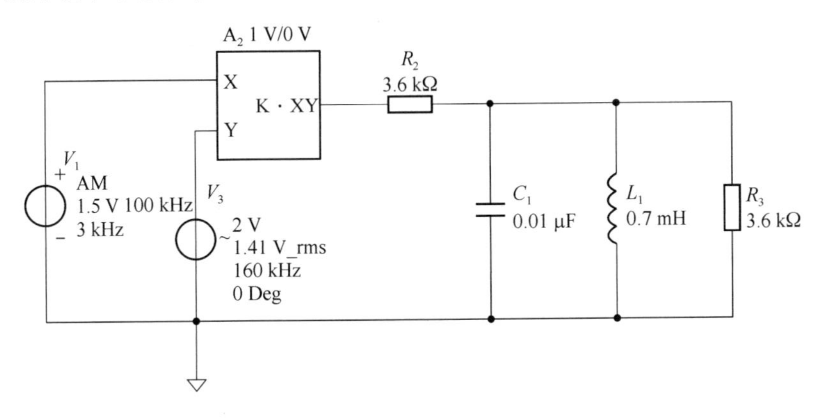

图 10.5.1 模拟乘法器混频仿真参考电路

(2) 场效应管混频电路

场效应管混频仿真参考电路如图 10.5.2 所示,输出中频频率 50 MHz,根据技术指标及仿真分析任务,考察混频电路工作情况。

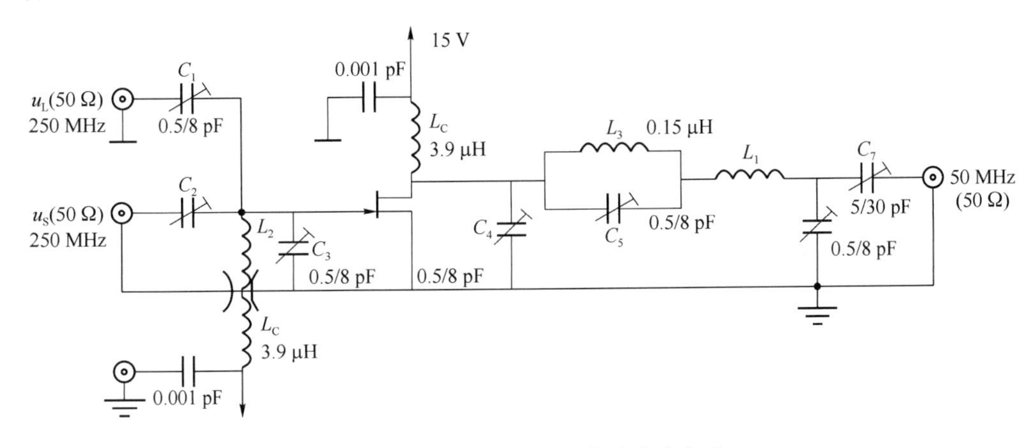

图 10.5.2 场效应管混频仿真参考电路

(3) 二极管平衡混频电路

二极管平衡混频仿真参考电路如图 10.5.3 所示,设定不同的电路参数,根据技术指标及仿真分析任务,分析混频电路工作情况。

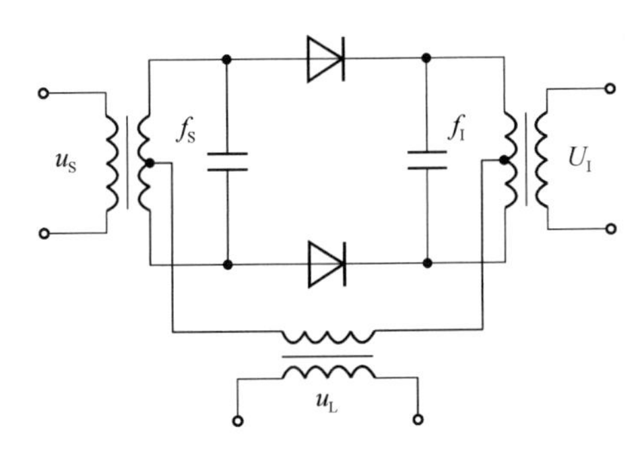

图 10.5.3 二极管平衡混频仿真参考电路

10.6 选频放大器仿真

1. 仿真分析任务

中频、射频放大器均属于选频放大器，它的工作频率高，相对频带窄，所以必须选择高频晶体管或宽频带集成运放实现信号放大，负载采用 *LC* 选频电路或专用滤波电路完成选频。其主要技术指标有电压增益、通频带、矩形系数等。

具体仿真分析任务如下：

(1) 设计并画出实际电路图(确定各元器件参数及电源电压)。

(2) 分析并记录幅频特性，改变电路参数，使幅频特性最佳，测量电压增益及通频带。

(3) 确定输入高频信号的频率与幅度，分析并记录输出电压波形及频谱。

(4) 改变自选参数，重复任务(2)和(3)，分析仿真结果。

2. 仿真电路图

(1) 单调谐放大电路

单调谐参考仿真电路如图 10.6.1 所示，三极管选 2N3414，R_1、R_2 和 R_3 组成直流偏置电路，L_1、C_3 和 R_4 构成并联谐振回路，改变 R_4 可调节回路 Q 值，谐振频率设计为 60 kHz(实际仿真中应将频率设置为几百 kHz 以上的射频级)。

主要可做以下仿真分析工作：

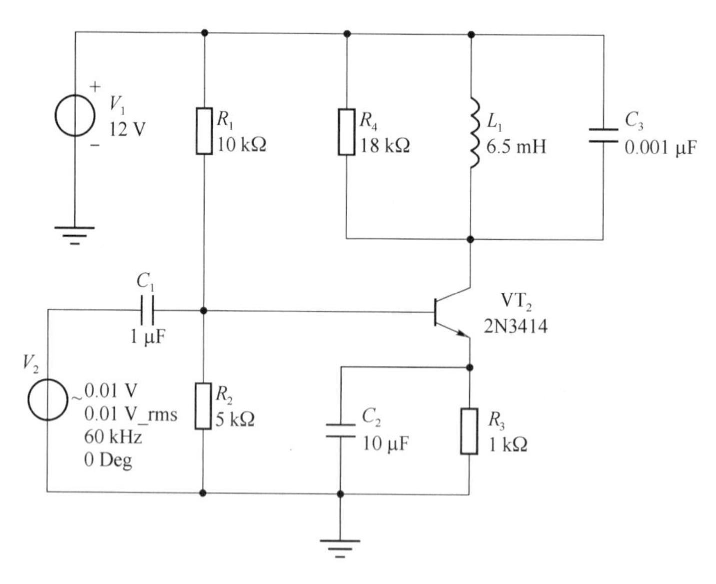

图 10.6.1 单调谐参考仿真电路

① 测试输入、输出波形、频谱及幅度并记录，改变输入信号频率，观测并记录调谐放大器的选频放大作用，得出分析结论。

② 选定输出节点，观察并记录频率特性曲线，改变 R_4，观察频率特性有何变化？测量

电路增益和同频带，记录仿真结果并分析。

(2) 双调谐放大电路

双调谐放大器参考仿真电路如图 10.6.2 所示，可根据选频放大器仿真实验任务，参照单调谐仿真分析方法进行仿真分析。

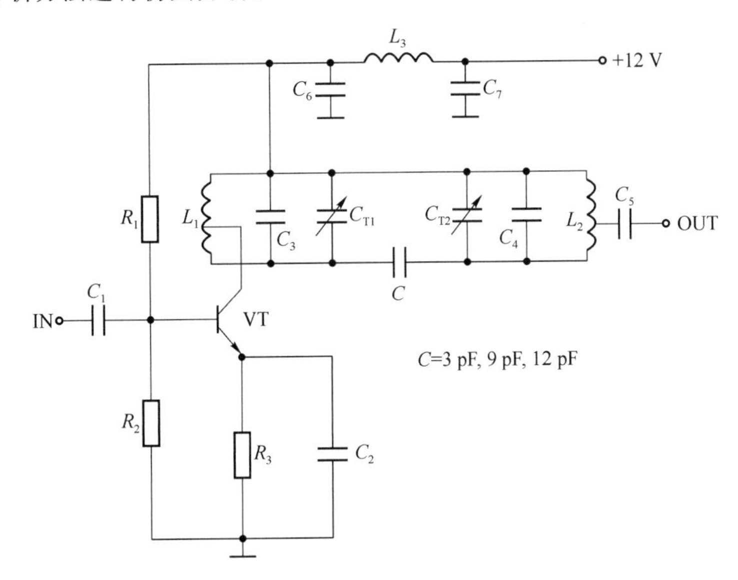

图 10.6.2　双调谐放大器参考仿真电路

(3) 集中选频放大电路

选用仿真工具中的运放，设计滤波器，组成集中选频放大器进行仿真分析。

10.7　频率解调仿真

1. 仿真分析任务

频率解调电路主要有斜率鉴频、相位鉴频、比例鉴频、移相乘积(正交)鉴频及锁相环解调等方式。鉴频电路的主要技术指标有鉴频特性、鉴频灵敏度、鉴频宽度、线性范围等。

具体仿真分析任务如下：

(1) 设计并画出实际电路图(确定各元件参数及电源电压)。

(2) 选用相应虚拟仪器或信号源，确定输入调频波信号的中心频率、最大频偏与幅度。

(3) 分析并记录输出电压波形、信号失真度、鉴频特性等。

(4) 观察并记录输出频谱图，对仿真结果进行分析。

2. 仿真电路图

(1) 斜率鉴频器

斜率鉴频器参考仿真电路如图 10.7.1 所示。输入为等幅 FM 信号，载频 38 kHz(实际仿真时应将频率设计为几百 kHz 以上的中频级)，由 T_1 的次级电感与 C_1 组成“失谐”回路，将 FM 波变换成 AM-FM 波,后级为二极管峰值包络检波器。

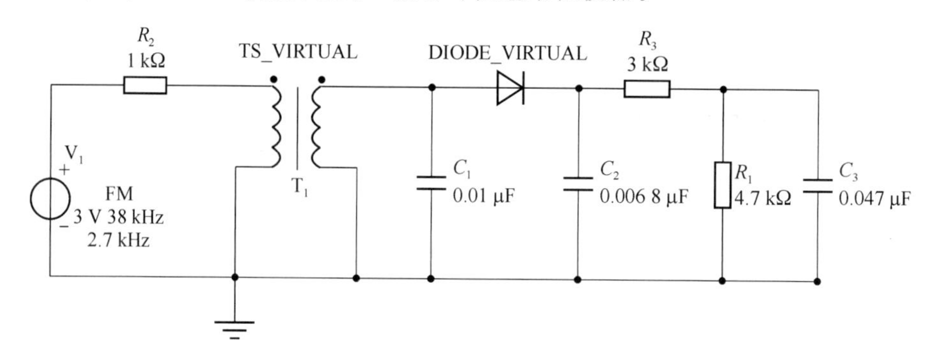

图 10.7.1 斜率鉴频器参考仿真电路

具体仿真分析工作可参考仿真任务要求,调整电路和输入信号参数,分析并记录电路工作情况。

(2) 锁相调频解调

锁相解调参考仿真电路如图 10.7.2 所示。本电路在"锁相环电路"仿真实验电路基础上,在 FM 解调输出端增加 C_2 和 R_4 构成低通滤波器。VCO 的中心频率设计为 40 kHz(实际仿真时应将频率设计为几百 kHz 以上的中频级)。

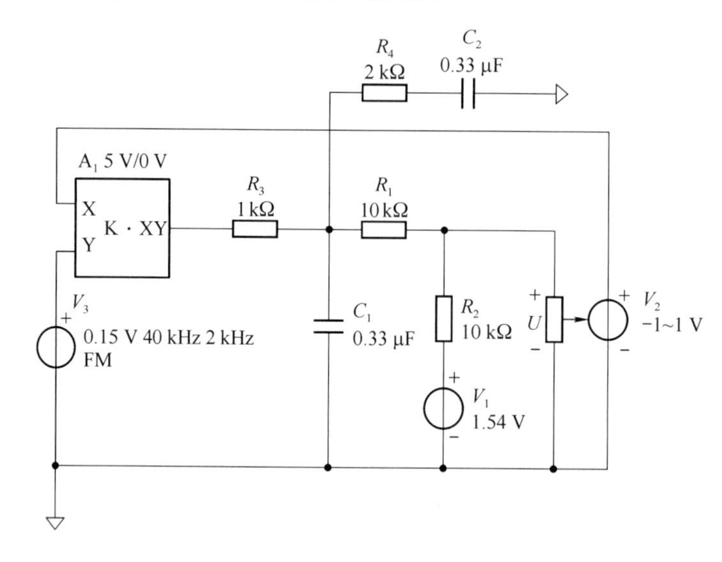

图 10.7.2 锁相解调参考仿真电路

具体仿真分析工作可参考仿真任务要求,分析并记录 FM 解调的输出波形。分别改变输入 FM 波的幅度、调制频率和低通滤波器的参数,分析并记录鉴频特性,分析对 FM 解调性能的影响。

(3) 相位鉴频电路

图 10.7.3 所示为一个实际的相位鉴频实验电路,C_{T1}(可调电容)、C_6、L_1 构成前级放大器的调谐回路、C_{T2}(可调电容)、L_2、C_{10}、C_{T3}(可调电容)、C_{11} 构成次级调谐回路,初次级间由 C_7 耦合,中心频率 6.5 MHz。调频信号经前级调谐放大后,由后级电路实现调频-调幅转换获得鉴频输出。

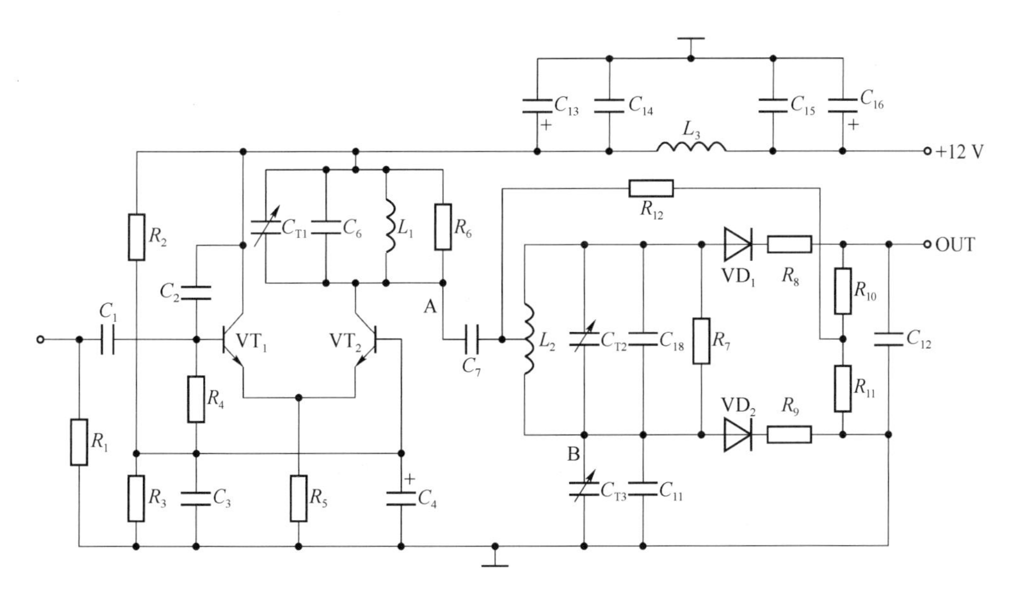

图 10.7.3　相位鉴频参考仿真电路

仿真时请设计电路元器件参数，参照鉴频技术指标优化电路参数，并根据仿真任务要求完成实验内容。

10.8　幅度调制仿真

1. 仿真分析任务

幅度调制电路的形式多样，三极管组成的高电平调制可实现 AM 波，二极管组成的低电平调制可实现 DSB 波及 SSB 波，模拟乘法器组成的调制电路可实现 AM、DSB、SSB 波。幅度调制电路的主要技术指标有调制特性、调制系数、调制灵敏度、线性范围等。

具体仿真分析任务如下：

（1）确定已调波的形式（普通调幅波、双边带调幅波或单边带调幅波）。

（2）设计并画出实际电路图（确定各元件参数及电源电压）。

（3）选用相应虚拟仪器或信号源，确定输入调制信号和载波信号的频率与幅度。

（4）改变电路及信号参数，分析并记录输出电压波形及频谱图，对仿真结果进行总结。

2. 仿真电路图

（1）AM 调制电路

AM 调制参考仿真电路如图 10.8.1 所示，为基极调幅电路。调制信号和载波信号均加在基极回路（实际仿真时，应加入基极偏置电路、调制及载波信号馈入电路），直流偏压 V_1 和电阻 R_1 确保三极管工作在非线性区。L_1、C_1 和 R_2 组成并联谐振电路，谐振频率等于载波信号频率 60 kHz（实际仿真时应将载波频率设计为几百 kHz 以上的中频级）。主要可做以下仿真分析工作：

① 观察并记录输出电压波形及频谱，计算调制度。

② 改变两个输入信号的幅度比例，可改变调制系数，观测并记录调制度在 0～1 之间变化时的输出波形，分析观测结果。

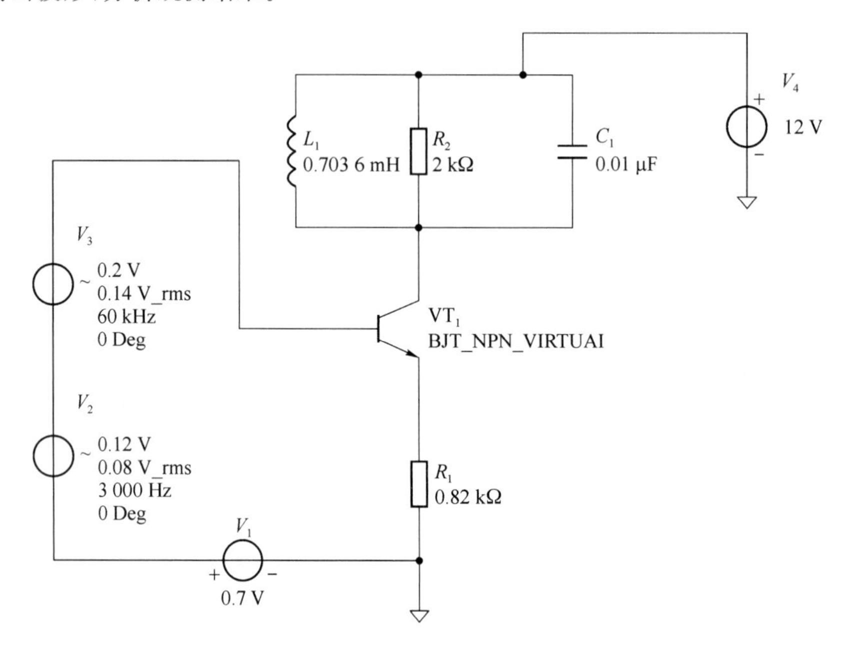

图 10.8.1　AM 调制参考仿真电路

(2) 二极管平衡调制电路

二极管平衡调制参考仿真电路如图 10.8.2 所示。其中变压器采用高频信号理想变压器，加入的两个输入信号中，载波幅度 V_1≫调制信号幅度 V_2，载波频率 f_1≫调制频率 f_2，实际仿真时应将载波频率设计为几百 kHz 以上的中频级，二极管工作在开关状态。主要可做以下仿真分析工作：

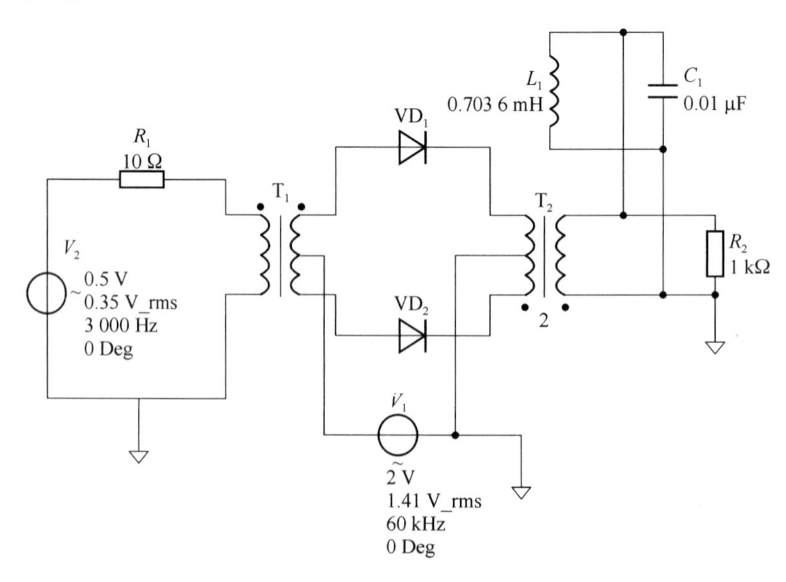

图 10.8.2　二极管平衡调制参考仿真电路

① 断开输出滤波器(L_1、C_1)，分析并记录输入输出的电压波形及频谱。

② 接入滤波器，分析并记录输入输出的电压波形及频谱，并与断开滤波器时比较，分析变化原因。

③ 电路参数不变，将输入信号 V_1 与 V_2 的位置互换，重复②，观察并记录输出波形有何变化，分析仿真结果。

④ 改变电路参数，重复②。

10.9　幅度解调仿真

1. 仿真分析任务

幅度解调电路主要有包络检波和同步(乘积)检波方式，包络检波电路可实现 AM 波的解调，同步检波电路对 AM、DSB、SSB 均可实现解调。检波电路的主要技术指标有检波效率、等效输入阻抗、失真等。

具体仿真分析任务如下：

(1) 设计并画出实际电路图(确定各元件参数及电源电压)。

(2) 选用相应虚拟仪器或信号源，确定输入已调波信号(或载波信号)的频率与幅度。

(3) 观察并记录输出电压波形和频谱，考察解调信号的失真状况，对仿真结果进行分析。

2. 仿真电路图

二极管包络检波仿真电路如图 10.9.1 所示。C_1 与 T_1 的次级电感构成 LC 谐振回路，谐振频率为输入信号载波频率 60 kHz(实际仿真时应将载波频率设计为几百 kHz 以上的中频级)，输出低通滤波器由 C_2、C_3、R_1 和 R_3 组成。主要可做以下仿真分析工作：

(1) 观测并记录检波器输入、输出的电压波形，分析仿真结果。

(2) 在输出端低通滤波器之后，接入隔直流电容和交流负载电阻，改变滤波器的参数及输入调幅波的调制系数，观察并记录输出波形，分析出现“惰性失真”和“负峰切割失真”时的信号及电路参数变化情况。

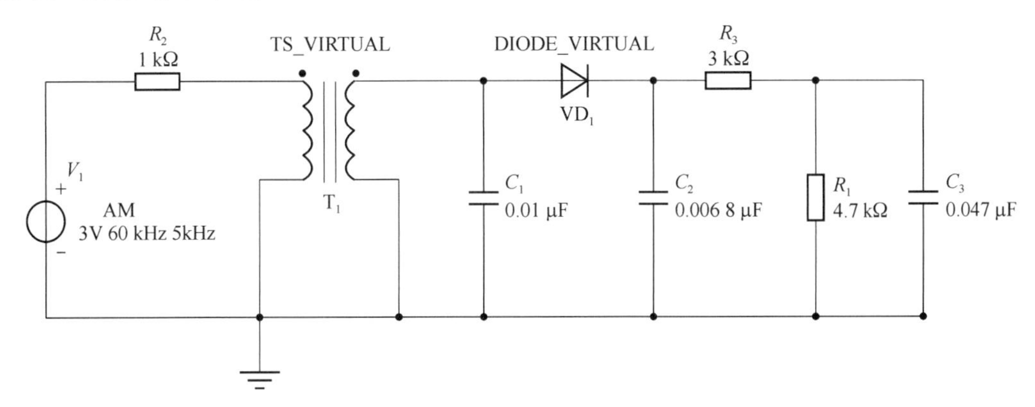

图 10.9.1　二极管包络检波仿真电路

附录 1　Protel DXP 软件常用的元器件名称及封装

元器件	名称	封装	所属库
电阻	Res2	AXIAL0.4 0805	Miscellaneous Devices. IntLib
电容	Cap	RAD-0.3 0805	
电解电容	Cap Pol1	RB.1/.2 RB.2/4 RB.3/.6(RB7.6/15)	
电位器	RPot1	VR5	
电感	Inductor	AXIAL-0.7	
二极管	Diode	DIODE-0.7	
肖特基二极管	D Schottky	DIODE-0.7	
三极管	NPN,2N3904 PNP,2N3906	BCY-W3	
场效应管	MOSFET-N MOSFET-P	BCY-W3/H0.8	
LED	LED1	LED1	
变压器(一路输出)	Trans Ideal	TRF_4	
变压器(两路输出)	Trans CT	TRF_5	
整流桥	Bridge1	E-BIP-4/D10	
光耦	Optoisolator1	DIP-4	
保险管	Fuse1	PIN-W2/E2.8	
接插件	Header N Header 2×N	HDR1×N HDR2×N	Miscellaneous Connectors. IntLib
7815	L7815CV	SFM-T3/E10.4V	ST Power Mgt Voltage Regulator. IntLib
7915	L7915CV	SFM-T3/E10.4V	
uA741	UA741CN	DIP-8	ST Operational Amplifier. IntLib

续表

元器件	名称	封装	所属库
LM358	LM358N	DIP-8	NSC Operational Amplifier. IntLib
LM324	LM324N	DIP-14/D19.7	
LM555	LM555CN	DIP-8	NSC Analog Timer Circuit. IntLib
ADC0804	ADC0804LCN	DIP-20/E5.3	NSC Converter Analog to Digital. IntLib
74 系列门	SN74XX	DIP-XX	TI Logic Gate 1. IntLib

附录 2　Protel DXP 软件常用快捷键

Tab：调节属性

PgUp：放大

PgDn：缩小

Delete：删除

Ctrl＋C：复制

Ctrl＋V：粘贴

Ctrl＋X：剪贴

Ctrl＋Z：撤销

Ctrl＋Y：取消撤销

Ctrl＋F：查找

Ctrl＋H：查找并替换

Space：元器件逆时针旋转 90°

X：元器件左右对调

Y：元器件上下对调

V→F：适合全部元器件显示

E→D：删除选中元器件

E→S→A：选取全部的元器件

E→E→A：取消全部选取的元器件

SCH 编辑快捷键

P→W：放置连线

P→P：放置元器件

P→N：放置网络标号

P→J：放置节点

P→T：放置文字

PCB 编辑快捷键

*：顶层和底层切换

L：板层及颜色设置

L：选中元器件时为板层切换

P→L：放置线

P→P：放置焊盘

P→V:放置过孔
P→S:放置文字
P→C:放置器件
J→C:跳到元器件
J→N:跳到网络
J→P:跳到焊盘

附录3　Protel DXP软件的一些常用术语

孔化孔(Plated Through Hole):是经过金属化处理的孔,能导电。

非孔化孔(Nu-Plated Through Hole):是没有金属化处理的孔,不能导电,通常为装配孔。

导通孔:是孔化的,但一般不装配器件,通常为过孔(Via)。

异形孔:是形状部位圆形,如为椭圆形,正方形的孔。

装配孔:是用于装配器件,或固定印制板的孔。

定位孔:是放置在板边缘上的用于电路板生产的非孔化孔。

光学定位孔:是为了满足电路板自动化生产需要,而在板上放置的用于元件贴装和板测试定位的特殊焊盘。

负片(Negative):指一个区域,在计算机和胶片中看来是透明的地方代表有物质(如铜箔、阻焊等)。负片主要用于内层,当有大面积的敷铜时,使用正片将产生非常大的数据,导致无法绘制,因此采用负片。

正片(Positive):与负片相反。

回流焊(Reflow Soldering):一种焊接工艺,即熔化已放在焊点上的焊料,形成焊点。主要用于表面贴装元件的焊接。

波峰焊(Wave Solder):一种能焊接大量焊点的工艺,即在熔化焊料形成的波峰上,通过印制板,形成焊点。主要用于插脚元件的焊接。

PCB(Print Circuit Board):印制电路板。

PBA(Printed Board Assembly):装配元器件后的电路板。